KB043355

지진과 화산의 궁금증 **100**가지

地震と火山の100不思議

written by 神沼克伊, 伊藤潔, 宮町宏樹, 杉原英和, 野木義史, 金尾政紀

Original copyright ⓒ 2003 by Katsutada Kaminuma, Kiyoshi Ito, Hiroki Miyamachi,
Hidekazu Sugihara, Yoshifumi Nogi and Masaki kanao
Korean language edition copyright ⓒ 2010 by purungil Co., Ltd.
Korean Translation rights arranged with Tokyo Shoseki Co., Ltd., Tokyo
All rights reserved.

지진과 화산의 궁금증 **100**가지

1판 1쇄 발행 | 2010년 12월 6일
1판 2쇄 발행 | 2017년 9월 18일

지은이 | 가미누마 가츠타다 외
옮긴이 | 김태호

펴낸이 | 김선기
펴낸곳 | (주)푸른길
출판등록 | 1996년 4월 12일 제16-1292호
주소 | 08377 서울특별시 구로구 디지털로 33길 48 대륭포스트타워 7차 1008호
전화 | 02-523-2907, 6942-9570~2 팩스 | 02-523-2951
이메일 | purungilbook@naver.com

ISBN 978-89-6291-145-9   03980

지진과 화산의 궁금증 100가지

가미누마 가츠타다 외 지음

김태호 옮김

푸른길

　2010년 새해 벽두에 지구촌을 강타한 소식은 중남미 아이티의 지진이었다. 1월 11일 수도 포르토프랭스 인근 지하 13km 지점에서 발생한 매그니튜드 7.0의 강진으로 50,000명에 가까운 사람들이 목숨을 잃었다. 인구의 1/3인 300만 명이 피해를 입었고, 일시적으로 국가 시스템이 마비되는 등 아이티 전역이 초토화되었다. 대통령 관저를 비롯한 수많은 건물들이 붕괴되어 전쟁터를 방불케 하는 거리에는 여기저기에 시신들이 나뒹굴며, 그 사이로 흙먼지를 뒤집어쓴 채 울부짖는 시민들의 참혹한 모습이 텔레비전 화면을 통하여 생생하게 전달되었다. 2004년 서남아시아 지진해일 그리고 2008년 중국 쓰촨 대지진에 이어 다시 한 번 지진의 무서움을 알려준 참사였다.

　아이티 지진으로 놀란 가슴이 채 가라앉기도 전에 이번에는 다른 유형의 재해가 우리를 또 놀라게 만들었다. 2010년 3월 20일 북유럽 아이슬란드의 에이야프얄라요쿨 화산이 189년 만에 다시 폭발하였다. 화산 폭발로 엄청난 분량의 화산재가 대기권 상층으로 분출되면서 한 달 이상 유럽의 항공기 운항이 전면 중단되었다. 이로 인하여 발생한 유럽의 항공대란은 항공사들의 경제적인 손실은 물론 유럽의 관광업에도 커다란 타격을 주는 등 세계 경제에 던지는 파장이 작지 않았다.

한반도는 지진과 화산에 대해서는 비교적 안전한 지역으로 알려져 왔다. 자연재해라고 하면 흔히들 태풍과 집중호우로 인한 풍수해만을 떠올리는 것도 그런 까닭 때문이다. 그러나 최근 한반도에서도 새로운 조짐들이 나타나고 있다. 지진이 발생했다는 소식을 들을 때마다 한반도가 더 이상 지진 안전지대가 아니라는 해설 기사는 이제는 식상할 정도이다. 해외의 대지진 정도는 아닐지라도 한반도에서도 꾸준히 지진이 발생하고 있다. 오늘날뿐 아니라 과거에도 인명과 재산 피해를 일으킨 지진에 관한 기사들이 많은 고문서에 실려 있다.

또한 우리에게는 지진보다 더 낯선 재해가 화산이겠지만, 한반도에도 도처에 화산 활동의 흔적들은 남아 있다. 역사시대에 들어와서도 화산 활동은 멈추지 않아 제주도에서도 용암류가 분출했다는 1002년과 폭발적인 분화로 화산체가 만들어졌다는 1007년의 기록이 「고려사」에 실려 있다. 화산 분화를 그저 남의 일로만 넘겨버릴 수 없는 까닭이 바로 여기에 있다. 더욱이 올해 들어와 언론 매체들이 앞을 다투어 백두산 분화가 임박했다는 소식을 전하고 있다. 분화 시기는 구체적으로 2014~2015년이 될 것이라는 중국 화산학자들의 주장을 들을 수 있는가 하면, 백두산이 실제로 분화했을 경우 그 피해가 어느 정도인지 시뮬레이션을 했다는 소식도 들려 온다. 발해의 갑작스런 멸망과 관련되었다고도 하는 천 년 전의 대분화는 물론 「조선왕조실록」에도 상세하게 묘사되어 있는 분화 기록들을 감안하면 백두산 폭발 임박설이 그저 기우만은 아닐 것이다.

이런 상황 속에서 지진과 화산에 대하여 과연 우리는 얼마나 준비되어 있을까. 지금은 이들 재해를 고려하여 사회 인프라가 갖추어지고는 있지만, 정작 우리들의 마음가짐은 어떨까. 여전히 남의 일로만 보고 있지는 않을까. 아무런 대책도 없다는 것이 솔직한 고백은 아닐까. 그런 점에서 지진과 화산에 대한 준비와 대응에 최전선에 서 있는 이웃나라 일본의 사례는 우리에게도 시사하는 바가 적지 않을 것이다. 이 책을 통하여 지진과 화산에 대한 우리들의 관심이 높아질 수 있기를 기대해 본다. 도서 출판을 통하여 지리학의 저변 확대에 힘쓰는 (주)푸른길 김선기 대표와 원고 편집에 많은 도움을 주신 이유정 씨에게 고마운 마음을 전한다.

김태호

?

지진과 화산의 궁금증 **100**가지

2장 / 지진 현상 · 과거의 지진에서 배우다

3장 / 화산 현상 · 과거의 화산 분화에서 배우다

4장 / 어머니 같은 지구 · 판구조론

지진과 화산의 궁금증 **100**가지

1장

/

지진 예지

화산 분화 예지의 최전선

/

지진과 화산 분화를 예측할 수 있을까

　대지진이나 화산 분화의 발생을 예측하는 것을 예지豫知[■1]라고 한다. 1995년 효고 현 남부 지진[■2]이 일어났을 때 "지진학자들은 왜 지진 발생을 예측하지 못했는가?"라는 여론의 질타가 쏟아졌다. 주요 대학과 연구 기관에는 1960년대부터 지진 예지 연구 계획이라는 이름으로 연구비가 제공된 것은 틀림없다. 그러나 이 계획은 지진 예지가 가능한지를 연구하는 것이었지 지진을 예측하는 연구는 결코 아니었다.

　지진학자들은 교토 · 오사카 · 고베 지역을 대지진 발생 가능성이 있는 지역으로 지목하고 있었다. 그러나 1596년 지진[■3]과 1830년 지진(매그니튜드 6.5) 이후 이 지역에서는 대지진이 발생하지 않았기 때문에 어느 사이엔가 "간사이 지역에서 대지진은 일어나지 않는다"라는 미신이 생겼다.

　만일 효고 현 남부 지진을 발생 며칠 전에 예지했다고 한다면 어떻게 되었을까? 피해 예상 지역에서 상당수의 사람들이 탈출했을 것이므로 인명 피해는 크게 줄어들었으리라 생각된다. 그러나 건물과 교량의 붕괴, 도로의 함몰 등에 대한 대책을 세우기 전에 지진이 발생해 버렸을 것이다. 지진을 예지해서 막을 수 있는 것은 인명 피해뿐이라고 해도 과언은 아니다■4.

지진은 예지하든 예지하지 못하든 일어난다. 따라서 지진 예지 여부와 관계없이 지진 대책은 필요하다. 먼저 사실 확인부터 해두자.

① 지진 예지 방정식은 없다.
② 도카이 지진의 경우 지진 발생 정보■5를 제공하도록 법률로 정해져 있다.

기상학에서 고안된 방정식에 따라 현재의 기온, 기압 등의 데이터를 입력하면 내일 또는 모레의 일기도가 만들어지고, 이를 근거로 예보가 이루어진다. 그러나 지진학은 아직 거기까지 이르지 못했으며, 지진을 예지하는 방정식도 확립되어 있지 않다. 단 도카이 지진만은 관측망을 촘촘히 만들어 관측치 변화로부터 지진 발생을 예지하려 하고 있다.

2000년 3월 28일부터 홋카이도의 우수 산에서 지진이 빈발하기 시작하였다. 홋카이도 대학 우수 산 화산 관측소의 권고로 산기슭의 주민을 전원 대피시켰는데, 피난이 완료된 직후인 3월 31일 산기슭에서 분화가 시작되었다. 이것이 관측 데이터에 의해 화산 분화 예지가 성공한 최초의 사례가 되었다.

그런데 같은 해 5월부터 시작된 미야케 섬■6의 분화는 처음 발령된 분화 경계 경보가 해제된 후, 산꼭대기에서 분화가 시작되었다. 관계 당국의 대응도 서툴렀기 때문에 혼란은 한동안 계속되다가 9월에 도쿄 도지사의 결단으로 섬 주민 전원이 대피하게 되었으며, 피난은 2004년까지 이어졌다.

이 두 분화 사례를 통하여 두 가지 사실을 알 수 있다.

① 화산 분화를 예지하는 방정식은 없다.

② 관측망이 정비되어 있는 화산은 관측 데이터의 이상치로부터 분화를 사전에
    예측할 수 있는 가능성이 있다.

지진 예지와 마찬가지로 화산 분화를 예지하는 방정식도 아직 확립되어 있지 않다. 지진학과 화산학은 미래 현상을 예측한다는 면에서는 아직 기상학만큼 발전하지는 못하였다. 예지하든 못하든 그 여부에 관계없이 분화는 일어난다. 화산 분화 예지의 경우도 지진 예지와 마찬가지로 분화가 발생했을 때의 방재 대책이 필요하다.

우수 산의 경우에는 주민의 피난이 완료되었기 때문에 분화로 인한 인명 피해는 없었다. 그러나 산기슭에서 분화가 일어났기 때문에 화구 부근에서는 지표가 융기하는 지각 변동으로 도로가 붕괴되고 토지 변형으로 주택이 파괴되는 등 사람이 살 수 없게 되었다. 미야케 섬의 경우 인명 피해는 없었지만, 도로와 암벽이 심하게 붕괴되었다. 또한 장기간 빈집이 된 가옥에 사람들을 다시 살게끔 하는 것도 힘든 일이다.

따라서 국가와 지자체는 지진 대책과 화산 방재 대책을 추진하고 있다. 화산의 경우는 화산 하나하나에 대한 분화의 특징을 파악하여 화산 방재 지도[7]를 만들고 있다. 어디서 일어날지 알 수 없을 뿐 아니라 일본 어디에서 일어나도 전혀 이상하지 않다고 여겨지는 지진의 경우는 예상되는 진원을 토대로 지역별 상황에 맞추어 지진동地震動 예측도 또는 예상 피해 분포도[8]가 만들어져 있거나 지금도 만들고 있다.

:: 더 알아 보기_____

■1   지진 예지의 3요소 : "언제(며칠 이내), 어디서(광역 지자체 정도의 범위), 얼
     마나(매그니튜드)"의 세 가지 정보가 필요하다.
     화산 분화 예지의 3요소 : 지진과 달리 분화할 화산은 알고 있으므로 언제(며칠
     이내), 어떤 형식(산꼭대기 분화, 산기슭 분화, 수증기 폭발, 용암과 화산쇄설류
     분출의 유무 등), 지속 기간의 세 가지 정보가 필요하다.

■2   매그니튜드 7.2의 지진.

■3   매그니튜드 7.5의 지진으로 교토, 나라, 오사카, 고베에서 피해가 컸고 다수
     의 사상자가 생겼다.

■4   실제로 지진을 예지할 수 있더라도 지진으로 인한 손실액은 10%밖에 줄지
     않을 것이라고 평가하고 있다.

■5   12번 항목 참고.

■6   미야케 섬은 기상청의 측후소 이외에 지진 관측망은 정비되어 있지 않은 화
     산이다.

■7   99번 항목 참고.

■8   87번 항목 참고.

지진과 화산은 형제 · 자매

화산이 대분화를 일으키면 대지진이 발생하고, 대지진이 발생하면 화산이 대분화를 일으킨다는 이야기를 흔히 들을 수 있다. 그런데 이것이 사실일까?

대지진이 일어나면 화산 분화 발생을, 또 화산이 분화하면 대지진 발생을 주장하는 연구자가 있는 것은 사실이다. 특히 이들은 1970년대에 들어와 이즈나나 섬과 후지 산의 분화와 태평양 연안에서 일어난 거대 지진과의 관계를 강조하기 시작하였다.

1970년 전후에 도카이 지진의 발생 가능성이 지적되었다. 1983년에는 미야케 섬 ■1이 분화하면서 용암이 흘러 약 400채의 가옥이 매몰되었다. 1986년에는 이즈오오 섬이 분화하면서 북쪽 산기슭에서 용암이 흘러나오는 틈 분화(fissure eruption) 모습이 텔레비전으로 방영되어 많은 사람들이 화산 분화의 무서움을 알게 되었다.

같은 무렵인 1972년 12월 4일 하치조 섬 동쪽 바다 지진(매그니튜드 7.2), 1974년 이즈 반도 앞바다 지진(매그니튜드 6.9)■2, 1978년 이즈오오 섬 근해 지진(매그니튜드 7.0)■3, 그리고 1980년에도 이즈 반도 동쪽 바다에서 매그니튜드 6.7의 지진이 일어났다. 그러나 이즈나나 섬의 화산 분화와 관련이 있는 것으로 지적되었던 도카이 지방과 간토 지방 남부의 거대 지진은 20년이 지난 지금까지도 발생하지 않았다.

지진은 지하에 축적된 응력이 갑자기 방출되는 현상이며, 응력은 판(plate) 운동■4에 의해 축적된다. 화산도 판의 침강으로 발생한 열이 지하에 쌓여 분화가 일어난다. 지진 발생과 화산 분화 모두 그 근원은 판 운동이다. 바꾸어 말하면 대지진이 일어났기 때문에 화산이 분화하는 것은 아니며, 반대로 화산 분화가 대지진의 원인인 것도 아니다. 두 현상 모두 판 운동이라는 부모 밑에서 태어난 형제 · 자매의 관계이지 결코 부모 · 자식의 관계는 아닌 것이다.

이즈 제도 부근에서 1970년대에는 지진 활동이, 그리고 1980년대에는 화산 활동이 활발하게 일어난 것은 사실이다. 그러나 이것은 판 운동의 결과로 축적된 응력의 방출이 우연히 겹쳤기 때문이다. 지진과 화산은 모두 자연 현상이므로 거의 같은 시기에 일어날 수도 있다. 그러나 두 현상이 같은 시기에 일어났다고 해서 지진과 화산이 상호 작용한다고 단정할 수는 없다. 만일 상호 작용이 있다고 단정한다면 그 메커니즘을 설명해야 한다. 대지진은 같은 지역에서 반복되어 발생한다. 따라서 화산 분화가 발생한 후 이런 관계가 있으므로 몇 년 또는 몇 개월 이내에 그 부근에서 대지진이 일어날 것이라고 주장했음에도 불구하고, 예상했던 대지진이 일어나지 않았다면 지진과 화산 분화가 부모 · 자식의 관계가 아니라는 것을 보여 주는 것이 된다.

거대 지진을 비롯하여 판 운동이 발생 원인이 되는 지진을 해구海溝형 지진 또는 구조성 지진이라고 한다. 또한 화산체 주변에서는 인체에 감지되지 않을 만큼 약한 지진이 많이 발생하는데, 이를 화산성 지진이라고 한다. 이즈 제도와 이즈 반도 부근에서는 화산성 지진이 빈발하는 때가 있다. 화산성 지진의 빈발은 화산 분화의 전조[5]가 되기도 하므로 지진이 발생하고 나서 분화가 일어나는 일도 종종 있다.

　반대로 분화가 시작된 후 대지진이 일어나는 사례도 있다. 1914년 1월 12일 사쿠라지마에서 시작된 대분화[6]는 오전 8시에 산꼭대기에서 흰 연기가 솟아오르고 오전 11시 30분에는 산기슭에서 용암이 흘러나오기 시작하였다. 그리고 18시 30분이 되자 매그니튜드 6.1의 지진이 일어나 지진동으로 인한 피해도 발생하였다. 이는 지진과 분화가 밀접하게 관련된 사례이기는 하지만, 글머리에서 언급한 대지진과 화산 분화의 관계와는 성격을 달리하는 경우이다.

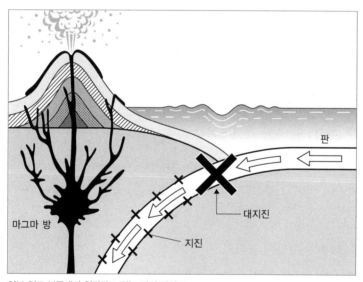

일본 열도 부근에서 침강하고 있는 판의 개념도

:: 더 알아 보기_____

■1   2000년에 발생한 분화로 유독 가스 발생이 장기간 지속되면서 2004년 6월
    현재까지 전 도민이 섬 바깥으로 피난해 있다.

■2, 3 특히 1974년, 1978년의 지진으로 각각 30명과 25명의 사망자가 발생하였다.

■4   80번 항목 참고.

■5   2003년 3월 일어난 우수 산 분화가 대표적인 사례이다. 64번 항목 참고.

■6   60번 항목 참고.

화산 분화는 예지가 가능할까

화산 분화를 실제로 미리 알 수 있을까?

화산 주변에 많은 사람이 살고 있는 일본에서는 화산 분화 예지가 중요한 과제의 하나이다. 고문서에도 분화 전에 명동鳴動이 있었다는 기록이 남아 있는 것으로 보아 화산 인근 주민들의 경험을 바탕으로 특이한 자연 현상과 분화를 연관시켰음을 알 수 있다. 이것도 일종의 경험적인 분화 예지라고 생각할 수 있다. 현재는 정밀한 관측 기기에 의한 화산 관측을 통하여 분화 전에 발생하는 이상 현상을 정밀하게 파악할 수 있다.

그러면 분화 예지에 필요한 정보는 무엇일까? 일반적으로 분화 예지는 분화의 시기, 장소, 규모, 양식, 추이 등 다섯 항목의 파악을 가리킨다. 여기에서 어느 정도 관측이 진행되고 있는 화산을 들어 분화 예지에 필요한 다섯 항목을 간단히 검토해 보자.

1) 분화 시기. 예를 들면 사쿠라지마 화산을 관측, 연구하고 있는 교토대학에서는 지반의 경사와 신축伸縮■1을 정밀하게 측정함으로써 현재 사쿠라지마 분화를 80% 이상의 확률로 예측하는 데 성공하였다. 그리고

2000년 우수 산 분화[2]에서는 과거의 분화 이력을 토대로 1주일 이내 범위에서 분화를 예측함으로써 1주일이라는 시간 범위의 예측이 가능한 사례가 탄생하였다. 그러나 이 경우는 어디까지나 「예측」이며, 확실한 「예지」에 이르기 위해서는 아직도 많은 시간과 연구가 필요하다.

2) 분화 장소. 화산체의 어느 곳에서 분화가 일어날까? 예를 들면, 산꼭대기에서 일어나느냐 또는 산기슭에서 일어나느냐의 문제이다. 일반적으로 분화 전에는 화산성 지진이 많이 발생한다. 지진의 진원은 화산체 깊은 곳에서 얕은 곳으로 이동하는데, 진원의 이동을 정밀하게 파악할 수 있는 경우에 그 종점이 분화 지점이 되기도 한다. 또한 화산체의 열(온도) 분포를 조사하면 분화 지점 부근의 온도가 분화 선에 급격하게 올라가는 수가 있다. 이런 경우에도 어느 정도 분화 지점을 예측할 수 있다.

3) 분화 규모. 이것은 매우 어려운 항목이다. 현재의 연구 수준은 화산의 과거 분화 이력을 토대로 같은 분화가 일어날 가능성이 높다는 경험 법칙으로 예측하는 단계이다. 따라서 2000년 6월 미야케 섬 분화와 같이 이전과 다른 규모의 분화가 발생하는 경우 이를 예측하는 것은 어려운 실정이다.

4) 분화 양식. 분화 규모와 마찬가지로 과거의 경험 법칙으로 예측하는 단계이다. 지질학적 연구에 의해 같은 화산일지라도 분화한 시대에 따라 마그마 성분이 달라지고 있음을 알 수 있다. 마그마 성분이 변하면 분화 양식도 변하게 된다. 분화 규모와 양식을 알 수 있다면 화산쇄설류의 발생[3]도 예측할 수 있지만, 과거의 경험 법칙에 근거하는 것만으로는 화산쇄설류의 발생을 정확하게 예측하지 못한다.

5) 분화 추이. 분화가 시작되고 나서 그 분화가 어떻게 진행될지 또는

어느 정도 지속될지를 알아내는 것은 매우 어렵다. 예를 들면, 분화 초기의 수증기 폭발이 보다 본격적인 수증기 마그마 폭발[4]로 진행될지를 알아내는 것은 결코 쉽지 않다. 분화할 때 방출된 분출물을 조사함으로써 마그마 기원 물질이 포함되어 있는지 여부를 판단할 수는 있지만, 사전에 '다음 분화는 수증기 폭발이다'라고 발표할 수는 없다. 또한 분화가 진정되고 몇 개월이 지나 다시 분화하는 경우도 있으므로 화산 활동의 종료를 예측하는 것도 어렵다.

　화산 분화의 예지에서 또 한 가지 중요한 점은 사회와의 관련성이다. 분화 예지는 그 자체로도 중요한 연구 주제의 하나이지만, 사회와의 관련성과 필요성을 고려해야 하는 매우 큰 특징을 갖고 있다. 멀리 떨어진 무인도나 해저에서 화산이 분화하면 연구 면에서는 중요한 사건이지만, 사회적으로는 흥미를 끌지 못한다. 그런 의미에서 분화 예지는 과학과 사회의 접점을 어디에 설정해야 할지 판단하기 매우 어려운 주제이다. 이는 화산학자뿐 아니라 지자체, 방재 관계자, 사회학자를 포함하는 큰 틀에서 다루어져야 할 주제라고 할 수 있다. 화산 분화 예지는 연구 면에서나 경험 면에서도 계속 발전하고 있다.

■1   마그마의 압력 증가에 의해 분화 전에 화산체는 화구를 중심으로 팽창한다. 따라서 화구 쪽 지반이 상승하여 지반의 경사는 화구 쪽으로 급해진다. 그러나 분화 후에는 압력이 감소하므로 화구 쪽이 하강하여 경사는 원래대로 되돌아온다. 마찬가지로 지반은 분화 전에 늘어났다가 분화 후에 줄어든다.

■2   64번 항목 참고.

■3   46번 항목 참고.

■4   45번 항목 참고.

「활단층」이란

단층 또는 활단층이라는 말을 간혹 들을 수 있는데, 양자의 차이는 무엇일까? 그리고 지진과는 어떤 관계를 갖고 있을까?

활단층은 최근의 지질 시대인 제4기[1]에 활동을 반복했으며, 앞으로도 활동 가능성이 있는 것으로 추정되는 단층을 가리킨다. 활단층이 움직일 때 나타나는 땅의 움직임이 바로 지진이다. 지진은 활단층이 움직일 때 일어나므로 활단층을 지진의 부모라고 할 수 있다.

단층은 지하의 암반에 틈이 생기고, 그 면을 경계로 양쪽의 암반이 수직 또는 수평 방향으로 어긋난 것이다. 지표면에서는 단층애라고 부르는 수직 방향의 급사면으로 이루어진 단차가 만들어지거나 하천 또는 산맥이 수평 방향으로 어긋난 모습으로 나타난다.

지진이 일어날 때 지표면에 출현하는 단층을 지진 단층이라고 부른다. 지진 단층은 지하 암반의 틈이 지표에 도달하여 노출된 것이다. 일반적으로 암반 위에는 퇴적층이라고 하는 연약한 지층이 존재하는데, 이 퇴적층이 지하의 활단층을 감추고 있다. 그러나 대지진이 일어나면 숨어 있던 단층의 위쪽 지표면에 단층면을 따라 균열[2]이 생기거나 땅이 갈라지게 된다.

단층이 활동하면 지형과 지층은 어긋난다. 활동을 반복하는 단층은 어긋남이 누적되어 크게 어긋나게 된다. 이런 단층은 앞으로도 같은 활동을 반복할 것이라고 여겨지기 때문에 활단층[3]이라는 개념이 만들어졌다.

활단층 조사는 단층이 존재하는 장소를 찾는 것에서 시작한다. 항공기로 촬영한 항공 사진을 판독하여 평탄지에 만들어져 있는 단차, 수평 방향으로 어긋나 있는 하천이나 산릉을 찾아낸다. 단층이 있을 만한 장소를 알아내면 현지 조사를 실시한다.

단층의 존재가 확인되면 그 주변에서 시추 조사를 실시하여 지표로부터 순서대로 코어 시료를 채취한다. 두 곳, 세 곳으로 시추공의 수를 늘려가며 단층의 현재 또는 과거의 모습을 추정한다. 인공 지진이나 중력 측정이라는 물리 탐사에 의해 단층면을 2차원적으로 조사할 수도 있다.

단층의 과거 활동을 조사하려면 단층을 따라 일정한 폭의 트렌치(trench)를 파 지표에서는 보이지 않는 지층 단면을 조사하는 트렌치 조사가 효과적이다. 미도리 단층[4], 다나 단층[5] 등 과거의 대지진으로 출현한 활단층에서 트렌치 조사가 이루어지고 있다.

단층은 크게 수직 방향으로 어긋난 수직 변위 단층과 수평 방향으로 어긋난 수평 변위 단층으로 나누어진다. 수직 변위 단층에는 정단층과 역단층의 두 유형이 있다. 단층면을 사이에 두고 상대적으로 위에 놓인 암반(상반)이 아래쪽으로 움직인 단층이 정단층이며, 위쪽으로 움직인 경우는 역단층이라고 한다.

수평 변위 단층은 암반이 수평 방향으로만 어긋난 경우의 단층이다. 암반이 어긋나 있는 면을 단층면이라고 하며, 단층면이 지표면과 만나는 접선을 단층선이라고 한다. 단층선을 마주보고 섰을 때, 단층선 반대쪽이 왼쪽으로 어긋나 있으면 좌측 변위 단층, 반대로 오른쪽으로 어긋나 있으면 우측 변위 단층이라고 한다. 실제 단층은 수평 변위와 수직 변위 두 가지의 움직임을 모두 갖고 있다.

단층면의 어긋나 정도를 변위, 단층선의 방향을 주향이라고 하며, 북쪽으로부터 시계 방향의 각도로 표시한다. 지표면에 대한 단층면의 기울기는 경사라고 하며, 각도가 45° 이하의 역단층을 충상 단층(thrust fault)이라고도 한다. 단층의 형태는 유형, 경사 및 주향으로 표시한다.

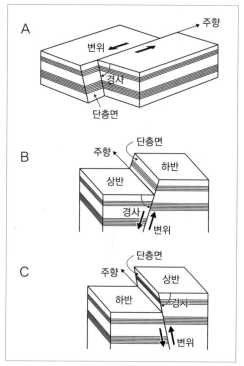

단층의 종류 A : 주향 이동 단층(좌측 변위), B : 정단층, C : 역단층

단층은 암반의 돌발적인 파괴로 만들어진다. 경계면 양쪽이 접촉한 채 서로 반대 방향으로 움직이는 전단 파괴에서 이 경계면이 바로 단층면이다. 지각과 상부 맨틀에는 지각 변동을 일으키는 힘이 항상 작용하고 있으며, 암석을 변형시키는 힘에 대한 반발력과 균형을 이루고 있다. 오랜 세월에 걸쳐 응력이 축적되어 암석의 탄성 한계에 도달하면 이것을 계기로 돌연 전단 파괴가 시작된다. 파괴는 경계면을 따라 진행되며 최종적으로 단층면이 만들어진다.

:: 더 알아 보기

■1　약 200만 년 전부터 현재까지.

■2　1944년 후쿠이 지진 시 후쿠이 평야에 생긴 균열이 전형적인 사례이다.

■3　활단층은 활동의 정도(평균 변위 속도)에 의해 3등급으로 분류되고 있다.
　A : 1.0m 이상 10m 미만
　B : 0.1m 이상 1.0m 미만
　C : 0.1m 미만

■4　1891년 노비 지진 시 출현하였다. 29번 항목 참고.

■5　1930년 기타이즈 지진 시 출현하였다.

활단층을 파면 무엇을 알 수 있을까

1996년 효고 현 남부 지진 이후 일본 전역에서 많은 활단층을 대상으로 발굴 조사가 실시되고 있다. 그런데 활단층을 파면 무엇을 알 수 있을까? 또한 활단층이란 본래 어떤 것일까?

학술 용어가 갑자기 매스컴에 등장하여 유명해지는 수가 있다. 운젠 후겐다케가 분화했을 당시의 화산쇄설류나 효고 현 남부 지진으로 유명해진 활단층도 그 가운데 하나이다. 활단층이라고 하면 지금도 움직이고 있는 것 같지만, 활단층은 원래 지질학 용어로서 제4기■1에 활동했고 앞으로도 계속 움직일 것으로 생각되는 단층을 의미한다. 활화산은 과거 1만 년 동안 활동했던 이력이 있는 화산을 가리키므로 이에 비하면 훨씬 장기간에 걸친 운동을 근거로 정의하고 있다. 최근에는 과거 10만 년 동안 활동한 단층을 활단층으로 규정하려는 조사도 시작되고 있다.

지진은 지하에서 암반이 어긋나면서 발생한다. 암반의 어긋남이 지표에 출현하면 지표 지진 단층이 된다. 매그니튜드 7.5 이상의 지진이 발생하면 대부분의 경우 지표 지진 단층이 출현한다. 같은 장소에서 어긋남이 반복되면 지표의 단층도 점점 커진다. 큰 단층은 어긋남이 수십 킬로미터에 이른다. 어느 면을 경계로 그 양쪽이 수직 또는 수평 방향으로 어긋나기 때문에 지표의 단층에도 단층면이 나타난다. 수직 방향으로 움직였다면 단층애라고 부르는 급경사의 단애가 만들어진다. 또한 수평 방향으로 움직였다면 골짜기나 하천이 직각으로 구부러져 나타난다. 활단층은 지표에 남겨진 지진의 증거라고 할 수 있다. 따라서 활단층은 기록에 남아 있지 않은 과거의 지진을 조사하는 중요한 지표가 된다.

현재 많은 활단층 조사가 진행되고 있다. 조사는 단층의 위치를 결정하는 것으로부터 시작한다. 이 작업에는 항공 사진을 이용한 단층 지형■2의 판독이 효과적이다. 단층의 장소가 결정되면 현지 조사가 실시된다. 지형, 지질 조사를 토대로 단층 지형으로부터 단층의 위치와 함께 평균 변위 속도를 구할 수 있다. 그리고 탄성파 탐사■3, 중력 탐사 및 시추를 통하여 지하 단층의 위치를 결정하게 된다. 내륙에서 활단층의 변위 속도는 큰 경우 1,000년에 수 미터에 이른다. 바꾸어 말하면 1,000년에 한 번씩 수 미터의 변위를 일으키는 지진이 발생했다는 것을 의미한다. 평균 변위 속도가 큰 단층일수록 빈번하게 지진을 일으키는 것이 되므로 평균 변위 속도는 단층의 활성도를 파악하는 중요한 정보이다.

단층이 마지막으로 언제 움직였는지를 보여 주는 최신 활동 시기를 비롯하여 단층 운동의 재현 주기와 1회의 변위량은 단층의 다음 활동 시기를 파악하기 위한 중요한 정보이다. 단층의 과거 활동 이력을 알기 위한 가장 직접적인 방법은 트렌치 조사이다. 이 조사에서는 진원 단층■4을 가로지르는 트렌치를 파고 단층의 과거 움직임을 관찰한다. 어느 지층 아래쪽으로만 어긋난 단층이 발견된다면, 그 지층의 생성 연대를 토대로 최신 지진 연대를 파악할 수 있다. 또한 단층의 변위량도 알 수 있다. 더 나아가 아래쪽 지층의 단층 변위량이 위쪽 지층의 변위량보다 크면, 바로 전에 일어났던 지진의 발생 연대와 단층의 재현 주기를 알 수 있다. 이들 변위량의 차이로부터 바로 전에 일어났던 지진의 변위량도 알 수 있다.

일반적으로 전회 지진의 발생 시기로부터 지금까지 경과한 시간이 단층의 재현 주기와 같다면 그 단층은 위험한 단층이라는 뜻이다. 또한 재현 주기가 짧은 단층일수록 위험한 단층이라고 할 수 있다. 이런 데이터를 토대로 활단층 움직임에 대한 확률 예측[5]이 이루어지고 있다.

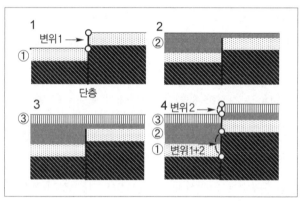

활단층 활동의 모식도
①의 퇴적 후 단층이 움직인다. 그 후 ②, ③이 퇴적하고 다시 단층이 움직인 경우를 보여 준다.

■1 지구 역사 가운데 가장 최근의 200만 년을 가리키는 시대로서 75번 항목 참고.

■2 단층 작용에 의해 만들어진 것으로 생각되는 평탄지의 단차와 산릉, 하곡 및 하천의 굴곡 등.

■3 인공적으로 발생시킨 지진파의 전파 속도 차이를 이용한 지하 구조 조사로서 굴절법과 반사법이 있다. 굴절법으로 속도의 차이를 알 수 있으며, 반사법으로 지하 반사면(단층면)의 모습을 파악할 수 있다.

■4 지하에서 지진을 일으킨 것으로 추정되는 암반의 어긋난 면. 일반적으로 여진 분포와 지진파형으로부터 추정한다. 진원 단층이 지표에 도달하면 지표 지진 단층이 나타난다.

■5 8번 항목 참고.

지진과 화산 분화의 예지 과학

    지진과 화산 분화를 예지하기 위해서는 여러 측정 기기를 설치하고, 다양한 현상을 지속적으로 관측하는 것이 중요하다.

    기상학에서는 날씨 변화를 예측하는 방정식이 있어 관측하고 있는 현재의 기상 요소[1]를 입력하면, 12시간 또는 24시간 후의 일기도를 그릴 수 있고, 예상 일기도를 토대로 일기 예보가 이루어진다. 그러나 지진학과 화산학에서는 현재의 관측 데이터를 사용하여 지진 발생 장소나 화산 분화 상태를 예측하는 방정식이 확립되어 있지 않다.

    지진은 지하의 암반에 응력이 축적되고, 그 응력이 탄성 한계를 넘으면 파괴가 시작되면서 일어난다. 따라서 지진을 예지하기 위해서는 어느 정도 응력이 축적되었고, 또 지하에서 어떤 현상이 일어나고 있는지를 조사해야 한다. 지각 변동[2]의 관측은 응력의 축적을 조사하는데 중요하다. 실제로 지진 예지를 목표로 한 이런 관측[3]이 일본 열도 전역에서 40년 이상 계속되고 있다.

    1990년대 들어와 지각 변동 관측 기술에도 큰 진전이 있었다. 즉, GPS[4]가 도입됨으로써 보다 쉽게 또 연속적으로 어느 지점의 위치를 수 센티미터에서 1밀리미터의 정확도로 파악할 수 있게 된 것이다. 그 결과 지진 예지에 필요하다고 여겨지는 지각 변동 데이터가 급증하고, 이들 데이터를 입력하여 종합적으로 해석하기 위해 방대한 기억 용량이 필요해졌다. 따라서 슈퍼 컴퓨터를 사용하여 이들 데이터를 토대로 지진을 일으키는 장場의 상태를 해석하려고 시도하고 있다.

문제는 그 다음이다. 지진을 일으키는 장의 상태를 알았다면, 1일 또는 1개월 뒤의 장의 상태를 예측하고 그 상태로부터 언제, 어디서, 어느 정도 크기의 지진이 일어날지를 예지하는 것이다. 지진 예지 과학이라고 불리는 이런 수법이 지진 예지를 위한 정공법이다. 그러나 학문적으로 장래 예측은 아직 미지■5의 분야이기 때문에, 지진 예지가 어렵나고 일컬어지는 이유이기도 하다.

화산 분화 예지의 경우에는 지진 예지를 위한 관측에 더하여 분화 예측의 중요한 요소로서 마그마를 고려해야 한다. 화산 분화 예지에는 마그마의 질량, 온도 및 그 변화에 관한 정보가 필요하다■6. 그러나 지표에서 측정하는 것만으로는 충분한 데이터를 얻는 것이 불가능하다.

화산 분화 과학도 관측 데이터를 근거로 화산 내부의 상태를 예측한다. 새로운 데이터를 추가함으로써 시시각각 변화하는 화산체 내부의 상태를 알 수 있다. 그리고 몇 시간 뒤, 혹은 수일 후의 상태를 예상하여 언제, 어디에서, 어떤 모습의 분화가 시작될지를 예측한다. 지표면 아래의 상태를 아는 데 필요한 지하의 온도 데이터는 어느 화산에서도 충분하지 않다. 따라서 화산 분화 예지 과학의 확립은 먼 장래에는 어떨는지 몰라도 10년 또는 20년 내의 가까운 장래에는 실현이 어려울 것이다.

그러면 화산 분화를 예지하는 것은 불가능한가 하면 반드시 그렇지는 않다. 우수 산■7이나 사쿠라지마같이 화산에 따라서는 반복적인 분화 기록이 있으므로 그 화산의 성질을 상당 부분 알고 있다. 획득한 데이터와 그 화산을 매일 관찰하고 있는 연구자의 경험에 따른 감感으로 분화를 사전에 예측하는 것이 어느 정도는 가능하다.

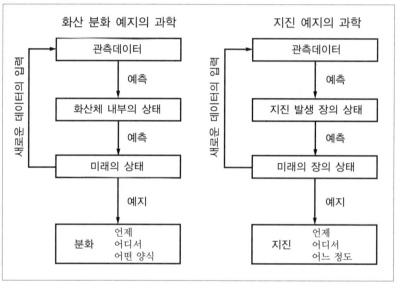

지진 예지와 화산 분화 예지의 흐름도

■1   기온, 기압, 풍향, 풍속 등.

■2   지각의 변위와 변형, 수직 및 수평 방향의 변동, 경사 변동, 지반의 신축 등.

■3   미소 지진 발생의 유무를 조사하는 지진 관측, 암석의 물성 변화 관측, 그리
     고 중력, 지자기, 지진류(地震流) 등의 관측.

■4   Global Positioning System. 인공 위성에서 보낸 전파를 수신하여 수신 안
     테나의 위치(위도, 경도, 고도)를 밀리미터 단위의 정확도로 측정한다. 자동차 네
     비게이션은 이 시스템을 이용하고 있다.

■5   방정식은 아직 미완성이다.

■6   고온, 고압의 마그마가 지하 깊은 곳으로부터 상승하여 지표로 분출하는 것
     이 분화 현상이다.

■7   2000년 분화 시 지진 발생 횟수의 증가를 근거로 분화를 예측하였다.

시간 예측 모델과 고유 지진 모델

지진은 어떻게 예측하는 것일까?

많은 지진이 같은 장소에서 반복하며 일어난다. 따라서 수십 년 정도의 매우 긴 시간 규모 안에서 예측이 가능하다. 이런 예측을 위해서는 지진의 발생 간격에 관한 모델이 필요하다. 모델 가운데 대척점을 이루고 있는 것이 '지진의 반복 간격은 일정하다' 는 모델과 '지진의 반복 간격은 규칙성이 전혀 없다' 는 모델이다. 그러나 실제 대지진은 어느 쪽도 아니므로 예측을 위해서는 시간 예측 모델 같은 다른 모델을 생각할 수 있다.

같은 크기의 지진이 같은 장소에서 같은 시간 간격으로 반복되며 일어난다는 모델을 고유 지진 모델[1]이라고 한다. 따라서 지진 발생 후 경과한 시간이 반복 간격에 접근할수록 발생 가능성이 높아진다. 이 모델은 본래 내륙의 활단층에 의해 발생하는 지진의 반복을 토대로 고안되었다. 그 후 도카치 앞바다 지진과 난카이 지진 등 판 경계에서 발생하는 지진에 대한 모델로도 적용되고 있다. 특히 난카이 지진은 과거의 기록을 통하여 100년 간격으로 반복되고 있는 것을 알 수 있다. 이렇게 반복이 자세하게 알려져 있는 것은 일본의 지진뿐이다. 한편, 내륙 지진의 반복 간격은 판 경계의 해구형 지진에 비하여 10배 이상(1,000년 이상)인 것으로 알려져 있다. 따라서 활단층 조사를 토대로 지진이 무작위로 발생하는 것이 아니라 규칙성을 갖고 있다고 생각할 수 있다.

그러나 도카이 · 난카이 지진[■2]은 반복 간격이 불규칙하므로 실제로는 고유 지진 모델로 설명할 수 없다. 따라서 이를 설명하기 위하여 시간 예측 모델[■3]을 고안하게 되었다. 시간 예측 모델에서는 지진 발생 직전의 단층 파괴 강도가 언제나 일정한 것으로 본다. 변위량이 크다는 것은 에너지 감소가 크다는 것으로서, 감소된 에너지가 파괴 강도까지 다시 축적되는데 그만큼 긴 시간이 걸린다. 따라서 큰 지진 뒤에는 다음 지진까지의 간격이 길고, 작은 지진 뒤에는 간격이 짧아져 전회 지진에서의 변위량과 시간 간격이 비례하게 된다. 즉, 전회 지진의 변위량을 알 수 있다면 다음 지진의 발생 시간을 예측할 수 있게 된다.

도카이 · 난카이 지진에 이 모델을 적용해 보면, 1707년 호에이 지진과 1854년 안세이 지진의 간격은 147년이며, 1946년 쇼와 지진까지는 92년이다. 호에이 지진 쪽이 안세이 지진보다 지진의 규모가 크다고 추정되므로 시간 예측 모델의 타당성이 여기서 입증되는 셈이다. 문부과학성 지진 조사 위원회는 시간 예측 모델을 근거로 다음 도카이 · 난카이 지진을 예측하고 있다. 내륙의 활단층[■4] 지진에 시간 예측 모델이 타당한지 여부를 판단할 수 있는 데이터는 없다. 그러나 세계적으로 지진의 반복 데이터는 시간 예측 모델과 잘 맞는다고 하므로 확률 예측[■5]에 시간 예측 모델을 사용하고 있다.

이런 방법으로 지진의 반복 모델을 사용하여 확률 예측을 할 수 있다. 그러나 이들 예측 모델의 경우 반복 간격의 불규칙성이 문제가 된다. 지금까지 입수한 반복 간격 데이터를 조사하면, 평균치의 1/2에서 두 배의 범위를 보이는데 데이터의 대다수는 평균치의 1/4 정도의 범위에 들어 있다 예를 들면, 반복 간격이 100년인 경우라면 75~125년 사이에 대부분의 데이터가 포함되어 있는 셈이다. 그러나 반복 간격을 1,000년으로 설정하면 750~1250년 사이의 데이터가 얻어지므로 통계적으로는 같아도 실제로 재해 대책을 세워야 하는 경우에는 큰 차이가 있다.

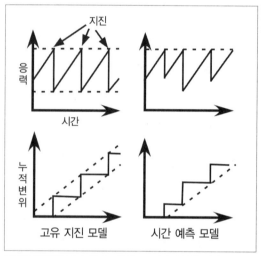

응력의 축적(에너지가 쌓이는 상태는 고려하지 않음)_변위 및 시간의 관계

:: 더 알아 보기_____

■1   변위량이 일정하든가 변위 속도가 일정하든가 또는 변위되는 영역을 일정한
     것으로 가정함에 따라 몇 가지 모델이 제시되고 있으나 여기에서는 일괄하여 고
     유 지진 모델이라고 한다.

■2   11번 항목 참고.

■3   변위 예측 모델도 있으나 여기에서는 가장 많이 사용하고 있는 시간 예측 모
     델에 대하여 설명한다.

■4   4번 항목 참고.

■5   8번 항목 참고.

08

지지의 확률 예측

문부과학성 지진 조사 위원회[1]는 1995년 효고 현 남부 지진 이후 지진 발생 시기에 대한 확률 예측을 순차적으로 발표하고 있다. 지진의 확률 예측은 어떤 내용일까?

2003년 도카치 앞바다 지진[2]이 발생했을 당시 위원회는 이 곳에서 앞으로 30년간 지진이 일어날 확률(30년 확률)을 60%로 예측하였다. 그리고 지진은 예상했던 장소에서 예상했던 규모로 발생하였다. 그런데 이것을 지진 예지의 성공 사례라고 할 수 있을까? 지진을 예지하려면 언제, 어디에서, 어느 정도 규모의 지진이 일어날지를 예측해야 한다[3]. 이 가운데 가장 어려운 것이 발생 시기의 예측이다. 장소와 규모는 지진 발생 이력을 근거로 예측이 가능해졌지만, 발생 시기는 간단하지 않아 장기, 단기, 직전으로 구분하여 예측하고 있다. 확률 예측은 이 가운데 장기 예지에 해당한다.

전문가들은 도카치 앞바다 지진의 확률 예측을 장기 예지의 성공 사례로 보고 있다. 그러나 일반인들은 그렇게 생각하지 않는 것 같다. 이것은 지진 예지의 어려움을 알고 있는 전문가와 지진 직전의 예지를 원하는 사회적 요구와의 괴리라고도 할 수 있다. 또한 지진 예지의 현재 수준을 보여 주는 것이라고도 할 수 있다.

확률을 예측하는 데는 가정이 필요하다. 우선 같은 장소에서 발생하는 대지진은 어떤 통계 법칙■4에 따라 같은 시간 간격으로 반복된다는 것이다. 이 법칙은 지금까지 반복하며 발생한 수많은 지진 데이터에서 얻을 수 있다. 또한 반복 간격의 불규칙성은 같은 장소에서 3회 이상 발생한 지진 데이터의 평균 분산값으로 구할 수 있다. 반복 간격의 불규칙성은 평균 반복 간격의 1/2에서 2배의 범위를 보인다. 이것을 고려하여 확률을 계산한다. 많이 사용하고 있는 방식이 조건부 확률인데, 어느 시점까지 지진이 발생하지 않고 그로부터 30년 또는 50년간 지진이 발생할 확률이다.

그림은 난카이 지진을 대상으로 90년의 반복 간격을 지닌 경우 30년의 조건부 확률을 보여 주고 있다. 지진 발생 직후에는 확률이 낮고, 시간이 경과하면서 확률이 높아지는 것을 알 수 있다. 내륙의 활단층은 30년 확률 값이 큰 경우에도 10% 정도밖에 되지 않는다. 효고 현 남부 지진이 발생하기 전에 노지마 단층에서의 확률은 8%였다. 이렇게 낮은 확률은 다음과 같이 생각하면 이해할 수 있다. 단순화시켜 지진은 언제나 같은 확률로 일어난다고 가정한다. 지진의 반복 간격이 100년 및 1,000년인 경우라면 1년간 평균 발생 확률은 각각 1% 및 0.1%가 된다. 30년간이라면 전자는 30%, 후자는 3%가 된다. 내륙 지진의 이런 확률은 어떤 통계에 따르면 사람이 평생에 한 번 화재를 입을 확률에 해당한다고 한다.

지금까지 지진 조사 위원회가 발표한 주요 지진의 확률에 의하면 해구형 지진의 경우는 수십 퍼센트의 확률이므로 주의가 환기되겠지만, 활단층으로 인한 내륙 지진에 대한 평가는 위험한 경우라도 확률 값이 작기 때문에 주의가 필요하다. 또한 단층별로 비교하여 위험도를 판정하고 있지만, 이때 종종 확률 최대치를 사용하고 있는 것에도 주의가 필요하다. 보고할 때는 0.5~5%로 되어 있어도 보도할 때는 최대치 5%라는 수치가 등장하는 경우가 많은 것 같다. 확률은 낮아도 막상 지진이 일어나면 위험한 경우가 많으므로 자기가 살고 있는 지역의 지진 발생 환경을 잘 알고 평소부터 대비하는 것이 중요하다.

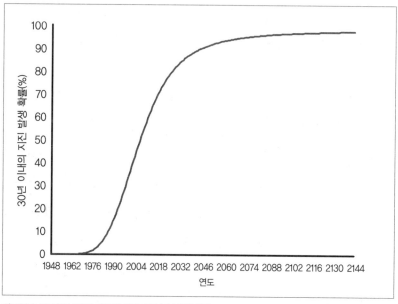

연도별로 비교한 난카이 지진의 향후 30년간 발생 확률

■1 1995년 효고 현 남부 지진 후 지진 조사 추진 본부에 설치되었다. 행정과 직결된 지진에 관한 조사 연구를 맡고 있다.

■2 매그니튜드 8.0의 지진.

■3 지진 예진의 3요소는 '언제', '어디서', '어느 정도의 규모'로서 1번 항목 참고.

■4 확률 분포라고도 한다. 완전히 무작위로 발생하는 포아송 분포나 일정한 규칙에 따라 일어나는 BPT 분포 등이 사용되고 있다.

내륙 지진과 해구형 지진의 차이

내륙 지진[1]과 해구형 지진[2]은 어떻게 다를까? 우선 최대 지진의 경우 해구형은 매그니튜드 8 규모의 거대 지진이 되지만, 내륙 지진은 크더라도 대부분 매그니튜드 7.5 정도이다. 해구형 거대 지진은 침강하는 해양판에 끌려 들어가던 대륙판이 반발하며 되돌아옴으로써 발생한다. 따라서 바다에서 육지 쪽으로 깊어지는, 완만한 각도의 단층면에서 대륙판이 타고 올라가듯이 미끄러지는 역단층[3] 지진이 된다. 또한 진원 단층[4]은 깊이 20~40km의 맨틀 부분에서 발생한다. 반면에 내륙 지진은 발생 메커니즘이 잘 알려져 있지는 않지만, 깊이 20km 이내의 얕은 지각 상부에서 발생한다. 이런 차이가 지진동에 큰 차이를 가져온다.

1995년 효고 현 남부 지진을 비롯하여 내륙 지진을 진원지 가까이에서 경험한 대부분의 사람들은 처음에는 지진인 줄 몰랐고, 무엇인가 충돌하거나 폭발한 것으로 생각했다고 증언한다. 이것은 진동보다는 충격을 느꼈다는 것을 의미하는데, 지진계 기록에 의하면 주기가 짧은 큰 지진파가 단시간에 왔음을 알 수 있다. 이들 지진은 피해지와 진원지 사이의 거리가 가까우므로 큰 진동을 가져오는 지진파가 지진 발생과 동시에 덮쳐

온 것이 된다.

지진 규모의 차이는 지진으로 파괴되는 영역의 범위가 다르며, 진원에서의 파괴 지속 시간이 다르다는 것을 의미한다. 효고 현 남부 지진은 파괴 지속 시간이 10~15초에 불과하나 매그니튜드 8 규모의 해구형 지진이라면 60~100초에 이른다. 또한 해구에서 육지까지의 거리가 멀기 때문에 천천히 흔들리는 지진파가 전달된다.

내륙 지진은 해구형 지진에 비하여 에너지는 1/10에도 미치지 못하지만, 진원지와의 거리가 훨씬 짧기 때문에 피해는 해구형 지진에 필적할 만큼 크다. 실제로 1900년 이후 일본에서 발생한 피해를 비교하면, 내륙 대지진의 피해는 해구형 지진의 피해와 거의 같은 수준이다. 또한 피해의 질이 다르다. 내륙 지진의 피해는 일정한 범위의 지역에 한정된다. 그러나 해구형 지진은 광범위한 지역에 피해를 일으킬 수 있다. 앞에서 언급했듯이 진동 주기도 다르므로 파괴되기 쉬운 건물의 유형도 달라진다. 해구형 거대 지진의 경우에는 고층 빌딩이나 긴 교량 등 규모가 큰 구조물에도 피해가 생길 수 있다.

내륙 지진은 흔히 활단층 때문에 발생한다고 알고 있다. 그러나 내륙 지진의 주된 파괴는 지각 상부에서 발생한다. 그런데 이런 파괴가 지진에 따라서는 지표에 나타나지 않기도 한다. 효고 현 남부 지진에서는 아와지 섬의 노지마 단층이 움직였다. 그러나 고베 지하에는 많은 활단층이 있음에도 불구하고 지표에서 단층의 움직임은 볼 수 없었다. 또한 2000년 돗토리 현 서부 지진(매그니튜드 7.3)은 효고 현 남부 지진과 거의 같은 크기의 지진이었음에도 불구하고 지표에서 단층의 움직임은 볼 수 없었다. 활단층은 내륙 지진이 반복된 결과 생기는 것이지만, 발생 메커니즘은 아직 확실하지 않다.

또한 내륙 직하直下형 지진이라고 부르는 경우도 있는데, 직하형 지진은 어떤 지진일까? 온라인에서 전문가들끼리 논의한 적이 있었으나 현 시점에서는 정의가 분명하지 않다. 그리고 이에 상응하는 영어 단어도 없다. 직하형 지진이 아니라 직하 지진이라고 부르는 사람도 있다. 실제로는 도시 바로 밑에서 일어나는 지진을 가리켜 사용하는 경우가 많다. 내륙의 지진만을 직하형 지진이라고 부르는 사람도 있다. 그러나 판 경계형 지진인 1923년의 간토 지진■5도 직하형 지진이라고 부르는 것이 타당할 것이다. 즉 피해지가 진원역 위에 있는 지진은 직하형 지진으로 생각해도 좋을 듯하다.

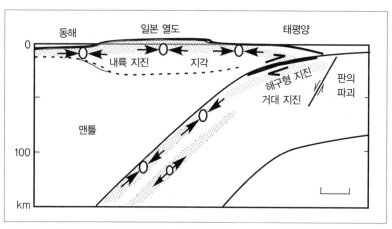

내륙 지진과 해구형 지진_동북 일본의 동서 단면을 모식화한 그림

_____

■1   2000년 돗토리 현 서부 지진(매그니튜드 7.3), 1995년 효고 현 남부 지진(매
      그니튜드 7.3), 1984년 나가노 현 서부 지진(매그니튜드 6.9) 등.

■2   1944년 도난카이 지진(매그니튜드 8.0), 2003년 도카치 앞바다 지진(매그니
      튜드 8.0) 등.

■3   4번 항목 참고.

■4   지하에서 암반이 어긋나게 됨으로써 지진이 발생하는데, 이 어긋나는 면을
      가리킨다.

■5   매그니튜드 7.9의 지진으로 30번 항목 참고.

반복하여 발생하는 지지과 지지 사이클

왜 지진은 같은 지역에서 반복하며 일어나는 것일까?

2003년 홋카이도 도카치 앞바다에서 매그니튜드 8.0의 지진이 발생하였다. 같은 지역에서 1952년에도 같은 규모의 지진이 발생하였다. 이렇게 해구형 지진[1]이 반복되며 발생하는 것은 난카이 지진[2]의 사례로도 잘 알려져 있다. 해구형 지진의 반복 간격은 수십년에서 200년 정도로 고문서에서도 확인할 수 있다. 또한 반복 메커니즘도 판구조론[3]으로 설명하고 있다. 같은 지역에서 같은 규모의 거대 지진이 발생하고 있는데, 어느 정도까지 같은지는 앞으로 정밀한 관측 데이터를 근거로 확인할 필요가 있다. 2003년 도카치 앞바다 지진은 1952년 지진과 거의 같은 지역에서 같은 규모로 발생했지만, 정밀 조사에 따르면 파괴역이 1952년 지진보다 작았다.

한편, 내륙 지각에서 일어나는 지진도 활단층 조사를 통하여 같은 지진이 반복되며 발생하고 있는 것을 알게 되었다. 활단층은 수백 미터 이상 어긋나 있는 것도 있다. 1회의 지진으로 생기는 변위량은 커도 10m 정도이므로 이 만큼의 변위를 낳으려면 같은 변위를 일으키는 지진이 수회 반복되어야 한다. 그러나 반복 간격은 해구형 지진보다 10배 이상 길어 1,000년 이상으로 추정하고 있다.

지형, 지질 조사를 통하여 단층의 평균적인 움직임을 알 수 있다. 반복 간격이 길기 때문에 같은 지역에서 반복된 지진 기록을 고문서로는 알 수 없으므로 반복 간격을 정확하게 파악하는 것은 어렵다. 실제로 많은 단층에서 조사가 이루어졌음에도 불구하고 같은 단층에서 여러 차례 반복이 확인된 사례는 많지 않다. 따라서 여러 단층에서의 들쭉날쭉한 반복 간격을 평균하여 범위를 구하고 있다. 그 결과 반복 간격은 평균치의 1/2 에서 2배 사이의 값을 갖고 있음을 알 수 있다. 즉, 1,000년마다 반복되는 지진이라면 500년에서 2,000년 사이의 긴격으로 발생한다. 활단층의 움직임이 반복되는 간격을 조사함으로써 다음 지진 발생의 확률 예측■4을 실시하고 있다.

또한 해구형 지진의 반복과 내륙 지진의 발생 사이에도 관계가 있다는 것이 알려졌다. 이것은 서남 일본에서 반복된 난카이·도카이 지진과 내륙에서 발생한 대지진에 관한 문헌 기록을 토대로 밝혀진 것이다. 해구형 지진이 한번 발생하면 다음 발생까지는 약 100년이 걸리는데, 해구형 지진 발생 전후의 약 50년 동안은 다른 기간에 비하여 내륙에서 대지진이 많이 발생한다. 이것은 해구형 지진이 발생하기 전에는 판 운동으로 응력이 축적되고 있으며, 이것이 내륙에도 영향을 미치고 있는 것으로 생각된다. 해구형 거대 지진이 발생하면 당분간은 여효餘效 변동■5이 이어지는데, 응력이 해방되고 내륙에서도 평온한 기간이 있게 된다. 이윽고 응력이 축적되면 내륙에서도 지진이 다시 활발해지고, 다음 해구형 지진의 발생에 이른다고 하는 지진 사이클이 완성된다. 1944년 도난카이 지진, 1946년 난카이 지진 전에는 1927년 단고 지진(매그니튜드 7.5), 1943년 돗토리 지진(매그니튜드 7.4) 등이 일어났다. 또한 두 거대 지진 후에도 1948년 후쿠이 지진(매그니튜드 7 1)[6]이 있었다. 1854년 도카이 · 난카이 지진 전에는 1847년 젠코지 지진(매그니튜드 7.4), 1854년 이가우에노 지진(매그니튜드 7.3) 등이 일어났다. 이 경우에도 해구형 지진은 같은 장소에서 같은 규모의 지진이 반복되었지만, 내륙 지진은 장소가 크게 달라지고 있는 것에 주의할 필요가 있다.

이런 사실 때문에 1995년 효고 현 남부 지진이 주목을 받고 있다. 1944~1946년의 도난카이, 난카이 지진으로부터 약 50년이 경과하고 있기 때문이다. 이 지진을 계기로 서남 일본이 활동기에 들어갔다고 생각할 수 있다. 금후 몇 차례의 내륙 대지진이 발생하고, 난카이 · 도난카이 지진이 발생할 가능성이 높아졌다는 것이 된다. 실제로 2000년 돗토리 현 서부 지진, 2001년 게이요 지진이 발생했는데, 이들을 일련의 활동으로 생각하고 있다. 앞으로 난카이 지진과 함께 내륙의 대지진에 대한 대비에도 만전을 기할 필요가 있다.

:: 더 알아 보기_____

■1 9번 항목 참고.

■2 11번 항목 참고.

■3 80번 항목 참고.

■4 8번 항목 참고.

■5 지진 발생 후에 관측되는 지각 변동.

■6 32번 항목 참고.

도카이 지진과 난카이 지진의 특징
– 왜 반복되는 것일까

도카이 지진과 난카이 지진이 역사적으로 반복하며 발생한 것은 잘 알려져 있다. 이들 지진은 왜 반복하며 일어날까? 그 답은 판구조론■1에 의해 밝혀졌다.

서남 일본의 태평양 쪽에는 필리핀 해양판이 난카이 해곡海谷를 따라 일본 열도 밑으로 침강하고 있다. 이 침강으로 인하여 일본 열도는 압축되어 줄어들고 있다. 판은 매년 약 5cm의 속도로 일본 열도를 밀어붙이고 있으므로 100년간의 변화량은 5m에 이른다. 이 정도의 응력이 축적되면 버틸 수 없게 된 육지가 바다 쪽으로 반발하면서 지진이 발생한다. 판은 계속 침강하므로 지진 후에도 다시 같은 과정이 되풀이되고 결국 거대 지진이 반복되며 일어난다.

난카이 해곡을 따라 일어난 지진으로는 1944년 도난카이 지진과 1946년 난카이 지진이 가장 잘 조사되었으며, 이를 통하여 지진의 성질이 밝혀졌다. 이들 지진은 판의 침강 각도와 똑같은 완만한 각도의 역단층 유형■2이었다. 즉, 기이 반도와 시코쿠의 남부가 바다 쪽으로 튀어 올라가듯이 움직였다.

같은 지진의 반복을 고문서 기록을 통해서도 알 수 있다. 또한 고분에 남아있는 유적 조사■3에서 광역에 걸쳐 액상화된 흔적이 발견됨으로써 고문서 기록을 뒷받침하고 있다. 더욱이 무로토 곶 등 태평양에 면한 곳에서는 지진이 일어날 때마다 지면이 융기하여 해안이 육지로 변했으며, 그 흔적이 해안 단구로서 여러 단 남아 있는 것도 알려졌다. 단구들이 형성된 연대는 그곳에 남아 있는 조개 껍질을 통하여 알 수 있다.

이 연대를 과거로 거슬러 올라가며 조사하면 선사 시대에 일어난 지진의 반복도 파악할 수 있다. 최근에는 해안 부근의 호소에 퇴적된 진흙이나 모래층을 조사하여 과거 쓰나미의 흔적을 검출하는 작업도 이루어지고 있다■4. 평시에는 바닷물이 들어가지 않는 육상 호소에 쓰나미가 일어날 때에만 바닷물과 함께 모래나 진흙이 흘러들어가 호소 안에 쌓이기 때문이다.

이들 지진의 반복 간격은 1300년 무렵까지는 약 100년, 그리고 그 전에는 약 200년이라는 기록을 고문서에서 확인할 수 있는데, 최근의 조사를 통하여 과거에 일어난 지진의 반복을 더욱 상세하게 알 수 있게 되었다. 그 결과 반복 간격이 200년이라고 생각했던 시대의 지진도 그 사이에 지진이 한 번 더 있었던 것으로 알려져 약 100년의 반복 간격이 확실시되고 있다. 전 세계적으로 판이 침강하며 지진을 일으키는 지역은 많이 있지만, 이렇게 반복 기록을 잘 알 수 있는 곳은 서남 일본뿐이다. 최근에는 미국 서해안 북부의 밴쿠버 앞바다에서도 거대 지진의 반복 사실이 알려져 정밀 조사가 시작되고 있다.

쇼와 시대(1925~1988) 이전에 발생한 지진은 시오 곶 부근을 경계로 동쪽에서 일어난 지진을 도카이 지진, 서쪽에서 일어난 지진을 난카이 지진으로 구분하고 있다. 쇼와 시대의 지진만 도난카이 지진과 난카이 지진으로 구분하여 부르는데, 이것은 쇼와 시대에 일어난 도난카이 지진의 진원 범위가 그 이전의 도카이 지진처럼 쓰루가 만까지 미치지 않았기 때문이다. 즉, 미끄러지지 않고 남은 부분이 있는 셈이다. 그러나 이 협의의 도카이 지진이 단독으로 발생한 기록은 없으므로 이후 어떤 경위를 거치게 될지 관심을 끌고 있다. 문부과학성 지진 조사 위원회는 그 이후의 거대 지진으로 난카이, 도난카이 및 도카이 세 지진을 꼽고 있으며, 세 지진이 모두 동시에 발생하는 경우의 피해도 생각하고 있다.

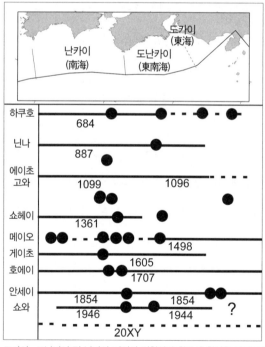

도카이 · 도난카이 및 난카이 지진의 진원역과 활동사_횡선은 파괴역을
●은 유적에서 발견된 지진 흔적을 나타낸다.

:: 더 알아 보기_____

■1 80번 항목 참고.

■2 4번 항목 참고.

■3 이런 연구를 지진 고고학이라고 한다.

■4 고(古)쓰나미 조사.

예지가 가능해진 도카이 지진

도카이 지진의 경우는 예지할 수 있게 되었다는데, 사실일까?

1978년 지진 예지 연락회[1]에 도카이 지역 판정회가 설치되었다. 그리고 같은 해 지진을 예지할 수 있다는 것을 전제로 대규모 지진 대책 특별법이 시행되었다. 그 결과 지정된 지역에서 집중 관측을 실시하여 지진 발생의 전조가 있으면 수상이 「경계 선언」을 발표하고, 관계 기관 및 기업은 지진 재해에 대한 예방 태세를 강화하게 되었다. 또한 6개 현[2], 167개 시정촌市町村이 지진 방재 대책 강화 지역으로 지정되었다. 지진을 거의 확실하게 예지할 수 있음을 전제로 하고 있으므로 예지 정보를 근거로 대책을 세우게 되었다. 아직 발생하지 않은 지진을 도카이 지진이라고 이름붙인 것도 처음 있는 일이었다. 예상되는 도카이 지진은 매그니튜드 8 규모의 해구형 지진으로서, 쓰루가 해곡을 따라 필리핀 해양판이 일본 중부 지방 밑으로 침강함으로써 발생하는 것으로 여겨진다. 이 지진이 발생하면 시즈오카 현을 중심으로 큰 피해가 생길 것이다.

난카이 해곡을 따라서는 약 100년 주기로 거대 지진이 반복하여 발생한다는 사실도 밝혀졌다. 그리고 정밀 조사 결과 1944년 쇼와 도난카이 지진은 진원의 범위가 쓰루가 만까지 미치지 않았다는 것도 알게 되었다. 즉, 쓰루가 만 부근의 해양판과 대륙판 사이에 미끄러지지 않고 남은 부분이 있는 셈이다. 그 부분이 언제 미끄러지더라도 이상할 것이 없다고 생각하여 긴급히 대책이 세워졌다. 더욱이 판의 침강으로 인하여 육지 쪽은 압축, 고마에사키는 침강하고 있는 것도 측정 결과 밝혀졌다. 결국 육지 쪽이 반발할 때 지진이 발생한다고 생각할 수 있으므로 지진 발생 전에는 침강 속도가 느려져 예지가 가능하다고 한다.

이런 움직임 속에서 도카이 지역에는 많은 관측점이 새롭게 설치되었다. 특히 기상청이 체적 변형계■3를 다수 설치하여 24시간 감시 체제를 갖출 수 있게 되었다. 이런 지진 대책은 세계에서 처음으로 시도된 획기적인 것이었다. 지진 예지뿐 아니라 구조물 강화, 방재 훈련 등의 재해 대책도 실시되었다.

판정회■4가 도카이 지진을 예지하면 경계 경보가 발령되고, 각종 경제 활동이 제한을 받게 된다. 다행스럽게도 도카이 지진은 아직 발생하지 않았고 판정회가 만들어진 지도 벌써 25년이나 경과하였다. 그 사이에 사회도 크게 바뀌어 실제로 경계 경보가 발령되면 경제 활동이 마비되어 엄청난 손해를 가져오게 될 것이다. 특히 이 지역은 도카이 신칸센, 도메이 고속 도로 등이 지나고 있어 경제적 손실이 막대해진다. 이런 점을 들어 경계 경보의 발령은 어려울 것이라는 의견도 있다. 더욱이 대규모 지진 대책 특별법이 제정된 시대에는 중국에서 지진 예지에 성공하기도 하여 지진 예지의 미래가 상당히 밝았다. 그러나 그 후 지진의 다양성 때문에 직전 예지는 어렵다는 것을 알게 되었다.

이런 것들을 받아들여 2001년 도카이 지진 대책에 대한 재검토가 이루어졌다. 먼저 최신의 관측 및 연구 결과를 근거로 진원역이 재검토되어 피해 예상 지역이 확대되었다. 그 결과 방재 대책 강화 지역도 8개 도현都 縣■5, 263개 시정촌으로 확대되었다. 또한 무조건 경계 선언부터 발령하고 대책을 세우는 것이 아니라 관측 정보, 주의 정보, 예지 정보의 3단계 정보를 내고 각 단계에 맞게 대책을 세우게 되었다. 그리고 예지 정보가 나오면 비로소 경계 선언이 발령된다.

새로운 지진 정보는 교통 신호의 색깔에 맞춰서 관측 정보(청색)는 변형계에 이상이 발견된 경우에 발령되어 비상 연락 체제를 가동하지만, 계기 이상일 수도 있으므로 해제될 수도 있다. 주의 정보(황색)가 발령되면 재해 대책을 위한 준비 태세에 돌입하게 된다. 예지 정보는 적색 신호에 대비되어 경계 선언과 거의 동시에 발령된다. 정보의 발령은 현실적인 방향으로 수정되었지만, 이 개정으로 나고야도 강화 지역에 포함되었기 때문에 경보가 발령되는 경우에는 교통 기관이 멈추게 되므로 많은 사람들이 집에 돌아가지 못하는 등의 새로운 문제에 대한 대책도 필요해졌다. 그러나 정보가 발령되지 않은 채 지진이 일어날 가능성도 있으므로 평소 대책이 필요하다.

■1 　지진 예지에 관한 조사, 관측, 연구 결과의 정보 교환을 위하여 국토지리원에 설치된 자문 기관이다.

■2 　시즈오카, 가나가와, 야마나시, 나가노, 기후 및 아이치의 6개 현.

■3 　속이 빈 통을 지하 10~200m 깊이에 매설하고 체적의 변화를 측정함으로써 지면의 신축을 조사하는 관측 기기.

■4 　기상청장이 전문가로 구성된 지진 방재 대책 강화 지역 판정회를 소집하여 이상 데이터를 검토하고 경계 선언을 발표할지 여부를 결정한다.

■5 　시즈오카, 도쿄, 가나가와, 야마나시, 나가노, 기후, 아이치 및 미에의 8개 도현.

13

「어스패러티」란

최근 대지진 시 발생하는 강한 진동과 관련하여 단층면의 어스패러티 (asperity)가 주목을 받고 있다. 지진은 진원 단층[1]이 어긋나면서 발생한다. 대지진의 경우 진원 단층은 단층 전체가 똑같이 어긋나는 것이 아니라 어긋나기 쉬운 곳과 어긋나기 어려운 곳이 있으며, 어긋나기 어려운 곳이 파괴될 때 강한 지진파가 발생한다는 사실이 밝혀졌다. 진원 단층에서 대지진 시 강한 진동을 발생시키는 영역을 어스패러티[2]라고 한다.

어스패러티는 본래 돌기물이라는 의미이며, 물리학에서는 요철이 있는 두 개의 면에서 강력한 마찰을 일으키며 접하고 있는 돌기 부분을 가리키는 용어이다. 지진의 경우에는 진원의 단층면에서 강력하게 달라붙어 있는 부분을 가리킨다. 강력하게 달라붙어 있는 부분을 고착역固着域[3]이라고도 부른다. 이 부분은 강도가 크므로 단층이 파괴될 때 끝까지 버티다가 마지막에 크게 미끄러지며 강한 지진동을 발생시키는 것으로 생각된다. 실제로는 강도가 큰 부분과 크게 미끄러지는 부분이 반드시 일치하지 않을 수도 있으므로 어스패러티의 정의가 분명하지는 않지만, 진원 단층에서 가장 강력하게 달라붙어 있어 대지진 발생 시 강력한 지진동을 일으키는 영역이라고 생각하면 된다.

대지진의 진원 단층면은 크기 때문에 단층면에서 어스패러티 영역을 지진 발생 전에 알 수 있다면, 그 단층으로 인하여 발생하는 강력한 지진동을 보다 정확하게 예측할 수 있다. 도난카이 · 난카이 지진에서도 어스패러티 영역을 여러 가지로 가정하여 강력한 진동 계산을 실시하였다. 그 결과 어스패러티 장소에 따라 교토 · 오사카 · 고베 지역과 나고야 지역에서 진동이 크게 달라지는 것을 알 수 있다.

어스패러티는 단층의 고착도와 관련된다고 볼 수 있으므로 어떤 방법으로 단층면에서 영역마다의 고착도를 알 수 있다면 어스패러티 분포를 파악할 수 있을 것이다. 최근에는 인공 지진으로 만든 판 경계면의 반사파를 이용하여 고착 영역과 비非지진성 미끄럼 영역의 차이를 검출하는 연구가 진행되고 있다. 특히 수십 년 간격으로 반복되는 판 경계의 대지진은 반복될 때마다 같은 영역에서 강한 진동이 발생한다는 사실이 밝혀졌다. 즉, 어스패러티가 보존되고 있다는 것이다.

GPS [4]로 지면의 움직임을 감시함으로써 대지진이 일어날 때 그리고 그 전후에 판 경계면의 미끄럼 분포를 자세히 알 수 있다. 또한 대지진의 파형 해석을 통하여 지진 시 미끄럼 분포를 파악하게 됨으로써 크게 미끄러지는 영역이 지진 후에 고착도가 커진다는 사실이 밝혀졌다. 더욱이 산리쿠 앞바다에서는 1992년의 지진으로 크게 미끄러진 지역이 1952년의 지진으로 크게 미끄러진 지역과 대부분 거의 일치했던 것도 밝혀졌다. 이런 지역을 어스패러티라고 생각하면 어스패러티의 크기를 지진 규모와 연결시켜 생각할 수 있다. 또한 고착역뿐 아니라 비지진성 미끄럼 [5]이 일어나는 영역도 발견되고 있다. 비지진성 미끄럼 영역이란 지진파를 일으키지 않고 서서히 수일에서 수년에 걸쳐 미끄러지는 영역이다. 어스패러티는 반복될 뿐 아니라 파괴될 수도 있으므로 어스패러티 주변의 비지진성 미끄럼의 동향을 GPS 등의 관측으로 모니터링하고, 그 변화를 근거로 지진의 발생 시기를 예측하려는 시도도 이루어지고 있다.

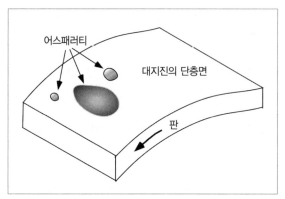

해구형 지진의 어스패러티 모식도_단층면 상에서 어스패러티는 강하게 달라붙어 있는 부분을 나타내고 있다.

:: 더 알아 보기_____

■1   지진을 발생시키는 지하의 단층으로서, 지진파형이나 지표의 변동, 여진 분포
     등을 통하여 장소와 크기가 결정된다.

■2   단층면의 어긋남이 큰 곳을 어스패러티라고 하는 정의도 있다.

■3   평소에는 달라붙어 움직이지 않는 진원 단층의 영역으로서, 지진 시 크게 미
     끄러져 강한 지진동을 발생시키는 것으로 생각된다.

■4   19번 항목 참고.

■5   지진파를 발하지 않은 채 수일에서 수년에 걸쳐 서서히 미끄러지는 영역.

「유레다스*」와 「나우 캐스트**」

10초 전 지진 예지라는 말을 들은 적이 있을 것이다. 2004년 1월 말부터 기상청이 지진이 시작된 직후 정보를 시범 제공하고 있다. 이 시스템을 「나우 캐스트 지진 정보」라고 한다.

나우 캐스트 지진 정보란 진원에 가까운 관측점에서 기록한 지진파를 해석하여 멀리 떨어진 지점에서 지진파가 도달하기 전에 그곳의 진동을 예측하려는 시도이다. 지진파는 가장 먼저 도착하는 P파와 뒤이어 오는 큰 진폭의 주요동(S파)으로 이루어져 있다. 도달 시간의 차이를 이용하여 P파로 지진을 감지하고 주요동을 예측하려는 것이다. 이 방법으로 확보한 예측 시간을 토대로 다양한 지진 재해 방지■1 대책을 생각할 수 있다.

그런데 이런 생각은 이미 JR(구 국영 철도)이 실용화하고 있다. 이것이 「유레다스」 즉 지진 조기 감지 경보 시스템이다. 유레다스는 1964년 신칸센이 개통된 것과 동시에 연구가 시작되었다. 이것은 일본에서 지진 예지

---

* 조기 지진 검지 경보 시스템을 의미하는 Urgent Earthguake Detection and Alarm System의 머릿글자를 따서 UrEDAS라고 부른다.

** Nowcast.

연구 계획이 시작된 것과 거의 같은 시기에 해당한다. 처음에는 주요동의 진폭을 토대로 열차 운행을 제어하는 간단한 것이었다. 그러나 1970년대 도호쿠 신칸센이 개통될 때 산리쿠 앞바다에서 빈발하는 대지진에 대하여 열차의 안전 확보를 위한 보다 효율적인 시스템이 필요해졌다. 따라서 P파를 검지하여 진폭이 큰 주요동이 도달하기 전에 열차를 감속, 정지시키는 시스템이 실용화되었다. 현재 도카이도 신칸센에는 14개 지점, 산요 신칸센에는 5개 지점에 지진계를 설치하여 이 시스템을 가동하고 있다.

그러나 이들 시스템으로도 지진을 감지하는데 약 3초가 걸린다. 반면에 시속 300km에 가까운 신칸센 열차가 비상 브레이크로 정차하는 데 1분 30초 정도 걸린다고 하므로 이들 시스템은 글자 그대로 일각을 다투는 시간과의 싸움인 것이다. 유레다스는 열차의 감속 등 재해 경감에 도움이 되었다고는 하지만, 이것으로 안심하기에는 아직 이르다.

최근 개발된 나우 캐스트 지진 정보 시스템은 지진 발생 후 단계적으로 지진의 진원 위치와 규모에 관한 정보를 발신한다. 우선 제1관측점에서 기록한 P파로부터 지진의 위치와 규모를 구하고, 그 정보를 가능한 빨리 발신한다. 그리고 2관측점, 3~5관측점 식으로 파형이 모이면 이들을 근거로 보다 정확한 위치와 규모를 발신한다. 이를 위하여 특별한 지진계[2]가 개발되어 약 180개 지점에 설치되었다. 이들 지진계에는 한 지점의 지진 기록으로부터 지진의 규모와 진원까지의 거리를 추정하기 위한 연산 장치가 들어 있어 지진을 감지한 몇 초 후에는 이런 정보를 발신할 수 있다.

나우 캐스트 지진 정보는 크게 두 가지 목적으로 사용되고 있다. 하나는 주요동이 도달하기 전에 여러 가지 제어가 가능하며, 다른 하나는 지진 직후에 피해 지역의 진동을 산출하여 지진 이후의 피해 대책에 사용하다는 것이다. 그러나 제어 신호의 발신에 수 초가 걸리므로 내륙 직하지진에는 사용할 수 없다. 해역에서 일어나는 지진은 해안에서도 10초 정도의 시간을 확보할 수 있으므로 여기에 유용한 이용법을 연구하고 있다. 또한 기상청은 지진 후 5분 이내에 추정 진도를 알려 피해 예측에 도움을 주려 하고 있다. 피해 지역의 범위를 알 수 있다면 구조 대책에 효과적으로 이용할 수 있을 것이다. 또한 교통 기관에서는 노선의 점검 범위를 결정하거나 열차 운행을 재개하는 데 이용을 검토하고 있다.

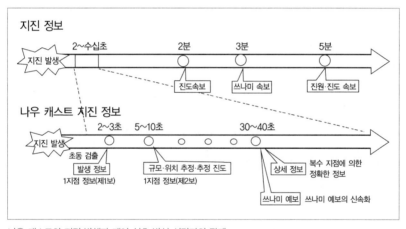

나우 캐스트의 지진 발생과 제어 신호 발신 시각과의 관계

■1   열차 제어, 쓰나미 방지를 위한 수문 폐쇄, 컴퓨터 제어, 여러 장소에서의 긴
     급 피난, 엘리베이터 제어, 항공기 관제 제어, 교통 신호 제어, 선박 피난 등.

■2   나우 캐스트 지진계로 불리며, 초동(初動) 부분의 변화가 거리와 규모의 함수
     인 것을 이용하여 진원까지의 거리와 지진의 규모를 결정하고 있다.

15

대지진이 임박하고 있다

도카이 지진의 발생이 우려되기 시작한 지 제법 시간이 경과했지만, 아직 도카이 지진은 일어나지 않았다. 최근에는 도카이 지진뿐 아니라 난카이 지진, 도난카이 지진, 미나미간토 지진도 임박했다는 우려가 많은데, 실상은 어떨까?

도카이 지진이 임박했다는 주장이 제기된 것은 1970년 전후로, 이 주장을 제기한 학자들은 "도카이 지진이 내일 일어나도 이상할 것은 없지만, 20년 뒤일지도 모른다."라는 가설을 폈다. 그러나 20년은커녕 30년이 지나가고 있는데도 도카이 지진은 발생하지 않았다. 그러면 도카이 지진 발생을 주장한 연구자가 틀린 것일까? 도카이 지진은 가까운 장래에 분명히 일어나겠지만, 문제는 가까운 장래가 인간의 수명에 빗댄 것이 아니라 일본 열도의 수명에 빗댄 것이라는 점이다[1].

도카이 지진이라 불리는 지진은 1600년 이후 90~150년 간격으로 3회에 걸쳐 발생하였다. 그런데 1854년 안세이 도카이 지진[2] 이후 150년간지진이 일어나지 않았기 때문에 도카이 지진이 임박했다는 주장이 나온것이다. 그러나 일본의 역사 시대를 통틀어 살펴보면 도카이 지진의 발생 간격이 300년이나 되는 사례도 있다. 일본의 역사를 약 2000년으로 보더라도 일본 열도의 수명에 빗대어 보면 지극히 최근의 일이다. 일본 열도 나이의 일만 분의 일에 불과한 짧은 기간만 갖고 도카이 지진의 발생 간격을 예측할 수는 없다. 그러나 다음 도카이 지진이 1854년으로부터 300년 후에 일어날 수도 있으므로, 그런 경우라면 아직도 먼 훗날의 일이다.

진원역이 도카이 지진에 인접한 난카이 지진과 도난카이 지진인 경우에도 마찬가지로 100년 전후(50~200년)■3의 재현 기간으로 본다면 정말로 지진이 임박했다고도 생각되지만, 실제로 지진이 일어난 시점은 앞으로 100년 또는 200년 뒤일지도 모른다.

미나미간토 지진의 임박을 우려하는 것도 같은 이유에서다. 에도 시대에 일본의 메트로폴리스였던 미나미간토에서는 1703년 간로쿠 간토 지진■4이 일어났으며, 그로부터 220년 후인 1923년 다이쇼 간토 지진이 발생하였다. 이렇게 유추하면 앞으로 220년 동안에 미나미간토 직하의 지진 활동은 다음과 같은 추이를 보일 것으로 생각할 수 있다.

제1단계 : 간토 지진 이후 70~80년 동안은 지진 활동의 정온기.

제2단계 : 다음 70~80년 동안은 응력의 축적이 어느 정도 진행되어 지진 활동이 조금씩 활발해짐.

제3단계 : 응력 축적이 더욱 진행되어 지진 활동이 활발해지고, 매그니튜드 7 규모의 직하형 지진이 일어나며 간토 지진이 다시 발생함.

다이쇼 간토 지진이 발생하고 나서 80년이 지났지만, 미나미간토 바로 밑에서 피해를 동반한 지진은 아직 일어나지 않았다. 그러나 현재(2000년 전반)는 제2단계로 들어가는 시기이다.

간토 지진이 발생하려면 아직 시간이 있지만, 간로쿠 간토 지진으로부터 대략 150년 후인 1855년 매그니튜드 6.9의 안세이 에도 지진[5]이 발생하였다. 그리고 1894년 도쿄 만 북부를 진원으로 하는 매그니튜드 7.0의 지진이 발생하여 도쿄와 요코하마를 중심으로 31명의 사망자가 생겼다.

이런 사례가 있었기 때문에 미나미간토 직하형 지진이 임박했다는 주장이 제기된 것이다[6]. 이런 미나미간토 직하형 지진의 발생 예측도 1703년과 1923년의 두 대지진의 사례로부터 유추한 것이다. 일본 열도의 수명에 빗대어 보면 최근 일순간의 사건에 불과하다. 미나미간토의 지진 활동이 이런 일순간의 사건처럼 진행될지 학문적으로는 전혀 증명되지 않았다.

지진이 발생할지 여부는 알 수 없지만, 전례가 있으므로 주의하자는 것이 국가 중앙 방재 회의[7]가 미나미간토 지진에 주목하는 이유이다. 지진에 강한 마을 만들기는 하루아침에 이루어지지 않는다. 행정 당국으로서는 가능성이 큰 지역부터 지진 대책을 실행한다는 취지이다.

이렇게 중앙 방재 회의와 연구자가 말하는 지진의 임박은 일본 열도의 수명에 빗대어 생각한 경우이다. 따라서 만일 지금부터 100년 후에 도카이 지진이 일어난다고 해도 임박하여 일어난 것에는 변함이 없다. 그러나 인간의 수명에 빗대어 보면 2세대 또는 3세대 후의 일이므로 임박이라는 말은 맞지 않는다. 일본 열도의 수명에 빗댄 임박이라는 의미를 제대로 이해하는 것이 중요하다.

:: 더 알아 보기_____

■1   인간의 수명 100년, 화산의 수명 100만 년, 일본 열도의 수명 수천만~1억 년.

■2   매그니튜드 8.4.

■3   11번 항목 참고.

■4   매그니튜드 7.9~8.2.

■5   진앙은 도쿄 만 북쪽의 에도 강 하구 부근에서 4,000명의 사망자를 낳았다.
      무너지거나 소실된 가옥이 14,000채에 달했다.

■6   임박성의 한 가지 근거로서 시간 예측 모델(7번 항목 참고)을 들 수 있지만,
      이것은 어디까지나 하나의 모델에 불과하다.

■7   94번 항목 참고.

16

지진과 화산의 궁금증 100가지

지진의 전조 현상

지진의 전조 현상은 정말로 있을까?

지진 연구자들은 계기를 관측하여 지진의 전조로 여겨지는 여러 가지 사실을 얻는다. 그러나 이들 사실도 정말로 전조로 확인된 것은 적으며, 대부분 지진 발생 후에 전조로 인정받은 것이다.

지진은 지하에서 암석의 갈라진 틈이 미끄러짐으로써 발생한다. 갈라진 틈은 단단하게 달라붙어 있는 상태이므로 미끄러지기 전에 암석이 뒤틀리게 된다. 이 뒤틀림을 파악하는 것이 가장 직접적인 전조 관측이라고 생각할 수 있다. 또한 암석이 뒤틀림으로써 간접적인 여러 현상들이 야기되며 이들도 전조가 된다고 볼 수 있다.

지진 예지를 위해서는 암반의 변형을 직접 측정하는 것이 중요하므로 삼각 측량과 수준 측량을 실시하여 장기간에 걸친 지면의 뒤틀림과 상하 변동을 측정하고 있다. 이런 측량에는 시간이 걸렸으나 최근에는 기준점의 3차원 변화를 측정하는 GPS■1 연속 관측이 실시되어 매일의 변화를 알 수 있게 되었다. 또한 지각 변동■2을 측정하기 위하여 깊이 수백 미터 ~수 킬로미터의 수직공孔 속에 변형계와 경사계를 매설하여 측정하고 있다. 도카이 지진■3의 판정에 사용하고 있는 것은 시즈오카 현의 고마에사키를 중심으로 십여 지점에 설치한 체적변형계이다. 또한 깊이 100m 정도의 수평공 속에도 변형계와 경사계로 관측하고 있다. 이 방법으로 100km 떨어져 있는 두 지점에서 측정하면 1mm 이하의 간격 변화까지 검출할 수 있을 만큼 정밀한 관측이다.

암반의 뒤틀림으로 인하여 생기는 각종 현상도 측정하고 있다. 과거 대지진 시 지하수의 수위를 비롯하여 온도, 수질에 변화가 나타났다고 하므로 이들의 측정도 계속되고 있다. 수위 변화와 온도 변화는 측정하고 있는 우물의 성질에 달려 있는 부분이 많으므로 진원에 가깝다고 반드시 변화가 큰 것은 아니다. 대지진 발생 전에 우물이 말랐다거나 물이 뿜어져 나왔다는 기록은 다수 남아 있다. 또한 큰 지진 전후에 온천의 온도와 수량이 변했거나 흙탕물로 바뀌었다는 등의 보고도 다수 있다.

이들 전조가 지진 예지에 유효하려면 대지진이 반복될 때마다 이런 변화가 재현되어야 하는데 그런 점은 알 수가 없다. 또한 암석이 압축되면 그 안에 포함되어 있던 라돈 같은 특수한 원소가 방출되므로 이들의 농도 변화를 관측하기도 한다.

암반의 뒤틀림과 지하수의 변화로 인하여 지하의 전기 저항이 변한다면, 지면을 흐르는 전류의 크기도 변화할 것으로 생각할 수 있다. 그리스에서 VAN법■4이라고 불리는 지진 예지는 이런 지하의 전기적 성질의 변화를 이용하고 있다. 또한 일부 연구자가 지진 구름■5이나 지진 전파■6 등이 대지진의 발생 예지와 관련이 있다고 주장하는 경우도 있지만, 이들이 확실한 지진의 전조인지는 아직 규명되지 않았다.

지금까지 설명한 전조 현상은 모두 지표 부근에서 관측된 것들이다. 대지진이 일어나는 깊이는 얕은 지진일지라도 5km 이상이기 때문에 깊은 땅 속 암반의 뒤틀림이 직접 지표에 나타나기는 어렵다. 지진이 일어나는 깊이에서의 암반 상태를 직접 반영하는 현상으로는 지진 활동의 변화가 있다. 대지진 전에는 일시적으로 소지진의 발생이 감소하고 지진이 없는 공백 지역이 나타난다고 한다. 또 예고 지진前震이 발생하는 경우도 있다. 즉, 지진 활동에 변화가 보인다는 것이다. 그리고 암반의 성질이 변화하면 그곳을 통과하는 P파와 S파의 속도가 변화한다는 연구도 있다.

이렇게 가능성을 지닌 전조 현상들이 다수 제시되고 있으나 아직 어느 것도 결정적인 것은 없다. 각각의 현상이 특유의 오차와 잡음을 포함하고 있기 때문이다. 또한 대지진이 반복하면 전조 현상도 반복되는지에 대한 문제도 남아 있다. 따라서 보다 정확하게 지진을 예지하기 위하여 몇 가지 현상이 복합하여 나타나기를 기대하고 있다. 최근에는 암석이 어떻게 뒤틀리고 어떤 변화가 일어나 전조 현상으로 이어지는지에 대한 전조 발생 메커니즘도 연구 과제가 되었다.

:: 더 알아 보기_____

■1   19번 항목 참고.

■2   지면의 변형과 경사.

■3   11번 항목 참고.

■4   그리스에서 실시하고 있는 지하의 전위(電位) 측정에 의한 지진 예지법. 지진 전에 지하에서 특수한 전위 변화가 관측된다고 한다.

■5   대지진 전에 특별한 모양의 구름이 나타난다고 한다. 18번 항목 참고.

■6   대지진 전에 특정 주파수의 전파가 진원역 부근을 통과할 때 변화한다고 한다. 17번 항목 참고.

전자파와 지진파로 지진을
예지할 수 있을까

2003년 9월 한 주간지에 '9월 16~17일 전후로 이틀 사이에 미나미간 토에서 매그니튜드 7.2±0.5[1]의 지진이 일어날 조짐이 있다.'라는 기사 가 실려 많은 사람들이 대지진 발생을 우려하였다. 그리고 '9월 20일 오 후 0시 55분 치바 현 구쥬구리하마 부근에서 매그니튜드 5.7의 지진이 발생했으며, 수도권에 진도 4의 진동을 가져왔다.'라는 속보가 나왔다. 이 지진 발생은 FM 전파를 연속적으로 관측한 기록을 토대로 예측되었 는데, 이런 관측 수법을 지지하는 연구자도 있으나 대부분의 연구자는 인정하지 않는다. 예측한 사람은 진원에 오차가 생긴 이유도 알고 있으 며, 또 기본적으로는 지진이 발생했기 때문에 지진을 예지했다고 주장한 다는 기사가 이어졌다.

그러나 이 예지에는 문제가 있다. 예측된 매그니튜드는 7.2±0.5였지 만, 실제로 일어난 지진은 매그니튜드 5.7로 예측한 지진의 1/180에 해 당하는 에너지였다. 예를 들면, 진원의 크기를 소프트볼 크기라고 예측 했는데 실제로는 탁구공이나 구슬 정도였다는 것이다. ±0.5라는 오차를 고려하더라도 이 정도로 예측이 적중하였다고 볼 수 있을까?

매그니튜드 5.7의 지진이 일어났지만, 일본 열도에서 매그니튜드 5 규모의 지진은 매년 수십 번, 매주 한 번꼴로 일어나고 있다. 따라서 매그니튜드 5 규모 정도의 지진을 갖고 예지에 성공했다고 주장한다면 많은 지진 연구자들이 의문을 품을 것이다. 매그니튜드 5 규모 정도라면 발생 수가 많으므로 우연의 일치로 얼마든지 일어날 수 있기 때문이다.

제2차 세계 대전 말기인 1945년 1월 13일의 미가와 지진■2 발생 후 큰 여진이 일어나기 전에 라디오에 잡음이 들어간 것 때문에 여진 발생을 알 수 있었다는 보고가 있다. 전자파로 지진을 예지할 수 있는 것으로 보고 지금도 전자파를 관측하는 연구자가 적지 않다. 전자파는 주파수에 따라 VLF, LF, HF, VHF, FM 등으로 나누어지는데, 각각의 주파수대에서 지진 발생 전에 무언가 이상이 나타난다는 보고가 있다. 특히 효고 현 남부 지진 전에 여러 장소에서 같은 이상이 기록되어 관계자들을 흥분시켰다.

지진 현상은 고체 지구 내부의 현상이다. 그런데 왜 고체 지구 외부의 전자파 현상에 전조 같은 현상이 나타나는 것일까? 실은 이런 의문점을 전혀 설명하지 못하고 있다. 단지 지구 내부에서는 너무 작아 미처 알아차리지 못한 현상이 전자파 현상에서는 증폭되어 나타났을 것으로 추측하고 있지만, 그 증폭의 메커니즘도 밝혀지지 않았다.

만일 전자파 현상으로 지진 예지가 가능하다면 반드시 방정식■3으로 제시할 수 있을 것이다. 그렇게 되면 전자파 현상의 데이터와 고체 지구 내의 관측 데이터를 병용할 수 있게 되어 지진 예지의 정확도가 향상될 것이다. 그러나 당사자의 경험에만 의존하고 있을 뿐이며, 지진 연구자들에게는 이해되지 않는 이야기가 대부분이므로 지금으로서는 전자파에 근거한 지진 예지 정보는 신뢰하기 어려운 것으로 생각해도 무방하다.

이런 연구의 선구가 된 그리스의 VAN법[4]은 연속 관측으로 얻은 데이터로부터 지진을 예지한다는 점에서 전자파 현상을 갖고 시도하는 예지와는 다소 다르다. 지중에는 미약하지만 전류가 흐르고 있으며, 그 변화는 대부분 지자기 변화에 동반되는 유도誘導 전류로 설명할 수 있다. 지진 이외에도 지地전류가 변화하는 원인으로 여러 가지 인공적인 잡음, 강우, 번개를 들 수 있다.

일본에서도 1960년대 지진 예지에 도움이 되지 않을까 생각하여 지전류를 시험적으로 측정하였다. 지진을 일으키는 응력 변화에 동반되어 암반의 전기전도도 또는 지하수 상태가 변화하는 것을 검출하여 지진의 전조 현상을 파악하려고 했던 것이다. 그러나 지진 예지에 도움이 될 만한 성과는 올리지 못하였다.

VAN법은 물성론적 시점에서 지각의 응력이 높아져 지진이 일어날 만큼의 임계 상태를 넘게 되면, 일시적으로 기전력起電力이 작용하여 전류가 기록된다고 생각하는 것이다. 지진이 발생하는 장에서의 물성 변화에 눈을 돌린 점은 주목할 만하다. 그런데 결과는 어땠을까? 지진을 확실히 예지한 사례가 있다고는 해도 많은 연구자가 수긍할 만한 정도는 아니다. 일본에서도 VAN법의 관측이 이루어지고 있지만, 현재는 데이터를 축적하고 있는 단계이다.

:: 더 알아 보기

■1   매그니튜드의 차이가 1이라면 에너지는 10배 이상의 차이가 된다.

■2   매그니튜드 6.8로서 사망자 2,306명, 전파된 가옥 7,221채의 피해가 발생했
     으며, 총 길이 28km의 후카미조 단층이 출현하였다.

■3   전자파 현상과 지각 변동을 이론적으로 잇는 수식.

■4   VAN법은 이를 고안한 3인의 그리스 물리학자의 머리글자를 따서 명명되었
     다. 17번 항목 참고.

동물의 행동 변화와 지진과의 관계

메기가 날뛰면 지진이 일어난다는 말이 오래 전부터 전해 내려오고 있다. 그런데 동물의 이상 행동을 근거로 지진을 예지할 수 있을까?

이바라기 현에 있는 가시마 신사의 진입로 옆에는 몇 제곱센티미터 크기의 요석要石이라고 불리는 사각형의 돌이 있다. 이 요석은 메기가 날뛰어 지진이 일어나지 않도록 땅 속 메기에게 박아 넣은 것이라고 전해진다. 이 이야기에서도 알 수 있듯이, 에도 시대에는 '메기가 땅 속에서 날뛰면 지진이 일어난다' 고 생각했던 모양이다. 지금은 메기가 지진을 일으킨다고 믿는 사람은 없겠지만, 동물의 이상 행동으로부터 지진 발생을 예지할 수 있지 않을까 생각하는 사람은 아직도 많은 것 같다.

1935년경 아오모리 현에 있는 도호쿠 대학의 임해 실험소에서 지진 발생 전에 메기가 날뛰는지를 조사하였다. 그리고 지진 발생과 메기의 이상 행동 사이에 특별한 관계를 확인할 수 없다고 결론지었다. 요컨대 메기의 이상 행동으로는 지진을 예지할 수 없다.

지진 발생과 관련된 동물의 이상 행동은 메기만이 아니다. 지진 발생 전에 꿩과 닭이 소란을 부리면 지진이 일어난다는 이야기도 흔하다. 이외에도 가축이 이상한 행동을 했다든가, 개가 이상하게 짖었다든가, 고양이가 겁을 먹었다든가, 대지진이 일어나기 전에 동물이 평소 보이지 않던 행동을 했다는 보고는 많이 있다. 또한 지진 전후로 식물의 수액이 변화한다는 이야기도 있다. 이런 지진에 동반된 동·식물의 이상 행동을 총칭하여 굉관宏觀 이상 현상■1이라고 부른다.

메기 사례처럼 굉관 이상 현상으로 지진 발생을 예측하려는 시도는 옛날부터 있었다. 효고 현 남부 지진 이후 지구물리학적 수법에 의한 지진 예지에 대하여 여론의 불신감이 커진 탓도 있어, 굉관 이상 현상에 대한 관심이 높아졌고 본격적인 조사를 시작한 사람도 있다. 대지진 후 그 현상을 해명하기 위하여 지진 피해지 주민을 대상으로 실시하는 설문 조사는 자주 사용하는 연구 수법이다. 설문 조사에 기르던 동물이나 정원 초목의 이상을 묻는 항목을 더하면 데이터가 모인다.

"지진 전날 물고기가 그물에 대량으로 걸렸다.", 혹은 "전날 밤 개가 밤새 짖었다.", "고양이가 방구석에 꼼짝하지 않고 있었다." 등 동물들의 다양한 행동 변화를 담은 데이터가 축적되었다. 굉관 이상 현상 연구에서 문제가 되는 것은 평소에 이 동물들에게서 그런 이상 행동을 전혀 볼 수 없는가 하는 것이다. 대지진 직후라는 상황에서의 조사이므로 일상에서는 그냥 지나쳤던 행동이나 지진으로 불안해진 심리 상태에서 일어난 행동을 이상 행동으로 보고한 것도 적지 않을 것이다. 일반적으로 연구자는 이상 행동에 관한 보고가 있더라도 평소 행동과 비교하기 어려우므로 그런 이상을 지진 발생과 연결시키지 않는다. 그러나 효고 현 남부 지진 이후 굉관 이상 현상으로 지진을 예지할 수 있다고 발언하는 연구자도 등장하고 있다. 이런 발언을 그대로 보도하는 언론의 영향력도 있어 지금도 굉관 이상 현상으로 지진 예지가 가능하다고 생각하는 사람이 적지 않다.

본래 생물이 대지진의 전조 현상을 알아차리는 능력을 갖고 있는 것은 충분히 생각할 수 있다. 그리고 지진의 전조를 느낀 동물이 이상한 행동을 취하는 것도 충분히 생각할 수 있다. 그러나 이후 아무리 조사, 연구가 진행되어도 인간이 동물의 이상 행동을 포착해서 대지진의 발생을 예측하는 것은 불가능하다. 왜냐하면 굉관 이상 현상 조사가 비록 부수적일지라도, 지금까지 많은 지진에서 조사가 실시되었음에도 불구하고 예지에 도움이 될 만한 유력한 정보는 아무것도 얻은 것이 없다. 아무것도 얻은 것이 없다는 사실은 굉관 이상 현상으로 대지진이 언제, 어디서 일어날지를 아는 것은 불가능하다는 것을 시사한다.

앞으로도 굉관 이상 현상으로 지진을 예지할 수 있다든가 또는 가까운 장래에 대지진이 발생한다는 식으로 보도할 수는 있다. 그러나 그 정보에 대하여 언제, 어디서, 어느 정도[2] 지진이 일어날지를 검증해 보면, 그 내용이 매우 모호하여 지진 예지 정보가 되지 않음을 알 수 있을 것이다. 현재의 연구 수준에서 굉관 이상 현상으로 지진 예지는 어려울 뿐 아니라 그로 얻어진 예지 정보도 신뢰하기 어렵다고 생각해도 좋다.

:: 더 알아 보기_____

■1   지진 전에 나타난다는 지진 구름도 이런 부류에 속한다.

■2   발생 월일, 발생 지역, 매그니튜드.

19

인공 위성으로 지진 예지가 가능할까

「별이 알려주는 대지의 움직임」이라는 어느 연구 기관의 캐치프레이즈가 있다. 과연 인공 위성으로 지진을 예지할 수 있을까?

대지의 움직임을 시시각각 알 수 있다면 지진 예지에 유용한 정보를 얻을 수 있다. 최근 이런 관측이 GPS[1]에 의해 가능해졌다. 국토지리원은 전국 1,000개 지점에 전자 기준점[2]을 설치하고 연속 관측을 실시하고 있으며, 이들 위치의 움직임을 매일 발표하고 있다.

전자 기준점에는 높이 5m의 탑에 안테나가 설치되어 GPS 위성이 보내는 전파를 수신할 수 있다. 이 수신기로 얻은 GPS 관측 데이터는 전화 회선을 통하여 국토지리원으로 모여 해석되고 있다.

GPS는 자동차 네비게이션으로 보급되고 있는데, 자동차 네비게이션의 위치 정확도는 십여 미터이다. 대지의 움직임은 그렇게 크지 않으므로 움직임을 알기 위해서는 더 높은 정확도로 관측할 필요가 있다. 이를 위하여 절대 위치가 아니라 기준이 되는 어느 지점에 대한 상대적인 위치를 측정한다. 이런 방법으로 10km 떨어져 있는 두 지점 간의 수 밀리미터 변화를 파악할 수 있다. 그리고 이 변화는 국토지리원 홈페이지[3]에 공개되고 있다.

판구조론에 따르면 태평양판은 연간 10cm의 속도로 일본 열도 밑으로 가라앉는다고 추정하고 있는데, GPS 관측으로 이를 확실히 증명하였다 [4]. 그뿐만이 아니다. 예를 들면, 도호쿠 지방의 산리쿠 앞바다에서 큰 지진이 일어나면 그때까지 태평양판에 눌려 서쪽으로 움직이고 있던 도호쿠 지방의 대지가 잠시 동안 동쪽으로 방향을 바꾸는 것도 알게 되었다. 더욱이 이런 움직임이 상당한 빈도로 발생한다는 것도 밝혀졌다.

많은 관측점에서 움직임을 관측함으로써 일본 열도의 변형을 파악할 수 있다. 그 결과 일본 열도는 태평양판에 눌려 줄어들고 있는 것을 알게 되었다. 또한 줄어드는 양상이 모든 장소에서 같지 않고 크게 뒤틀리는 장소[5]가 있는 것도 밝혀졌다.

화산 분화 전에 화산체가 부풀어 오르는 것도 알게 되었다. 2000년 미야케 섬의 분화는 GPS로 관측한 것이 유력한 데이터가 되었기 때문에 예측이 가능하였다. 이런 대지의 움직임을 관측함으로써 대지진 발생 전에 일어나는 느린 미끄러짐을 파악할 수 있지 않을까 기대하고 있다.

그러나 문제가 그렇게 단순하지 않다는 것도 알게 되었다. 대지진이 일어나지 않아도 내륙의 움직임 방향이 바뀌는 경우가 있음이 밝혀졌기 때문이다. 해구형 대지진은 판 경계가 빠른 속도로 움직이며 강한 지진동을 발생시키지만, 내륙의 움직이는 방향이 바뀌는 것은 경계면이 지진파를 만들지 않고 천천히 미끄러지기 때문이라고 생각된다. 이런 지진을 슬로 어스퀘이크(slow earthquake)[6]라고 부른다. 그런데 이런 움직임은 해구형 대지진에서 전조 현상으로도 관측된다. 따라서 육지가 바다 쪽으로 향하는 움직임이 관측되어도 그것이 대지진의 전조인지 아니면 슬로 어스퀘이크인지 식별할 수 있는 방법이 없다면 지진 예지는 어렵다.

이런 문제점에도 불구하고 지면의 움직임을 시시각각 파악할 수 있게 되었다는 것은 지진을 예지하는 데 상당한 진전이 있었음을 시사한다. 움직이는 정도는 작아도 대지가 늘 움직이고 있다는 인식은 지진을 이해하는데 매우 중요하다. 이후 이런 움직임이 계속 관측되고 그 움직이는 모습의 차이를 지진 활동과 비교하여 발견할 수 있다면 지진 예지도 가능해지리라 생각한다.

기후 현 가와이 마을의 전자 기준점

■1 전 지구 위치 파악 시스템. 인공 위성을 이용하여 위치를 측정한다.

■2 위도와 경도를 GPS를 사용하여 결정하는 측지 기준점.

■3 http://www.gsi.go.jp/ 또는 http://mekira.gsi.go.jp/

■4 하와이와 일본의 관측점 거리가 매년 줄어들고 있는 것이 관측되었다.

■5 왜(歪) 집중대라고도 불린다. 내륙에서는 니가타에서 고베에 이르는 대상(帶狀) 지역이 알려져 있다.

■6 도카이 지방에서도 2000년에 발생하였다. 31번 항목 참고.

예지에 성공한 지진과 실패한 지진

실제로 예지된 지진이 있을까?

일본에는 직전에 예측된 사례가 없지만, 1975년 2월 4일 중국에서 일어난 하이청 지진[1]은 예지된 지진으로 유명하다. 이 지진은 저녁에 발생하여 막대한 피해를 낳았으나 예지된 덕분에 많은 인명을 구하였다. 지진 발생일 오전에 예보가 나와 한겨울인데도 사람들이 바깥으로 대피하여 희생자가 적게 나왔다.

이 무렵 중국은 지진 예지 연구에 힘을 쏟아 많은 관측을 실시하고 있었다. 예지도 장기, 중기, 단기, 직전(중국에서는 임진(臨震)이라고 함)[2]으로 구분하고, 각 단계에 맞는 방재 대책 수립을 정책으로 추진하였다. 하이청 지진의 경우도 1970년경부터 토지의 상하 변동을 보여 주는 수준 측량에 의해 토지의 이상 융기가 관측되어 각종 측정이 이루어졌다. 이들 관측을 통하여 이상 현상을 조사하고 융기 정도에 따라 예보 수준을 정하였다. 관측은 기기에 의한 것뿐 아니라 지하수 변화 등 굉관 이상 현상[3]에 대해서도 많은 사람이 관측에 참가함으로써 지진 예지의 성공에 도움이 되었다.

중국의 지진 예지는 몇 개월에서 몇 년 전의 장기 및 중기 예지, 며칠 전의 단기 예지 그리고 직전 예지라는 단계별로 진행되었다. 기간 구분은 지역마다 다르지만 기본적으로는 지진 전에 일어나는 현상의 성질을 반영하고 있다. 산사태의 경우가 전형적인데, 산사태 발생이 가까워짐에 따라 미끄럼 면 부근의 변형이 급속하게 가속된다. 지진에서도 중·장기 이상 현상이 나타나는데, 지진 발생이 가까워지면 이상 현상이 급속하게 진행되는 것으로 생각된다. 하이청 지진의 경우에는 12월에 들어 지하수와 동물의 이상이 관측되었고, 경사계[4]도 변화가 심했다고 보고되었다. 이것을 단기 예지 단계라고 보았다. 12월 22일에는 지진 발생이 예측된 지역 주위에서 매그니튜드 4.8의 지진이 발생했는데, 이상 현상은 진정되지 않고 오히려 커졌다. 1월 말부터 더 많은 이상이 관측되었고, 2월 3일에는 그때까지 장기간에 걸쳐 지진이 없었던 지역에 군발 지진이 발생하였고, 다음 날에는 그 수가 증가한 것으로 기록되었다. 따라서 2월 4일 10시 반 예보가 발령되었으며, 19시 30분경 지진이 발생하였다.

이 지진 예지 과정은 많은 지진 예지 연구자가 꿈꾸어 온 이상적인 모습으로서, 지진 예지에 대한 장밋빛 미래가 전 세계로 퍼져나갔다. 그 후에도 몇 차례의 지진 예지가 성공했다고 보고되었다.

그러나 지진 예지의 밝은 미래에 대한 전망은 오래가지 못하였다. 1976년에 일어난 탕산 지진[5]은 장·중기 예지는 성공했지만, 직전 예지에 실패하여 중국 발표로 24만 명이 목숨을 잃었다. 탕산 지진의 경우에도 이상을 보여 주는 많은 데이터를 얻기는 했지만, 지진이 임박했다는 판단에는 이르지 못하였다.

운이 좋았다고 할 수도 있겠지만, 하이청 지진이 예지의 성공 사례임에는 틀림없다. 많은 관측 데이터가 분명하게 지진 전의 이상을 보여 주고 있으며, 발생 직전에 각종 이상이 집중된 것으로 보고되었다. 그러나 지금은 이런 방법을 다른 지진에 적용할 수 없다. 하이청 지진과 같이 이상 현상을 지진 전에 명료하게 인식할 수 있는 경우는 드문 사례라는 것을 알았기 때문이다.

일본에서 지진의 직전 예지에 성공했다고 인정할 수 있는 대지진은 없다. 그러나 지진의 전조라고 짐작되는 현상이 관측된 적은 있다. 1978년 이즈오오 섬 근해 지진(매그니튜드 7.0)이다. 이 지진에 앞서 1974년경 이즈 반도에서 융기가 관측되었고 군발 지진이 발생하였다. 또한 직전에는 전진前震도 발생했기 때문에 큰 지진이 뒤이어 일어날 가능성이 있다고 기상청이 발표하였다. 그리고 지진이 발생한 뒤였지만 많은 전조가 관측되었다고 보고되었다. 이들 과정은 하이청 지진과 매우 비슷하다. 그러나 이후에 발생한 1980년 이즈 동쪽 바다 지진(매그니튜드 6.7)에서는 이 같은 전조가 나타나지 않았다. 따라서 전조 현상을 파악하는 것만으로는 지진 예지가 어렵다는 것을 알게 되었다. 지진 예지 연구도 지진 발생에 관한 기본적인 과정을 연구하는 방향으로 나아가고 있다.

■1   매그니튜드 7.3의 지진으로 중국 랴오둥 반도에서 발생했으며, 1,328명의 사
    망자를 낳았다.

■2   장기 · 중기는 몇 년~몇 개월 전, 단기는 하루~며칠 전, 임진은 며칠 전.

■3   지하수의 변화나 동물의 이상 행동 등 지진의 전조로 생각되며, 계기가 없어
    도 관찰할 수 있는 현상으로 18번 항목 참고.

■4   지면의 경사를 정밀하게 측정하는 계기.

■5   매그니튜드 7.8의 지진으로 중국 북부에서 발생했으며, 242,800명의 사망자
    를 낳았다.

21

지진 예지를 목표로 한 테스트 필드

중국의 하이청 지진[1] 예지의 성공에 자극을 받아 1970년대 후반부터 세계 각지에서 지진 예지 연구가 추진되었다. 지진이 발생할 만한 지역에 테스트 필드를 설정하여 연구를 진행하고 있다.

그 가운데 하나가 미국 캘리포니아 주 파크필드에 있는 지진 예지 테스트 필드이다. 파크필드는 샌프란시스코와 로스앤젤레스의 중간에 위치하며, 1857년부터 1966년까지 6회의 지진이 거의 22년 간격으로 발생하였다. 그 가운데 1857년에 일어난 지진[2]이 가장 컸으며, 나머지는 매그니튜드 6 정도였다. 또한 마지막 두 번의 지진 기록을 비교하면 매우 닮은 파형을 보이고 있다. 단층의 동일한 장소가 똑같이 움직이면 동일한 파형이 관측된다. 또한 두 지진 모두 본진本震 수십 분 전에 매그니튜드 5 규모의 전진이 발생하였다. 즉, 같은 지진이 같은 간격으로 반복되는 고유 지진 모델[3]에 잘 맞는다고 생각할 수 있다.

이런 근거로 다음 지진이 1987년경에 일어날 확률이 높은 것으로 예측되어 지진 예지가 가능한 것으로 보았다. 파크필드는 작은 마을로서 목장이 넓게 펼쳐져 있는 곳이므로 지진 예지 실험에는 조건이 매우 좋아 연구자들은 다수의 계기를 설치하고 지진을 기다렸다. 그러나 기대했던 때에 지진이 일어나지는 않았다. 그 후 1992년 10월 매그니튜드 4.7의 지진이 발생하였다. 앞의 두 지진과 마찬가지로 전진이 있었기 때문에 지진 발생에 대한 경계 조치가 이루어졌으나 결국 지진은 발생하지 않았다. 그리고 40년 가까이 경과한 지금까지 예측되었던 지진은 발생하지 않았다.

그 사이에 1989년 파크필드에서 북동쪽으로 350km 떨어진 샌프란시스코 인근에서 로마프리에타 지진■4이 발생했으며, 다시 1994년 로스앤젤레스에서 노스릿지 지진■5이 발생하였다. 이들 지진으로 인하여 도시지역은 큰 피해를 입었다. 대도시에서 일어나는 지진의 피해는 막대하고, 또 지진 예지도 어려운 과제라는 것을 새삼스럽게 인식하였다. 미국에서의 지진 예지 연구는 급속하게 시들어 지진 예지는 과학적으로 불가능하다는 주장까지 나오게 되었다. 그러나 이곳에서의 연구는 깊은 우물에 새로운 관측 계기를 설치하는 등 지금도 계속되고 있다.

일본에서도 테스트 필드의 지진 예지 연구는 1970년대 후반부터 실시되고 있다. 효고 현 야마사키 단층 테스트 필드에서는 단층을 가로질러 설치한 관측용 터널에서 변형 관측을 비롯하여 전자기, 지하수, 지구화학적 관측 등 많은 관측이 실시되었다. 이 단층에서는 대지진■6이 868년에 일어난 것으로 알려져 있어 다음 지진의 발생 가능성이 높다고 생각되었다. 1984년 매그니튜드 5.6의 지진이 발생했으며, 본진에 앞선 전조 현상도 기록되었다. 그러나 이 지진이 일어난 곳은 단층계에서 가장 활동적인 단층 본체가 아니라 그 남쪽에 위치한 단층 부근이었다. 일반적으로 전조 변화는 지진 후에 해석을 통하여 알 수 있다. 이곳에서 관측은 계속 진행되고 있지만, 1984년 지진과 같은 활동은 아직 발생하지 않았다.

파크필드는 전원 지대이므로 지진 발생 경보를 발령하거나 해제해도 주민에게 영향을 주는 경제적인 문제는 거의 없지만, 대도시에서는 경보 발령 자체가 큰 문제이다. 따라서 지진 예지 실험은 단지 과학적인 흥미만으로는 실시하기 어려운 면이 있다. 특히 일본에서는 지진 예지 실험에 이용할 수 있는 단층은 대부분 도시 가까이 위치하고 있으므로 지진 예지는 실험이라기보다 실천적인 성격을 갖고 있다. 최근에는 지진 예지 뿐 아니라 지진의 강진동 예측 연구를 위한 테스트 필드의 개념이 도입되어 중규모 지진이 다발하는 이즈 반도에서 집중 관측을 계획하고 있다.

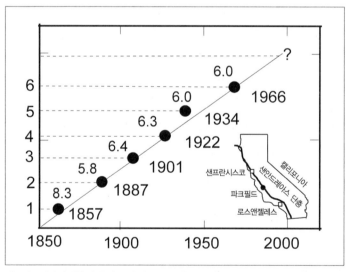

파크필드에서 발생한 지진 및 샌안드레아스 단층과 파크필드의 위치. 수치는 지진의 매그니튜드를 나타낸다.

■1　1975년 중국 라오둥에서 발생한 지진으로 20번 항목 참고.

■2　매그니튜드 8.3의 포트테혼 지진. 1857년 캘리포니아의 샌안드레아스 단층에서 400km에 걸쳐 최대 9m가 어긋났다.

■3　7번 항목 참고.

■4　1989년 10월 17일 발생한 매그니튜드 7.1의 지진으로 68명의 사망자를 낳았다.

■5　1994년 1월 17일 발생한 매그니튜드 6.8의 지진으로 57명의 사망자를 낳았다.

■6　매그니튜드 7 이상.

지진과 화산의 궁금증 **100**가지

2장

/

지진 현상

과거의 지진에서 배우다

/

세계의 지진 분포

지구상에서 지진이 발생하는 곳은 판의 경계[1] 등 극히 일부의 장소에 지나지 않는다. 또한 대부분의 지진은 깊이 100km 이내의 얕은 곳에서 일어난다. 전 세계에서 발생한 깊이 30km 이내 천발 지진[2]의 진원 분포의 특징으로는 판 경계의 좁은 범위를 대상으로 집중되어 있는 점과 판의 발산 경계와 트랜스폼 단층(transform fault)을 따라 명료하게 늘어서 있는 점을 들 수 있다.

또한 태평양 주위에는 해양판이 대륙판 밑으로 침강하는 수렴대가 형성되어 있다. 그 경계를 환태평양 지진대라고 부르는데, 지구상에서 지진 활동이 가장 활발한 지역으로 알려져 있다.

대륙판끼리 충돌하는 경계에서는 알프스 산맥, 히말라야 산맥 그리고 인도네시아 제도에 걸쳐 있는 신생대 조산대에 수많은 지진이 발생하고 있다. 또한 대륙 내륙부에서는 티베트 고원과 바이칼 호 주변, 중국 북동부 그리고 동아프리카 지구대 같은 리프트(rift) 지역에 점재하거나 띠 모양으로 천발 지진이 분포하고 있다. 이들 장소에서는 대륙판 간의 충돌에 동반된 지진뿐 아니라 지구대와 그 주변의 마그마 활동과 관련된 지

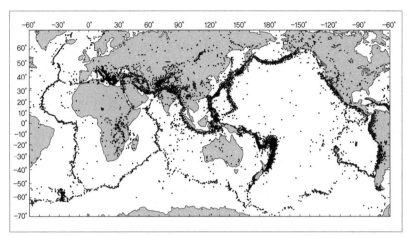

1975~1994년에 깊이 100km 이상에서 발생한 지진의 분포

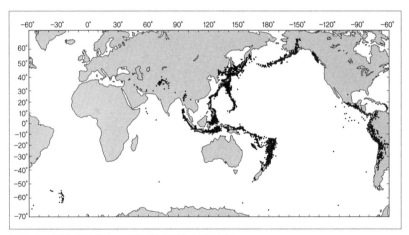

1975~1994년에 깊이 100km 이하에서 발생한 지진의 분포

진도 발생한다.

　판의 발산 경계와 수렴 경계에는 많은 화산이 분포하고 있다. 화산체 주변에서는 화산성 지진이 빈발하고 있지만, 지진의 규모는 큰 경우라도

매그니튜드 4 정도로 세계 지진 관측망에서 검지되는 것은 많지 않다.

심발 지진[3]의 발생은 대부분 해양판의 침강대에 한정되어 있다. 심발 기진의 분포는 한태평양 지진대에 집중되어 있으며, 가장 깊은 진원도 700km를 넘지 않아 상부 맨틀 내부 또는 하부 맨틀과의 경계에서 발생한다. 판의 침강에 동반된 지진대는 일반적으로 심발 지진면[4]이라고 부르며, 침강하는 해양판을 따라 면面적으로 지진이 배열되어 있다. 진원 분포로 본 심발 지진면의 형상은 평평한 널빤지 모양뿐 아니라 물결 모양, 단열, 어긋난 모양 그리고 2층 구조를 보이는 장소도 있다.

■1 80번 항목 참고.

■2 거의 지각 내에서 발생하는 지진.

■3 진원의 깊이가 100km를 넘는 지진.

■4 침강대(subduction zone)라고도 하며, 베니오프 대(Benioff Zone)라고도 부른다.

일본 열도의 지진 분포

일본 열도의 지진 분포는 크게 두 가지로 나눌 수 있다. 하나는 태평양 판과 필리핀판[1]의 침강과 관련된 해구형 지진으로 태평양 연안에 분포하며, 다른 하나는 내륙의 활단층, 화산 활동과 관련된 내륙형 지진이다.

동북 일본의 동쪽에 있는 일본 해구에서는 태평양판이 서쪽으로, 또 서남 일본 남쪽과 난세이 제도 동쪽에 있는 난카이 해곡과 류큐 해구에서는 필리핀판이 북쪽과 서쪽을 향하여 각각 일본 열도 밑으로 침강하고 있다. 동북 일본과 서남 일본, 난세이 제도 등은 이 침강으로 형성된 전형적인 도호島弧[2]이며, 도호를 따라 태평양 쪽에 매그니튜드 7~8 규모의 대지진[3]이 발생하고 있다. 침강하는 해양판을 슬랩(slab)이라고 한다.

슬랩을 따라 발생하는 지진은 약 100km까지의 깊이에서는 주로 역단층형[4]으로서, 해양판 위에 있는 대륙판이 슬랩이 침강하는 방향과 거꾸로 밀려올라가기 때문으로 생각된다. 더 깊어지면 슬랩 양면을 중심으로 심발 지진[5]이 일어난다. 태평양판의 경우 슬랩은 가장 깊게는 약 600km 깊이까지 침강하고 그 깊이까지 지진이 발생한다. 그러나 필리핀판의 난카이 해곡에서는 깊이 수십 킬로미터 이내에서만 지진이 일어나며, 규슈 동부와 류큐 해구에서는 200km 깊이까지 판의 침강으로 인한 지진이 일어난다.

반면에 일본 열도 내륙에서는 깊이 30km 이내의 얕은 지진이 대부분이다. 이들 지진은 해양판이 일본 열도를 수평 방향으로 밀고 있기 때문에 도호의 지각 내부에 변형이 생기고, 활단층이 움직이며 해방되는 과정에서 발생하는 것으로 생각된다. 또한 최대 지진이라도 매그니튜드는 7.5 정도이다. 해양판이 150km 깊이까지 침강한 곳의 바로 위로는 화산대가 형성되며, 그 주변에서는 군발 지진이 발생한다. 또한 화산 주변에서도 화산 활동에 동반되어 화산성 지진이 일어난다.

일본 주변의 지진 활동은 기상청의 지진 관측망을 중심으로 조사하고 있다. 또한 대학이 중심이 되어 전국에 다수의 미소 지진[6] 관측점이 설치되어 있다. 일부 지역에서는 기상청 관측망으로는 관측하기 어려운 매그니튜드 2 이하 지진의 진원도 찾아낼 수 있다. 또한 효고 현 남부 지진 뒤로는 전국에 깊은 우물을 이용한 고감도 지진계가 증설되어 지진 관측 체계가 더욱 강화되었다. 이런 관측 데이터는 전부 기상청에서 일원화되어 정확도가 높은 진원 분포를 밝힐 수 있다.

미소 지진 관측으로 일반 지진뿐 아니라 미약한 진동이 장시간 계속되는 화산성 미동 같은 화산 활동과 관련된 지진동도 파악할 수 있다. 더 나아가 최근의 고감도 지진계 관측망[7]에 의해 지금까지 확인되지 않았던 지하 깊은 곳에서의 현상이 발견되고 있다. 그 가운데 하나가 심부 저주파 진동이라고 불리는 미약한 진동이다. 이것은 해양판의 침강대의 일부이며, 미소 지진이 활발하지 않은 장소일지라도 침강과 관련된 저주파의 상시 미동이 존재하고 있다는 특이한 진동 현상이다. 화산이 존재하지 않는 서남 일본의 필리핀판이 침강하는 지하 35~45km의 장소에서 판을 따라 띠 모양으로 일어나고 있는 것으로 확인되었다.

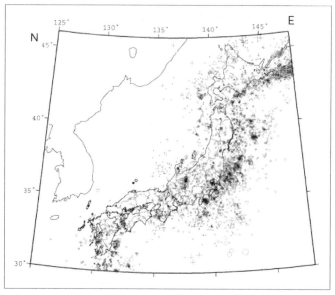

1996~1998년에 전국 국립 대학 지진 관측망에 의한 일본 주변의 지진 활동

■1 82번 항목 참고.

■2 69번 항목 참고.

■3 산리쿠 앞바다 지진, 간토 지진, 도카이 지진, 도난카이 지진, 난카이 지진 등 거대 지진은 이 지진군에 속한다.

■4 4번 항목 참고.

■5 슬랩 면을 따라서 일어나는 깊이 100km 이하의 깊은 지진.

■6 32번 항목 참고.

■7 방재 과학 기술 연구소에서 설치하였다.

북극과 남극에서 지진은
어떻게 일어날까

세계의 지진 분포를 보면 북극과 남극에서는 판 경계를 따라 분포하는 지진대가 적기 때문에 다른 지역에 비하여 지진이 적은 것을 알 수 있다. 그러나 양 극지점에서도 활동은 적지만 지진은 발생하고 있다.

북극 지진 활동의 중심은 대서양 북부에서 북극해 가운데로 이어지는 대서양 중앙 해령■1의 연장선에 놓여 있다. 깊이 30km 이내의 얕은 진원을 갖고 있으며, 지진은 해령을 따라 띠 모양으로 분포하고 있다. 또한 대서양과 북극해의 중간 지점에 아이슬란드가 위치하는데, 이곳은 열점 (hot spot)■2으로 생각된다. 이 지역에서는 화산성 지진도 발생하고 있다.

남극에서는 남극 대륙을 둘러싸고 있는 해령을 따라 얕은(천발) 지진이 분포하고 있다. 이 지진대는 환環남극 지진대라고 불린다. 남극 대륙을 포함하여 이 지진대 안쪽은 지구상에서 지진 활동도가 가장 낮은 지역이다. 단 예외적으로 1998년 3월 25일 남극 대륙판 내부인 남위 62.9°, 동경 149.7°에서 매그니튜드 8의 거대 지진이 일어났다. 이 지진은 남극에서 관측된 유일한 유감 지진이다. 이 지진 이외에는 남극 대륙과 그 주변 해역에서 매그니튜드 5 이상의 지진은 관측되지 않았다.

최종 빙기 이후 지난 만 년 동안 양극에서는 대륙 빙상의 감소와 관련한 지진이 발생하고 있다. 빙상[3]이 후퇴하면 그 아래 지각에 걸린 하중이 약해져 맨틀 안으로 내려앉아 있던 지각이 부력을 받아 상승[4]하기 시작한다. 그렇게 되면 지진을 일으키는 힘의 분포[5]가 변화하여 융기량이 많은 빙상 주변부를 중심으로 지진이 발생한다.

　　예를 들면, 과거 북미 대륙을 덮고 있던 로렌시아 빙상과 유럽 북부의 발트 해를 중심으로 발달했던 스칸디나비아 빙상이 후퇴함으로써 캐나다 허드슨 만 일대의 로렌시아 순상지와 발트 해, 스칸디나비아 반도에서는 지금도 지각의 상승이 계속되고 있다. 그리고 그 주변의 지각 내부에서 발생하고 있는 미소 지진[6]이 관측되고 있다. 아직도 빙상에 덮여 있는 그린란드 주변에서도 미소 지진이 분포하고 있다. 중력계와 조위계潮位計 등 지구과학적 관측을 통하여 남극에서도 지각의 융기 현상이 확인되었고, 빙상 후퇴에 동반한 미소 지진도 관측되고 있다.

　　지진 관측점이 잘 갖추어진 남극 기지 주변에서는 정밀 조사를 통하여 대륙 해안을 따라 미소 지진이 분포하고 있음이 알려졌다. 지각의 융기에 동반한 지진 이외에 대륙 빙상의 붕락, 빙상의 유동에 의한 얼음의 파괴 등 많은 빙진氷震도 관측되고 있다.

　　현재 남극에서는 에레버스 산과 디셉션 섬이 화산 활동을 하고 있으며, 화산 주변에서는 많은 화산성 지진이 발생하고 있다. 특히 남극 반도 끝의 디셉션 섬에서는 1967년 분화로 폭발 지진(매그니튜드 4)이 일어났는데, 이는 세계 지진 관측망을 사용하여 남극에서 처음으로 진원을 찾아낸 지진이었다.

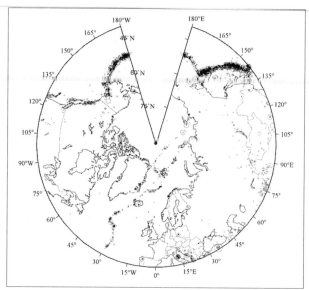

북극 대륙 주변의 지진 활동

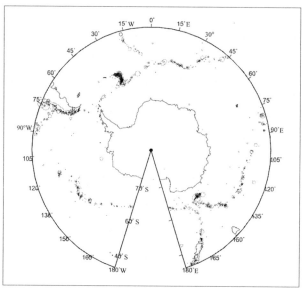

남극 대륙 주변의 지진 활동

■1 판이 서로 멀어지는 발산 경계.

■2 79번 항목 참고.

■3 면적 5만km² 이상의 육지를 덮고 있는 빙하로 현재 남극 빙상과 그린란드 빙상이 있다.

■4 지각의 상승을 융기라고 한다.

■5 응력장이라고 한다.

■6 매그니튜드 1~3의 지진으로서 세계 지진 관측망으로는 거의 검지되지 않는 작은 지진이다.

지진 현상

일본인에게 지진은 역사 시대부터 매우 친숙한 현상이었다. 옛날에는 지하에 살고 있는 큰 메기가 날뛰어 지진이 일어난다고 생각하였다. 그러나 관측 기기의 발달로 지하의 모습을 잘 알게 됨으로써 지진을 일으키는 메커니즘이 밝혀졌다.

우리가 사용하는 지진이라는 말은 엄밀하게는 두 가지 의미를 갖고 있다. 하나는 우리가 서 있는 지면 그 자체가 흔들렸다는 의미이다. 다른 하나는 지하의 어느 장소에서 외부로부터 힘이 작용하여 암반이 파괴되거나 어긋나며 움직이는 현상을 가리킨다. 일반적으로 사용하는 지진이라는 말은 전자의 지면이 흔들린다는 자연 현상을 가리키는 경우가 많은 반면 지진 전문가들은 후자를 말하는 경우가 많다.

지중에 작용하는 힘이 암반의 강도를 넘게 되면 암반에 생긴 변형을 견딜 수 없게 되어 파괴가 일어난다. 이것이 지진의 발생이며, 그 지점을 진원이라고 한다. 일반적으로 진원은 지하에 있으므로 지표면에서 진원까지의 거리를 진원의 깊이라고 한다. 진원 바로 위의 지표면이 진앙이다. 지진이 지표면에서 발생하면 진원과 진앙이 일치하게 된다.

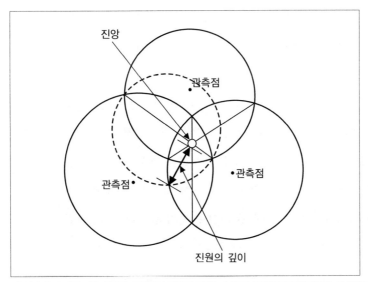

세 점의 초기 미동 계속 시간을 이용하여 진원을 정하는 모식도_진원이 지표면이라면 세 원은 한 점에서 만나게 되지만, 실제로는 깊이가 있으므로 이렇게 나타난다.

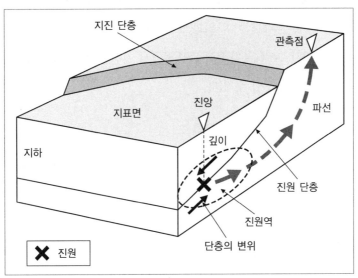

진원과 단층의 모식도_진원과 진원역, 진앙의 위치 관계, 진원으로부터 관측점에 지진파가 도달한다. 진원 단층이 지표로 나타난 것을 지진 단층이라고 부른다.

지하의 파괴는 전단 파괴로서 단층 운동을 수반한다. 진원을 중심으로 단층면 일대를 진원역, 지표면으로 투영된 영역을 진앙역이라고 한다. 파괴가 일어난 곳 전체를 진원 단층이라고 하며, 단층이 지표로 나타나면 지진 단층이라고 한다. 지진이 발생하면 지진동은 사방팔방으로 전파된다. 진원(진앙)으로부터 지진동을 관측한 장소까지의 거리를 진원 거리(진앙 거리), 관측점에 지진동이 도착한 시각을 지진 도달 시각이라고 한다.

진원은 위도, 경도, 깊이로 나타낸다. 미지수가 세 개이므로 진원을 결정하기 위해서는 최소한 세 곳 이상의 지진 관측점에서 P파와 S파가 도착한 시간의 차(초기 미동 계속 시간)를 구하는 것이 필요하다. 초기 미동 계속 시간은 진원 거리에 비례하므로 간단한 원리로는 각 관측점에서 초기 미동 계속 시간에 비례하는 원을 그리고, 이들 세 원의 공통현이 교차하는 곳을 진앙으로 정한다. 또한 한 공통현을 직경으로 하는 반원을 그리고, 진앙을 통과하는 수직선이 반원과 교차하는 지점까지의 길이로서 진원의 깊이를 구한다. 보통은 다수의 관측점에서 지진동이 기록되므로 거의 일의적으로 진원을 구할 수 있다.

진도와 매그니튜드

진도와 매그니튜드(M)■1는 모두 지진의 규모와 강도를 나타낸다. 그러나 진도는 「어느 장소에서의 진동의 크기」이며, 매그니튜드는 「지진 그자체의 크기」이므로 양자는 전혀 다른 지표이다.

일본 열도에서 지진이 일어나면 곧바로 텔레비전 화면에 지역별 진도가 표시된다. 시간과 함께 진도가 표시되는 지점 수가 늘어나며, 잠시 후에는 지진의 진원■2과 매그니튜드, 쓰나미 여부도 표시된다.

진도는 그 장소에서 관측된 진동의 크기로서 순식간에 판단할 수 있으므로 먼저 표시된다. 잔동은 진앙■3 부근에서 크고 진앙에서 멀어지면서작아진다. 아무리 큰 지진일지라도 진원에서 멀리 떨어진 지점에서는 진동을 전혀 느끼지 못하게 된다.

진도는 지진계가 아직 발달하지 않았던 메이지 시대에 전국에 설치된기상대와 측후소에서 지진으로 인한 진동을 나타내려고 사용하기 시작하였다. 개화기 이후의 일본에서 기상대는 기상 현상뿐 아니라 지진과쓰나미 등의 자연 현상에도 주의를 기울이고 있었다. 그런 전통 때문에지금도 지진 관측은 기상청의 주요 업무의 하나이다.

처음에는 진도를 미진, 약진, 강진, 열진烈震의 네 단계로 구분했으며, 열진 위에 극진劇震을 사용한 경우도 있었다. 이것은 사람이 느끼는 진동을 경험적으로 기록한 것이었다. 지진의 강도 분류를 「진도 계급」이라고도 부르며, 피해를 동반한 지진은 반드시 진도 분포도■4를 작성한다. 진도 계급은 여러 차례 바뀌었는데, 1936년부터 진도 0의 무감부터 진도 6의 열진까지 7단계로, 1949년에는 진도 7의 격진激震이 추가되어 8단계로 구분된 진도 계급을 사용하였다. 1995년 효고 현 남부 지진에서 사후 조사를 통하여 기존의 진도 판정 방식으로는 재해 복구에 대한 대응이 늦는다는 비판이 나왔다. 기상청은 이에 대응하여 당시까지 체감에 의해 경험적으로 판정하던 진도를 계기로 판정하도록 변경하였다. 경험적으로 결정된 진도와 지면의 진동 크기를 나타내는 가속도와의 관계를 연구하고 있었으므로 계기를 사용하여 진도를 측정하게 되었다. 계기로 측정한 진도는 계측 진도라고 부르며, 1996년부터 사용하고 있다. 진도계만 설치하면 진도를 결정하는 경험자가 없어도 다수의 지점에서 진도를 측정할 수 있다.

한편, 매그니튜드는 지진의 강도를 나타내는 지표로서 1930년대 미국의 지진학자 리히터를 중심으로 연구되었다. 보통 「규모」로 번역되는 매그니튜드를 미국에서는 「리히터 스케일」이라고도 부른다. 스케일이므로 매그니튜드는 지진의 강도를 상대적으로 나타내는 수치이다. 주로 미국의 캘리포니아에서 일어난 지진을 대상으로 연구되었다. 일본에 소개된 이후 많은 연구자들에 의해 대소 지진의 강도를 통일적으로 표현하는 방식이 검토되었다. 매그니튜드는 지진 파동의 최대 진폭과 주기를 이용하여 계산한다. P파와 S파 또는 표면파■5를 이용한다. 그 결과 매그니튜드

마이너스 2부터 최대 8에 이르는 지진의 존재가 확인되었다.

매그니튜드는 상대적인 크기이지만, 지진 에너지와의 사이에도 경험식이 만들어져 있다. 이 경험식에 따르면 매그니튜드에 1 차이가 나면 에너지는 32배 달라지며, 매그니튜드에 2 차이가 나면 에너지는 100배나 달라진다. 따라서 매그니튜드 8의 지진이 발생할 것이라고 예측했는데 매그니튜드 6의 지진이 일어났다면, 이 예측은 맞았다고 볼 수 없다.

지진 연구가 진전되면서 매그니튜드에 물리적 의미를 부여하기 위하여 제창된 것이 모멘트 매그니튜드(Mw)■6이다. 모멘트 매그니튜드는 지진을 일으킨 단층면의 크기(면적)와 단층면의 미끄러진 양을 토대로 계산한다. 지금까지 최대 모멘트 매그니튜드의 지진은 1960년에 일어난 9.5의 칠레 지진이다. 칠레 지진의 매그니튜드는 8로서 모멘트 매그니튜드가 제창되기 전에 최대 매그니튜드는 8 정도였다. 그리고 이 정도가 지진의 한계라고 생각되었는데, 모멘트 매그니튜드로는 최대 9.5의 지진이 일어난 셈이다.

미국에서는 지진이 일어나면 매그니튜드(리히터 스케일)만을 강조하며, 진도는 측정하지 않는다. 반면에 이탈리아에서는 12단계의 메르칼리(Mercalli) 진도 계급을 사용하고 있다.

■1 기상청은 다음의 식과 여러 가지 형식의 지진계 데이터를 사용하여 매그니튜드를 계산하여 그 평균값으로 결정한다.

M = logA+1.73logΔ-0.83

A는 주기 5초 이하의 최대 진폭, Δ는 진앙 거리

■2 지진이 일어난 장소. 위도, 경도, 깊이 등의 정보로 알 수 있다.

■3 진원 바로 위의 지표면.

■4 지역별 진도를 지도 위에 표시한 그림.

■5 27번 항목 참고.

■6 Mw로 표시함.

Mw = (logMo-9.1)÷1.5

Mo는 지진 모멘트라고 부르며, 단층 면적 S, 평균 변위량 D, 물체 강성률(剛性率) μ를 사용하여 다음 식으로 나타낸다.

Mo = μ×D×S

이외에 Ms도 있는데, 이는 지진의 표면파를 사용하여 구한 표면파 매그니튜드를 가리킨다.

27

지진에 의해 발생하는 파

지진이 일어나면 각종 지진파가 지구 전역으로 전달된다. 지구는 내부로 갈수록 암석의 밀도가 커지므로 지진파의 속도도 증가한다. 따라서 진원이 관측점으로부터 멀리 있는 경우에는 지표 가까이 전달되는 파보다 지하 깊은 곳에서 전달되는 파가 빨리 도착하기도 한다.

지진동 가운데 가장 먼저 지면으로부터 밀어올리는 느낌이 드는 경우를 P파라고 부르며, 지중地中을 늘어났다 줄었다하며 전달되는 파이다. 파의 전달 방향과 같은 방향으로 체적을 변화시키며 흔들리므로 조밀파 粗密波라고도 부른다. S파는 비틀림 변형을 동반하며 전달 방향에 대하여 수직 방향으로 진동하는 파이다. 비교적 가까이에서 발생한 지진이라면 P파보다 몇 초 늦게 큰 횡적 흔들림으로 느껴진다. 지진에 의한 피해는 많은 경우 S파로 인하여 발생한다.

P파의 빠르기는 일반적으로 지표에서 가까운 암석에서 5~6km/s, S파는 3~4km/s이므로 진원이 멀수록 P파와 S파의 도착 시간의 차(초기 미동계속 시간)는 커진다. 일본 부근에서 발생한 지진이라면 초기 미동 계속 시간(단위 : 초)에 6~8배를 곱하면 진앙까지의 거리(단위 : km)가 되므로 대략

어느 정도 거리에서 지진이 일어났는지 추측할 수 있다.

　진원이 지표에 가까운 경우에는 지표면을 따라 전달되는 파(표면파)가 생겨 보통 S파 뒤에 큰 진동으로 나타난다. 더 나아가 지중에 밀도와 속도가 달라지는 경계면(불연속면)이 있으면 그 경계에서 반사파와 굴절파 또는 투과파와 변환파(P파에서 S파로 또는 그 반대)가 생긴다. 또한 이들 각종 파가 순차적으로 관측점에 도착하게 되지만, 같은 시각에 다중으로 겹쳐진 파도 관측된다. 따라서 지구상에서 하나의 지진이 발생하면 이런 여러 특징을 지닌 지진파라는 형태로 지구 전체에 에너지가 발산된다.

　이런 다수의 지진파를 지구상의 여러 관측점에서 기록하고, 지진파의 형태와 관측점까지의 도달 시간을 정밀하게 조사함으로써 지진 발생의 메커니즘과 지구 내부의 모습을 알 수 있다. 지진파의 도달 시간, 즉 주시走時는 지진파가 전달해온 경로의 속도 분포에 의해 결정되므로 지구상의 여러 관측점에서 주시를 측정함으로써 지구 내부가 어떤 속도 분포를 갖고 있는지 알 수 있다.

　어느 장소에서 지진이 발생하면 지표로부터 지구 심부에 이르는 각각의 경계에서 굴절, 반사, 변환된 파가 전파되어 간다. 종파인 P파와는 달리 S파는 횡파이므로 고체 안에서만 전달된다. 따라서 S파가 통과하지 못하는 지구 중심에 있는 핵의 외부(외핵)는 액체라는 것을 알 수 있다. 그러나 맨틀과의 경계에서 S파에서 P파로 변환된 파(PKP파)는 외핵을 통과할 수 있다.

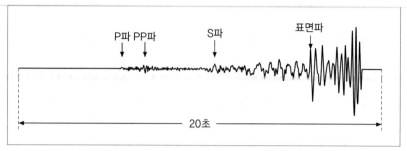

관측된 지진파의 예_직접 도래하는 P파에 이어서 표면에서 반사된 PP파, 직접 도래한 S파, 진폭이 큰
표면파가 순차적으로 관측된다.

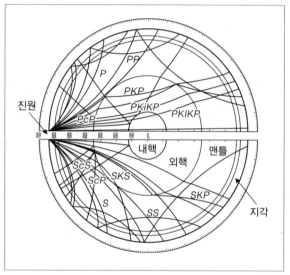

지구 내부를 통과하는 주요 지진파의 전파 경로
상반구 : P파, P파가 지표에서 반사된 PP파, 외핵을 통과하는 PKP파, 내핵을 통과하는 PKIKP파 등
하반구 : S파, S파가 지표에서 반사된 SS파, 외핵을 통과하는 SKS파, 외핵에서 변환된 SKP파 등

28

지진과 화산의 궁금증 100가지

사상 최대의 지진 – 칠레 지진

　세계 각지에서 수많은 지진이 일어나고 있는데, 지구상에서 발생한 가장 큰 지진은 어떤 것일까? 1960년 5월 22일 남아메리카 칠레 앞 태평양 해저에서 일어난 칠레 지진[1]은 모멘트 매그니튜드[2]가 9.56으로, 기록이 남아 있는 지진 가운데 가장 큰 지진이다. 해저 단층의 길이는 남북 방향으로 1,200km로 추정되었다. 이 단층의 출현으로 인하여 발생한 쓰나미는 태평양 전역으로 전달되어 진원으로부터 수천 킬로미터 떨어진 하와이 제도는 물론 만 수천 킬로미터나 떨어진 일본에도 큰 피해를 입혔다. 일본에서는 이 쓰나미를 「칠레 지진 쓰나미」라고 부른다.

　칠레에서 일본을 향하여 최단 거리로 나아가면 동쪽에서 일본 열도에 도달하게 된다. 이런 일본과 칠레의 지리적 관계가 일본 열도 특히 동북 지방의 산리쿠 해안에 쓰나미로 인한 큰 피해를 가져왔다. 산리쿠 해안과 미에 현 시마 반도의 리아스식 해안 지역에는 만 입구가 대부분 동쪽을 향하여 열려 있기 때문에 동쪽에서 전달되어 온 쓰나미의 에너지가 그대로 만 안에 도달하여 막대한 피해를 일으켰다.

　쓰나미는 5월 24일 오전 2시경부터 일본 각지를 덮쳤다. 쓰나미의 높이가 산리쿠 해안에서는 5~6m, 홋카이도 남해안과 시마 반도, 오키나와에서는 3~4m에 달하였다. 일본 열도 전역서 사망자와 실종자 139명, 가옥 전파 및 유실 2,800채, 반파된 가옥은 2,000채라는 피해를 입었다.

칠레 지진 쓰나미는 지진 발생으로부터 22시간 뒤에 일본 열도를 직격했는데, 왜 쓰나미의 내습을 사전에 알지 못했을까[3]?

23일 오전 4시를 지나 일본 각지의 지진계에도 지진이 기록되었다. 따라서 칠레에 대지진이 발생했다는 것은 이미 알려져 있는 상태였다. 이 시점에서는 다음날 아침 50cm 정도의 쓰나미가 일본에 도달할 것으로 예측되었다. 발생 후 18시간이 지나 하와이에 쓰나미가 도달하여 하와이 섬 힐로에서 사망자 61명이라는 대재해가 일어났다. 이 소식은 기상청에도 들어온 것 같았지만, 결국 「쓰나미 정보」는 지진 해일의 첫 번째 파가 도달하기 전까지 발표되지 않았다. 칠레에서 일어난 대지진을 과소평가하여 긴장감이 결여된 것이 쓰나미 피해로 이어졌던 것이다[4].

칠레 지진은 학문적으로도 큰 발견이 이루어진 지진으로 유명하다. 지구 표면은 해양이나 사막과 같이 형태가 변하기 쉬운 물질로 덮여 있지만, 지구 전체로는 단단한 강체剛體라고 생각하고 있었다. 종을 치면 종 전체가 진동하여 울리는 것과 마찬가지로 강체인 지구도 전체가 진동하는 것으로 생각할 수 있는데, 이 이론을 지구의 자유 진동이라고 한다. 칠레 지진에서 자유 진동이 사상 처음으로 관측됨으로써 자유 진동 이론의 타당성이 증명되었다.

자유 진동은 지구의 크기, 모양, 내부 구조로부터 음색이라고도 할 수 있는 진동 스펙트럼이 결정된다. 그 기본은 지구 반경 방향으로 늘었다 줄었다하는 진동과 뒤틀리는 진동의 두 종류가 있으며, 각각 많은 양식을 갖고 있다. 가장 긴 주기의 양식은 지구 전체가 자전축 방향으로 평평해지거나 길게 가늘어지는 신축 진동으로 주기는 53분 53초로 계산되었다. 이렇게 긴 주기의 진동을 관측하기 위해서는 주기가 매우 긴 지진계와 변형계[5]라고 하는 관측 장비가 필요하다. 칠레 지진 발생 전에 미국에서 이런 종류의 관측 장비가 갖추어져 칠레 지진으로 발생한 지구의 자유 진동을 처음으로 명료하게 관측하는데 성공하였다. 그 결과 이론적으로만 추정하던 각 주기의 진동이 확인되었다. 자유 진동 관측은 그 후에도 계속 진전되어 현재는 1,000개 이상의 자유 진동 주기가 알려져 있다.

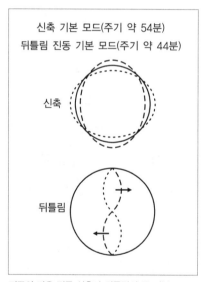

지구의 자유 진동_신축과 뒤틀림의 두 기본 모드

:: 더 알아 보기_____

■1   매그니튜드 8.5로서 진앙은 남위 38.2°, 서경 72.6°.

■2   26번 항목 참고.

■3   당시 지진학자들은 종종 기상청에서 회의를 열었다. 이 정보는 사전에 입수된 것이었지만, 큰일이 날 것이라고는 아무도 예상하지 못하였다.

■4   이때까지 기상청의 쓰나미 대책은 일본 주변 해역에서 발생한 지진으로 한정되어 있었지만, 칠레 지진 쓰나미를 계기로 태평양의 원거리 지진에 대한 쓰나미 경보 시스템을 검토, 확립하였다.

■5   암반의 변형을 기록하는 장치. 수십 미터 떨어져 있는 두 지점에 탁자를 단단히 설치하고 한쪽 탁자에 봉을 고정한다. 봉의 끝과 다른 쪽 탁자 사이의 간격을 측정한다.

29

일본에서 발생한 최대 지진 - 노비 지진

왜 일본 열도에서는 거대 지진[1]이 일어나지 않는다고 할까? 거대 지진은 대부분 길이가 100km를 넘는 활단층이 움직임으로써 발생한다. 그런데 일본 열도의 활단층은 길어도 수십 킬로미터에 불과하여 매그니튜드가 최대라도 7.5 정도의 지진밖에 일어나지 않는다. 그러나 단 한번의 예외가 있었다. 1891년 10월 28일 발생한 매그니튜드 8.0의 노비 지진이다. 기후 현의 비노 지방과 아이치 현의 오바리 지방이 큰 피해를 입었기 때문에 노비 지진이라고 부른다.

노비 지진이 유명해진 것은 큰 단층의 출현이었다. 즉, 이세 만 북부에서 북북서 방향으로 뻗어 기후 현을 지나 후쿠이 현까지 이어지는 총 길이 80km 이상의 대단층계가 출현하였다. 이 가운데 기후 현의 미도리 마을에 출현한 단층은 「미도리 단층[2]」이라고 명명되어 후일 천연 기념물로 지정되었다. 미도리 단층은 서쪽 부분이 6m 융기했고, 수평 방향으로는 왼쪽으로 움직여[3] 남남동쪽으로 2m 정도 어긋났다. 수직 및 수평 방향으로 크게 어긋났기 때문에 높이가 수 미터에 이르는 단애, 구부러진 도로, 어긋난 논두렁 등이 지금까지 남아 있다.

이 지진의 유감 반경■4은 880km로 센다이 이남의 일본 전역에서 진동을 느꼈다. 사망자와 부상자가 각각 7,273명과 17,000명이었으며, 전파된 건물은 14만 2,000채, 반파된 건물도 8만 채를 넘었다. 또한 만 여 지점에서 산사태가 발생하였다.

진원역의 기후 측후소에는 1889년에 지진계가 설치되어 관측이 시작된 지 1년도 채 지나지 않아 대지진이 발생하였다. 지진 후 12월 말까지 2개월간 약 2,300회의 여진을 기록하였다. 기후와 나고야 일대에서는 지진 후 한 달 동안에만 200회 이상의 유감 여진이 관측되었으며, 그 다음 달에는 약 1/4인 50회로 감소하였다.

이 지진이 발생하고 나서 72년이 지난 1963년 여름 연구자들이 모여 미도리 단층을 중심으로 기후 현과 후쿠이 현에서 단층계를 따라 극미소 지진■5의 공동 관측을 실시하였다. 지진 후 처음으로 본격적인 과학의 메스를 들이댄 것이다. 고감도 지진계를 이용하여 잡음이 적은 야간에만 집중적으로 관측함으로써 극미소 지진을 잡아냈다. 그 결과 지진이 발생하고 나서 70년이 경과했음에도 불구하고 단층 부근에서는 극미소 지진이 계속 활발하게 활동하고 있는 것이 밝혀졌다. 그 깊이는 지표로부터 15km로서 단층 운동도 이 깊이까지의 움직임인 것으로 추정되었다.

현재 미도리 단층 부근은 철도가 개통되어 80년 이상 유지되던 단층 경관은 크게 변했지만, 1992년 기후 현 네오 마을이 지진 발생 100주년을 기념하여 지하 관찰관을 건설하였다. 이곳에서는 수직 방향으로 6m 어긋난 단층을 사이에 두고 깊이 8m의 트렌치를 파면 단층 때문에 어긋난 지층을 볼 수 있다. 또한 인접한 자료관에서는 지진 관련 자료와 함께 노비 지진의 진동을 체험할 수 있는 체험관도 설치되어 있다.

1889년에는 도카이도 선이 선 구간에 걸쳐 개통되었다. 1900년에는 이 노선을 소개하는 철도 노래집 제1권이 출판되었다. 지진으로부터 10년 가까이 지났지만, 이 책의 34번 노래[6]에서도 노비 지진을 언급하고 있다. 일본 열도에서 발생한 지진으로서 매그니튜드 8의 노비 지진은 예외적이며, 이외의 지진은 전부 매그니튜드 7.5 이하이다.

지진 직후에 도쿄 대학 지질학과의 고토(小藤文次郎) 교수에 의해 발표된 것으로 알려진 미도리 단층의 사진_도로의 어긋남을 보면 좌측 변위 단층이었음을 알 수 있다. 수평 방향으로는 2m, 수직 방향으로는 6m 어긋났다.

■1 매그니튜드 8 이상의 지진.

■2 이 지진을 조사한 고토 교수는 미도리 단층을 보고 '급격한 단층 운동이 지진의 원인일 것이다.'라고 주장하였다. 그러나 이 의견이 이론적으로 해명된 것은 1960년대 들어와서이다.

■3 단층선을 향하여 섰을 때, 반대쪽이 왼쪽으로 움직이면 좌측 변위 단층, 오른쪽으로 움직이면 우측 변위 단층이라고 부른다.

■4 진앙으로부터 동심원 방향으로 지진을 느낀 거리.

■5 매그니튜드 1 이하의 지진으로 체감상 느끼지는 못한다.

■6 이름 드높은 금으로 만든 망새는
    나고야 성의 빛이 되리.
    지진 이야기 채 사라지지도 않은
    기후의 가마우지 사냥도 보고 가자.

수도권을 습격한 대지진 – 간토 지진

1923년 9월 1일[■1] 수도권 지하에서 일어난 간토 지진(매그니튜드 7.9)은 「간토 대지진 재해」라고도 부른다. 간토 대지진 재해는 일본에서 일어난 지진 피해 가운데 가장 많은 사망자를 낳았다.

가나가와 현 오다와라 앞바다에서 암반 파괴가 시작되었으며, 지하에서 발생한 균열은 남남동 방향으로 100km 이상이나 뻗어 그 파괴역은 사가미 만 연안에서 미우라 반도, 도쿄 만, 보소 반도 남부로 확대되었다. 사가미 만 연안, 미우라 반도, 보소 반도 남부에서는 암반이 1~2m 융기했으며, 반대로 가나가와 현 북부의 단자와 산지에서는 수십 센티미터의 침강이 확인되었다. 이 지진으로 단자와 산지 남쪽을 받침점으로 하여 남쪽 전체 암반이 솟아오르고, 동시에 남동 방향으로 최대 2m나 움직였다.

또한 진원에 가까운 시즈오카 현 아타미에서 12m 파고의 쓰나미[■2]가 보고된 것을 비롯하여 보소 반도의 수사키에서는 최대 8.1m, 사가미 만 해안에서도 5~7m 파고의 쓰나미가 해안을 덮쳤다.

간토 지진으로 지표에 뚜렷한 단층이 나타나지는 않았지만, 가나가와 현의 중·서부와 치바 현 남부에서는 도처에서 땅이 갈라지고 산사태가 발생하였다. 또한 간토 지진은 홋카이도 남단과 규슈 동단에서도 진동이 감지되었으며, 가나가와 현, 도쿄 도, 치바 현을 중심으로 강한 진동■3으로 인한 건물 파괴에 쓰나미와 화재까지 가세하여 더욱 큰 피해를 가져왔다.

간토 지진으로 인한 사망자는 화재로 죽은 사람을 포함하여 99,300명이며, 실종자도 4만 명을 넘었다. 단 신원이 확인되지 않은 사망자가 6만 명으로 실종된 4만 명도 이 수치에 포함되어 있다고도 한다. 여하튼 약 10만 명의 사망자는 일본의 지진 재해 사상 이례적으로 많은 수인데, 그 원인은 지진 후에 발생한 화재 때문이다. 간토 지진의 경우 지진 후에 발생한 화재로 인하여 전파 가옥의 몇 배에 이르는 가옥이 불에 탔으며■4, 수만 명의 사람이 목숨을 잃었다.

화재가 확대된 가장 큰 이유는 많은 피해자가 가재 도구를 손수레■5에 가득 싣고 탈출하던 중에 도로를 막은 수많은 손수레의 물건에 불이 붙었기 때문이다. 그리고 본래 연소를 막는 방화선 역할을 맡아야 할 도로를 따라 화재가 번져갔으며, 넓은 공터로서 안전해야 할 광장에서도 피난한 사람들이 가져온 가재 도구에 불이 붙어 버려 많은 사람들이 목숨을 잃었다.

현대 사회에서는 손수레 대신 자동차를 사용하고 있다. 자동차로 가득 찬 도로는 간토 지진의 손수레와 같이 화재 연소를 확대시키는 원인이 되지 않을지 우려된다. 또한 화재 염려가 없다고 할지라도 정체된 도로는 구급차와 소방차의 운행을 방해하므로 피해가 확대될 수 있다. 이렇게 간토 지진이 일으킨 화재 경험으로부터 지진 화재의 무서움을 알았기 때문에 "대지진이 일어나면 차를 타지 말라.", "지진을 느끼면 불을 꺼라."고 거듭하여 경고하게 된 것이다.

한편, 간토 지진으로 현재의 가나가와 현 하타노 시 남부에서 발생한 대규모 산사태로 구릉 사면에 와지가 생겼으며, 흘러내린 토사가 작은 하천을 막아 표고 150m 지점에 최대 폭 85m, 길이 315m, 둘레 1,000m, 면적 13,000m², 평균 수심 4m, 최대 수심 10m의 호소가 출현하였다. 문학인이며 과학자인 데라다寺田寅彦는 이 호소를 「신세이震生 호」라고 명명하였다.

신세이 호는 현재도 남아 있는 간토 지진의 흔적■6이다. 해안 지역에

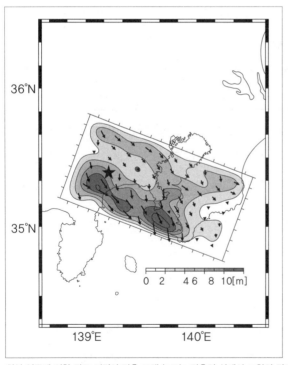

최신 연구에 의한 간토 지진의 단층 모델 농도는 단층면 상에서 고착의 강도를 나타내며, 축척은 화살표로 표시한 변위량을 나타낸다.

는 지진으로 융기한 장소가 암반과 같은 모습으로 남아 있는데, 이것도 지진의 흔적이다. 자연의 흔적은 아닐지라도 도처에 지진 재해 기념비[7]가 세워졌으며, 대부분의 기념비에는 사망자를 애도하는 글이 새겨져 있다.

간토 지진 이후에도 지금까지 일본 열도에서는 수차례의 대지진이 일어났지만, 다행스럽게도 사망자가 1만 명을 넘은 지진은 없었다.

:: 더 알아 보기

[1] 이 날의 비극을 잊지 않도록 9월 1일을 「방재의 날」로 정하고, 이 날이 되면 거국적으로 방재 훈련이 실시되고 있다.

[2] 당시의 쓰나미 내습을 잊지 않도록 도처에 쓰나미 내습 기념비가 세워졌고 지금도 남아 있다.

[3] 간토 지진의 유감 반경은 700km.

[4] 간토 지진의 진동에 의한 전파 가옥은 12만 8천 채인데 비하여 소실 가옥은 44만 7천 채로서 진동 피해의 3.5배를 넘는다.

[5] 인력으로 끄는 목재의 대형 수레.

[6] 39번 항목 참고.

[7] 대표적인 것으로 도쿄 도 스미다 구에 세워진 지진 재해 기념관을 들 수 있다. 도쿄를 비롯한 간토 지역에는 절과 신사의 경내에 수많은 기념비가 세워져 있다.

진동이 작은데도 큰 쓰나미
– 산리쿠 해안

　지진의 진동은 작은데도 큰 쓰나미가 덮친 예가 있는데, 그 이유는 무엇일까?

　관측 연구가 진전되면서 지진 규모와 쓰나미 크기가 반드시 일치하지는 않는다는 사실이 밝혀졌다. 쓰나미 지진■1, 슬로 어스퀘이크■2, 사일런트 어스퀘이크■3 같은 존재도 주목을 받게 되었다.

　지진은 지하 암반의 급격한 파괴로 인하여 단층이 형성됨으로써 발생한다. 급격한 파괴로 큰 진동이 발생하고, 크게 흔들리게 되는 것이다. 한편, 쓰나미는 단층의 형성으로 인하여 해저에 커다란 지각 변동이 일어남으로써 발생한다. 광범위에 걸친 지각 변동이 일어나면 큰 쓰나미로 이어진다. 단층이 서서히 형성되고 그 파괴 면적(지각 변동)이 크면, 진동은 작고 쓰나미는 큰 지진이 된다. 일반적으로 매그니튜드는 지진파로 결정되지만, 매그니튜드가 작은데도 큰 쓰나미를 일으키는 지진은 드물지 않다.

　1896년 6월 15일 발생한 메이지 산리쿠 지진 쓰나미■4는 지진의 진동이 작은 탓에 지진 피해는 발생하지 않았지만, 지진 발생 35분 후에 산리쿠 해안을 중심으로 태평양 연안에 대형 쓰나미가 밀어닥쳐 막대한 피해가 발생한 대표적인 지진이다. 이 지진은 지진 기록을 토대로 매그니튜드 7.6으로 추정하고 있는데, 쓰나미의 크기와 전파 경로로부터 발원역을 추정하여 해저의 지각 변동을 계산하면, 매그니튜드 8.5 정도의 거대 지진이었음을 알 수 있다. 이런 점을 고려하여 기상청의 쓰나미 예보가 개정되었다.

쓰나미의 높이는 산리쿠 해안의 만 안에서 최대 40m에 달했으며, 규슈의 미야기 현 해안에서도 10~20m를 기록하였다. 쓰나미는 태평양을 횡단하여 하와이에서 2~9m, 샌프란시스코에서도 20cm를 기록하였다.

1933년 3월 3일 발생한 지진(매그니튜드 8.1)은 1933년 산리쿠 지진 쓰나미▪5라고 부르고 있다. 지진 피해는 벽에 균열이 생기고 암벽과 돌담, 제방이 무너진 정도였지만, 오히려 쓰나미로 인하여 더 큰 피해가 발생하였다. 지진 발생 후 30분에서 1시간 사이에 쓰나미가 홋카이도부터 산리쿠 해안을 덮쳤다. 파고는 홋카이도~아오모리 현 해안에서는 1~7m, 이와테 현 해안에서는 최대 30m, 미야기 현 해안에서는 20m, 후쿠시마 현 해안에서는 1m를 기록하였다. 그리고 태평양을 건너 하와이 섬의 코나에서는 3m로 피해를 낳았으며, 미국 서안의 캘리포니아에서는 10cm, 칠레의 이키케에서는 20cm를 기록하였다.

이 지진으로 동북 지방 각지에서 땅울림이나 대포 같은 소리가 들렸다는 보고가 있다. 쓰나미가 밀어닥칠 때 소리를 동반하는 것은 다른 지진에서도 확인되고 있다. 단 땅울림은 지진의 진동에 동반된 것이라는 설도 있다. 땅울림과 발광 같은 현상이 동반되었던 것은 확실하다.

일반적으로 산리쿠 앞바다의 지진은 일본 해구를 따라 발생하고 있으

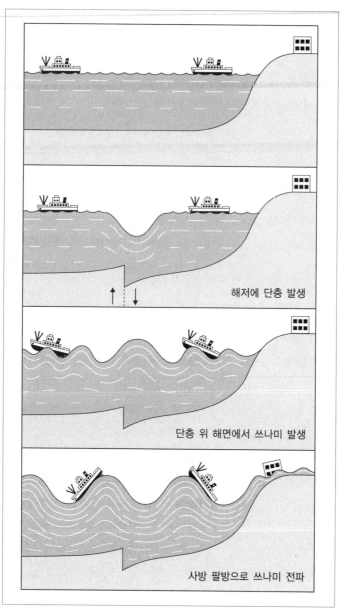

해저에 단층 발생

단층 위 해면에서 쓰나미 발생

사방 팔방으로 쓰나미 전파

쓰나미 발생의 개념도_단층이 서서히 형성되면 슬로 어스퀘이크나 사일런트 어스퀘이크가 된다.

므로 바로 밑의 판 내부 또는 판 자체의 파괴이다. 많은 경우 판이 구부러지면서 정단층형 거대 지진이 발생한다. 진원이 해안에서 100km 이상 떨어져 있는 경우가 많으므로 매그니튜드 8 규모의 거대 지진일지라도 지진 피해는 크지 않지만, 쓰나미의 피해는 막대하다. 또한 매그니튜드 7 규모의 지진도 쓰나미의 크기는 거대 지진의 경우와 크게 다르지 않은 점으로 보아 대규모 해저 변동이 천천히 일어났던 것으로 추정하고 있다.

산리쿠 앞바다는 쓰나미 지진과 슬로 어스퀘이크 등을 연구하는 데 좋은 필드라고 할 수 있다.

:: 더 알아 보기_____

■1 지진파가 작은데도 큰 쓰나미가 일어나는 지진.

■2 해저에서 대규모 지각 변동이 수십 분 걸리며 일어날 때 발생하는 지진.

■3 해저의 지각 변동이 십 수 시간에서 1일 정도 걸리며 일어날 때 발생하는 지진.

■4 이와테 현의 18,000명을 비롯하여 홋카이도, 아오모리, 미야기에서 약 22,000명의 사망자가 발생하였다. 전파, 반파 및 유실된 가옥은 8,000~9,000채이며, 7,000척의 배가 피해를 입었다.

■5 20세기 최대의 산리쿠 앞바다 지진. 유감 반경은 약 750km로서 홋카이도 전역과 오사카에서도 유감 지진으로 보고되었다. 최대 진도는 이와테 현 일부 지역에서 5, 홋카이도와 후쿠시마 현에서도 진도 4 영역 가운데 진도 5, 또 600km 떨어진 야마나시 현 부근에서도 진도 3 영역 가운데 진도 4를 기록하였다. 일반적으로 진원에서 멀어질수록 진도는 작아지는데 어느 지역만 주위보다 강한 진동을 느끼는 수가 있다. 이런 지역을 이상 진역(震域)이라고 부른다. 사망자는 약 1,500명으로 그 가운데 90%는 이와테 현에서 발생하였다. 실종자 1,500명, 가옥 파괴 1,121채, 유출 가옥 2,914채, 선박 유출·파괴 5,900척을 기록하였다.

32

사람이 땅속으로 빨려 들어가다
– 후쿠이 지진과 액상화

논이나 하천 부지, 매립지 같은 연약 지반 지역에서는 지진 발생 시 지면에서 모래나 진흙이 분출하는 현상을 종종 볼 수 있다. 이것은 지반이 지진으로 흔들린 결과 토사와 물이 분리되는 액상화라는 현상으로 여러 가지 피해를 가져온다. 액상화 현상이 확인된 대표적인 지진은 1948년 6월 28일 발생한 후쿠이 지진이다.

후쿠이 지진의 진원은 후쿠이 평야 20km 깊이의 얕은 지진으로서, 현청 소재지인 후쿠이 시를 강타한 직하형 지진이었다. 지진 피해는 후쿠이 평야와 그 주변에서만 일어났는데도 사망자 3,769명, 전파 가옥 3,614채, 반파 가옥 1,181채, 소실 가옥 3,851채라는 큰 피해를 기록하였다. 사망자 3,769명은 간토 지진[1] 이후 일본 열도에서 발생한 지진 가운데 가장 많은 수이다[2]. 다른 대지진의 경우 사망자가 많아도 천 수백 명이므로 매그니튜드 7.1의 후쿠이 지진은 거대 지진[3]보다 훨씬 작은 지진임에도 불구하고 두 배 이상의 사망자가 발생하였다.

지진 후 조사를 통하여 모든 가옥이 전파된 지역이 상당히 많은 것이 밝혀졌다. 따라서 당시까지 사용하고 있던 진도 계급[4]의 최대인 「진도

6」으로는 지진 피해[5]를 표현할 수 없다는 결론에 도달한 중앙기상대[6]는 이듬해인 1949년 진도 계급을 조정하여 「진도 7」을 추가하였다. 진도 7(격진)은 "가옥의 파괴가 30% 이상에 달하며, 산사태, 땅 갈라짐, 단층 등이 생기는 것"으로 정의되었다. 즉, 진도 6까지는 진동을 감지하면 진도를 곧바로 판단할 수 있었지만, 진도 7은 지진 후 현지 조사를 실시하여 "진도 7의 지역이 있었다."라고 판정하는 것이다.

후쿠이 평야는 퇴적층 때문에 지하에서 발생한 암반의 어긋남, 즉 단층이 지표에는 나타나지 않았다. 그러나 지진 후 실시된 측량 조사에 의해 남북 방향으로 25km 길이의 단층이 존재하는 것으로 추정되었다. 이 잠재 단층은 후쿠이 시와 모리오카 시 사이를 지나며, 동쪽에서는 북쪽 방향으로 최대 67cm, 서쪽에서는 남쪽 방향으로 최대 2m 어긋난 좌측 변위 단층[7]이었다. 또한 동쪽에서는 최대 41cm의 융기, 서쪽에서는 최대 93cm의 침강이라는 수직 방향의 변동도 확인되었다.

단층선 위에서는 땅 갈라짐이 연속적으로 확인되었을 뿐 아니라 후쿠이 평야 도처에서 땅 갈라짐, 모래 분출, 흙탕물 분출 등이 확인되었다. 이들 현상을 보더라도 퇴적층이라는 연약 지반이 큰 지진 피해를 일으켰음을 알 수 있다.

한 예로 지진 발생 후 논으로 일하러 나간 주부가 돌아오지 않자 남편이 찾으러 나갔다. 일하고 있으리라 생각했던 장소에 갔더니 논 가운데 흰 수건이 보여서, 다가가 살펴보니 주부가 수건을 머리에 쓴 채 논 속으로 빨려 들어가 죽어 있었다. 논에서 액상화 현상이 일어나면서 주부가 도망갈 틈도 없이 빨려 들어가 질식해 죽은 것으로 추정되었다. 액상화가 아니라 갈라진 땅이 닫힌 것으로도 생각할 수 있는데, 연약 지반이 지진에 약하다는 것을 잘 보여 주는 사건이었다.

후쿠이 지진의 유감 여진은 며칠 후에 멈추었다. 그러나 도쿄 대학 지구물리학과에서는 사상 처음으로 전자식 지진계를 사용하여 여진 관측을 실시하였다. 전자식 지진계에 의해 당시까지 사용했던 기계식 지진계보다 수천 배 이상의 고배율로 관측할 수 있게 되었다. 따라서 유감 지진이 멈춘 뒤에도 매그니튜드 1 정도의 신체에는 느껴지지 않는 많은 미소 여진이 계속 일어나고 있는 것도 밝혀냈다. 미소 지진[8]이라는 현상을 처음으로 발견했던 것이다.

후쿠이 평야의 지각 변동_잠재 단층의 동쪽에는 융기, 서쪽에는 침강을 확인할 수 있다.

■1   1923년 발생한 매그니튜드 7.9의 간토 대지진 재해로 30번 항목 참고.

■2   이 최대 사망자 수 기록은 1995년 효고 현 남부 지진이 일어나기까지 반세기 가까이 깨지지 않았다.

■3   매그니튜드 8 이상의 지진.

■4   1936년부터 사용하고 있다. 진도 7을 포함한 진도 계급은 1949년부터 사용하였다. 단 진도 7의 판정 방법을 충분히 인지하지 못한 결과, 효고 현 남부 지진에서 "진도 6이었으므로 대지진으로는 생각하지 않았다."라는 정부 관계자의 발언도 있고 하여 진도 계급을 다시 변경하였다. 당시까지 체감으로 결정하던 진도 대신에 지진계로 구한 가속도를 계산하여 결정하는 계측 진도를 도입하였다. 26번 항목 참고.

■5   지진으로 인하여 생기는 모든 재해.

■6   현재의 기상청.

■7   4번 항목 참고.

■8   매그니튜드 1 이상 3 미만의 지진으로 거의 체감하지 못한다.

2년이나 지속된 군발 지진
– 마쓰시로 군발 지진

　1965년 8월부터 1967년 6월까지 거의 2년간 현재의 나가노 시 마쓰시로[1]의 미나카미 산을 중심으로 발생한 마쓰시로 지진은 군발群發 지진의 대표적인 예이다. 마쓰시로에는 세계적인 지진 관측소[2]가 자리잡고 있다. 미국이 이곳에 세계 표준 지진계[3]를 설치하여 공동 관측을 시작한 직후인 8월 4일부터 지진이 발생하기 시작하였다.

　지진은 처음 미나카미 산 주변에서 발생했으나 점차 주변으로 확대되어 1967년에는 북동~남서 방향으로 34km, 북서~남동 방향으로 18km의 범위에서 집중적으로 일어났다. 1966년 4월 5일과 1967년 2월 3일에는 매그니튜드 5.4의 지진도 일어났다. 이 두 지진이 활동 중에 발생한 최대 지진이며, 이외에는 대부분 매그니튜드 5 미만의 작은 지진이 빈발하였다. 특히 1966년 3~5월과 8~9월에는 지진 활동이 가장 활발해져 하루 지진 발생 수가 200회를 넘었으며, 600회를 기록한 날도 있었다. 매그니튜드가 작은 지진이라고 해도 진원이 얕아 인근에서는 땅울림을 동반한 지진이 많이 일어났다. 이런 지진의 진동을 하루에 수백 번 감지하는 날이 몇 개월간 이어졌기 때문에 지역 주민들은 마음을 놓을 수 없었다[4].

1970년 말까지 기록된 유감 지진의 횟수는 62,821회로서 그 가운데 진도 5가 9회, 진도 4가 50회 발생했고, 피해를 동반한 지진은 51회로서 전파 가옥 10채, 반파 가옥 4채였다. 산사태와 암벽 붕괴도 60곳에서 발생했는데, 주민의 방재 노력으로 사망자는 없었고 화재도 일어나지 않았다.

군발 지진은 화산 지대에서 잘 나타난다. 화산 지대는 지하 구조가 복잡하고 암반에 작은 균열이 많아 힘이 가해지면 이 균열이 부서지며 군발 지진이 발생하는 것으로 생각된다. 화산이 많은 규슈와 홋카이도에서도 군발 지진이 관측되고 있으며, 특히 시즈오카 현 이즈 반도 주변은 화산 지대의 대표적인 예로서 종종 군발 지진이 일어난다. 1930년 2~5월에 일어난 군발 지진은 과학적으로 접근한 최초의 사례였다. 이토 앞바다의 사가미 만에 진원이 있었으며, 하루 수십 회의 지진 활동이 한 달간 이어지다 4월 하순에 일단 잠잠해졌으나 5월이 되어 반 달간 하루 최대 100회를 넘는 지진이 이어졌다. 이 지진에서 특징적인 것은 조석 간만과 지진 발생 사이에 명료한 관계가 확인된 것이다. 지진 발생 횟수의 시간적 분포를 보면 썰물 시에 빈발하고 밀물 시에 잠잠해지는 뚜렷한 경향이 확인되었다.

이즈 반도 북쪽에 위치하는 하코네 산, 남동 방향의 이즈나나 섬 주변에서도 군발 지진이 간혹 발생하고 있다. 이들 지진은 모두 매그니튜드가 작고, 지진에 의한 피해도 거의 없다. 그러나 지역 주민에게는 꺼림칙한 그래서 안심할 수 없는 현상임에는 틀림없다.

2000년 1~12월 하코네 화산의 진원 분포도_중앙 화구구에서 군발 지진이 발생하였다.

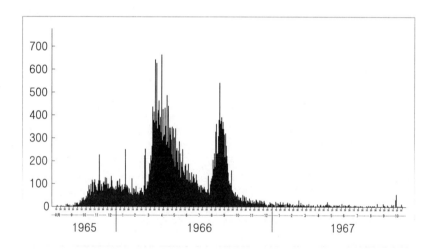

■1 당시에는 나가노 현 마쓰시로 마을.

■2 기상청 마쓰시로 지진 관측소로서 지금은 정밀 지진 관측소로 명칭이 바뀌었다.

■3 냉전 시대 미국이 소련의 지하 핵실험을 탐지하려고 전 세계 124 지점에 설치한 지진계이며, 장주기와 단주기 각각 세 성분의 지진계로 구성되어 있다.

■4 진동은 느끼지 못하며 쿵하는 소리만 들리는 지진도 있었다. 발광 현상도 확인되었고 실제로 사진 촬영에 성공한 사람도 있었다. 미나카미 산은 화산 활동으로 형성된 산으로서, 북동쪽 산기슭에서 다량의 물이 용출하여 「물 분화」라고 표현한 사람도 있었다. 미나카미 산 부근뿐 아니라 진원역 도처에서 물과 온천이 솟아나왔다.

현대 도시를 강타한 대지진
– 한신 · 아와지 대지진 재해

한신 · 아와지 대지진이 일어난 지도 벌써 10년의 세월이 흘렀다. 이 지진을 계기로 일본의 지진 대책은 크게 바뀌었다. 1995년 발생한 효고 현 남부 지진은 한신 · 아와지 대지진 재해라고도 부르며, 매그니튜드 7.2의 전형적인 도시 직하형 지진■1이었다. 규모로는 2000년 발생한 돗토리 현 서부 지진■2과 거의 같은 지진으로서, 일본에서 이 정도의 지진은 십 수년에 한번은 발생한다. 같은 타격일지라도 맞는 부위에 따라 큰 상처를 입을 수도 있는데, 한신 · 아와지 대지진 재해가 바로 여기에 해당한다.

이 지진의 미끄럼 파괴■3는 아카시 해협 바로 밑 17km 지점에서 시작하여 아와지 섬과 고베 쪽으로 10초간 확대되었다. 길이 40km, 폭 15km의 지각 상부 단층이 미끄럼 파괴를 일으킨 것이다. 단층은 주향 이동 단층■4이므로 지표에서 상하 변동은 그다지 눈에 띄지 않았으며, 아와지 섬에서는 노지마 단층이 2m 정도 수평 방향으로 움직였다. 이 어긋남은 단층 기념관에 보존되어 지금도 그 모습을 볼 수 있다. 고베에서는 지표에 단층이 나타나지는 않았지만, 지하에서 수평으로 이동한 것을 GPS

관측과 측량을 통하여 확인할 수 있었다.

　이 지진은 6,433명의 사망자를 낳았으며, 일본에서는 후쿠이 지진■5 이후 가장 큰 재해를 가져온 지진이 되었다. 후쿠이 지진 이후 도시 직하형 지진이 약 50년간 없었기 때문에 일본에서 이제 심각한 지진 재해는 일어나지 않을 것이라고 말하는 사람도 있었다. 마침 1년 전 같은 날 로스앤젤레스에서 노스릿지 지진■6이 발생하여 고속 도로가 부서지는 등 큰 피해가 생겼으나, 일본에서 그런 피해는 일어나지 않는다는 전문가도 있고 하여 안심했던 측면도 있었다.

　이 지진에서는 지진 재해 벨트라고 부를만한 격진 지대가 나타났다. 격진은 진도 7 지역에 주어지는 진도 계급의 이름이다. 당시 진도 7은 지진 후 조사를 통하여 결정하는 것으로 규정되어 있었다. 실제로 지진 후 정밀 조사가 실시되어 진도 7 지역이 결정되었다. 그 결과 이상하게도 진도 7 지역은 여진 분포로부터 추정되는 지하의 진원 단층 위치에서 바다 쪽으로 1~2km 떨어진 곳에 평행하게 분포하고 있었다. 그 후 지진 탐사 등 각종 조사가 실시되어 진동의 크기에는 지하 구조가 크게 영향을 미치는 것이 밝혀졌다.

　우선 단단한 암반 위에 연약한 퇴적층이 있으면, 암반을 전파해온 지진파는 크게 증폭된다. 파의 에너지는 보존되므로 암반보다 흔들리기 쉬운 퇴적층에서 크게 흔들리는 것이다. 더욱이 고베 시가지는 로코 산지와 오사카 만 사이에 위치하고 있는데, 이 경계에 단층이 있어 퇴적층이 고베 밑에서 갑자기 깊어지므로 이 구조가 바다 쪽 지역에서 지진파를 더욱 증폭시키는 효과가 있음이 밝혀졌다. 킬러 파동(killer pulse)이라는 크게 증폭된 지진파에 의해 바다 쪽에 지진 재해 벨트라고 부르는 격진 지대가 만들어진 것으로 생각된다. 더욱이 이 지역에는 오래된 집들이 많아 피해를 더욱 키웠다.

지진이 발생하기 전에 간사이 지역에서 대지진은 일어나지 않을 것으로 생각했다고들 한다. 전문가들은 그렇게 생각하지 않아 활단층 조사를 근거로 대지진의 가능성을 종종 지적했지만, 현실감 있게 받아들여지지 않았다고 볼 수 있다. 이런 점을 지진 후 여러 방면에서 반성하고, 연구 결과를 일반에게 널리 알리려고 노력하게 되었다. 또한 행정 기관과 대학 간의 연락도 긴밀해져 연구 성과를 행정에 반영하려는 노력도 이루어졌다.

지진 이후 기상청, 대학, 국가 연구 기관이 따로따로 관측하고 있던 지진 데이터를 기상청으로 모아 일원화함으로써 진원에 관한 보다 상세한

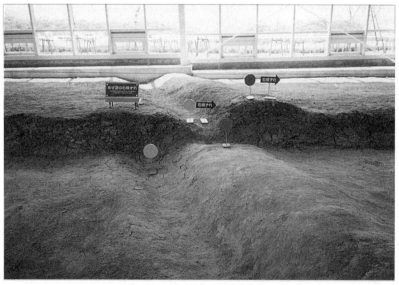

효고 현 남부 지진의 노지마 단층은 140m에 걸쳐 돔 모양의 건물로 덮어 보존하고 있다. 1m 정도 왼쪽으로 어긋난 좌측 변위 단층으로 수평 방향의 변위보다 수직 방향의 변위가 작은 것을 알 수 있다.

정보를 즉시 발표할 수 있게 되었다. 진도 계급도 계측 진도[7]로 개정되었다. 고감도 지진 관측망의 구축, GPS 관측망의 정비, 강진 관측점의 증가 등 관측 또한 강화되었다. 더 나아가 전국의 활단층 조사가 실시되고, 이것을 토대로 전국의 강(强)진동 예측 지도[8]가 제작되고 있다.

:: 더 알아 보기_____

[1] 9번 항목 참고.

[2] 매그니튜드 7.3.

[3] 단층이 움직였다는 것을 의미한다.

[4] 4번 항목 참고.

[5] 1948년 발생한 지진으로 32번 항목 참고.

[6] 21번 항목 참고.

[7] 26번 항목 참고.

[8] 87번 항목 참고.

가고시마 현 북서부 지지과
지하 구조의 관계

　지진은 활단층에 의해 일어난다고 하는데, 지질 구조나 지하 구조와는 관계가 없을까? 지진 발생과 관련된 지질 구조와 지하 구조를 알 수 있는 한 가지 사례를 들어 설명한다.

　1997년 3월 26일 가고시마 현 북서부 깊이 8km에서 매그니튜드 6.5의 지진(제1본진)이 발생하였다. 이 본진의 단층은 길이 20km, 깊이 8km에 이르는 좌측 변위 단층이었다. 본진이 발생하고 나서 한 달 동안 7,000회를 넘는 여진이 발생했지만, 대부분의 지진에서 볼 수 있듯이 여진 활동은 시간과 함께 점차 수그러들었다. 그런데 제1본진 발생으로부터 48일째인 5월 13일 제1본진에서 남서쪽으로 불과 5km 떨어진 지점에서 매그니튜드 6.3의 제2본진(깊이 7km)이 다시 발생하였다. 일반적으로 큰 지진이 일어나면 그 단층면의 끝이나 분기한 영역에서 본진보다 소규모의 지진(여진)이 발생한다.

　그러나 제2본진은 제1본진과 전혀 다른 단층면에서 일어났다. 이렇게 거의 같은 규모의 본진이 근접해서 발생하는 것은 드문 현상■1이다. 이들 2개의 본진에 동반된 여진은 6월까지 14,000회를 넘어 2004년 현재도 완전히 수그러들지 않았다.

제1본진에 동반된 여진은 단층면을 따라 거의 동서 방향으로 분포하고 있다. 그러나 제2본진의 여진은 거의 동서 방향으로 분포하는 여진의 서쪽 끝에서 남북 방향으로도 분포하고 있다. 남북 방향의 여진 분포는 시간이 흐르면서 남쪽으로 그 끝을 뻗어갔다. 또한 동서 방향으로 분포하는 제1본진의 여진과 제2본진의 여진 사이에는 여진이 거의 발생하지 않는 폭 2km 정도의 무無여진 지대가 존재하고 있다.

그러면 여진 지대의 지하 구조와 여진 분포의 관계를 살펴보자. 여진 지대와 그 주변에는 습곡 변동■2을 받은 시만토 층■3이라고 부르는 퇴적암■4 지층이 넓게 분포하며, 그 일부를 화강암이 관입하여 지표에 도달하고 있다. 두 본진이 발생한 동서 방향의 단층면은 커다란 파괴력에 의해 시만토 층과 화강암 암체를 횡단하고 있다. 한편, 남북 방향으로 나타나는 제2본진의 여진 분포는 시만토 층의 남북 주향과 거의 평행한 관계에 놓여 있다. 이것은 여진의 파괴가 시만토 층의 층 구조를 따라 발생하고 있음을 시사한다.

중력 측정■5에 의해 화강암 분포 지역의 밀도가 주변 시만토 층보다 높고, 지표에 화강암이 노출하지 않는 지역에도 지하에 밀도가 높은 영역이 점재하고 있음을 알 수 있다. 이 밀도 분포와 여진 분포를 비교함으로써 여진은 점재하는 고밀도 영역(단단한 암체)을 피하듯이 분포하고 있음이 밝혀졌다. 특히 두 본진의 단층면 사이에 끼여 있는 무여진 지대에는 고밀도 영역이 존재하고 있다. 더욱이 지진파 속도 분포와 비교해보면 지진파 속도가 비교적 느린 영역에서 본진과 많은 여진이 발생하고 있으며, 속도가 빠른 영역(고밀도 영역과 대응)에서는 여진이 거의 발생하지 않은 것을 알 수 있다.

또한 본진 발생 후 몇 년이 경과해도 여진 지대와 그 주변에서 매그니튜드 3~4의 지진이 발생하고 있다. 이들은 소규모 지지이나 여진을 동반하고 있다. 이들 여진도 시만토 층의 주향과 거의 평행하게 분포하고 있다. 즉, 제2본진의 남북 방향 여진 분포와 마찬가지로 지층의 주향을 따라 파괴가 진행되고 있음을 의미한다.

새로운 단층면을 형성할 만큼 큰 지진의 경우에는 기존의 지하 구조가 본진 발생에 얼마나 영향을 주고 있는지는 밝혀지지 않았다. 그러나 여진 같은 비교적 작은 규모의 지진 발생과 지하 구조 사이에는 밀접한 관계가 있는 것으로 생각할 수 있다.

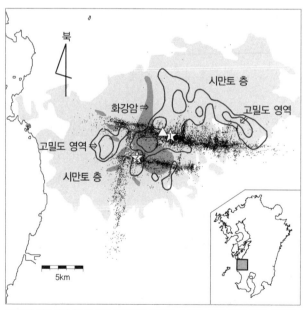

1997년 가고시마 현 북서부 지진역의 모식도_☆표가 본진, 흑색 점이 여진을 나타낸다. △표는 시비 산 산꼭대기이며, 등치선은 고밀도 영역을 나타낸다.

■1 시간적, 공간적으로 근접하여 발생하는 비슷한 규모의 지진을 쌍둥이 지진 또는 쌍발 지진이라고도 부른다.

■2 44번 항목 참고.

■3 주로 사암과 세일이 교호(交互)로 층을 이루고 있다.

■4 퇴적물이 누적되어 고결된 암석.

■5 중력을 측정하면 지하의 밀도를 추정할 수 있다.

실시간 데이터 전송
– 지진파 도달을 기다리다

지진이 일어나면 곧바로 진도가 발표되고 진원이 밝혀지는데, 이것은
어떻게 가능할까? 관측 기술의 발전으로 일본에서는 기상청의 지진 관측
망 데이터는 물론 지진 관측을 실시하고 있는 대학과 연구소의 데이터가
자동적으로 기상청에 모인다. 기상청은 이들 데이터를 근거로 곧 진도를
발표하고, 또 진원을 결정하여 지진 정보로서 발표한다. 이런 작업은 대
부분 자동으로 이루어지고 있다.

전 세계에서 실시되고 있는 지진 관측의 하나로 쇼와 기지■1의 관측이
있다. 국제 지구 관측년■2 이후 쇼와 기지를 비롯하여 남극 대륙에서도
본격적으로 지진 관측이 시작되어 지구 도처에서 발생하고 있는 지진의
진원 결정에 기여하고 있다. 최근 40년간 관측 기기와 기지 건물은 과학
기술의 발전에 힘입어 점차 성능이 좋아지고 있다. 쇼와 기지에서도
1990년부터 당시 최첨단의 디지털 광역 주파수대역 지진계에 의한 관측
이 시작되어 현재도 지구 관측망■3에서 남반구의 한 거점으로서의 역할
을 맡고 있다. 또한 최근에는 위성 회선과 컴퓨터 네트워크를 이용하여
현지의 관측 데이터를 신속하게 국내로 보내■4 여러 연구에 도움을 주고

있다. 지금까지는 지진 기록을 남극 관측선을 이용하여 일본에 가져온 후에야 이용할 수 있었지만, 실시간 전송 덕분에 지진 발생 후 곧바로 사용할 수 있게 되었다.

일본 주변의 지진을 지구 반대쪽 쇼와 기지에서 포착한 예로서 2003년 9월 25일 19시 53분(국제 표준시)에 발생한 도카치 앞바다 지진(매그니튜드 8.0)의 지진파형을 그림으로 나타냈다. 도카치 앞바다와 쇼와 기지는 대권 항로■5로 15,000km, 진앙 거리로 135° 떨어져 있으므로 P파의 첫 진동은 전달되지 않는 소위 사각 지대(shadow zone)■6에 해당한다.

쇼와 기지의 단주기 지진계 기록으로는 20시 9분(국제 표준시)에 큰 지진파가, 그 뒤로도 몇 개의 지진파들이 도착했음을 알 수 있다. 최초의 지진파는 PKP파라고 부르는데, 진원으로부터 지각─맨틀─외핵─맨틀─지각─

남극의 단주기(오른쪽 : 위로부터 상하 진동, 동서 진동, 남북 진동의 성분별 3대) 및 광역대 디지털 지진계(뒤쪽 3대)

관측점으로 전파되는 파이다. 그리고 지구 표면을 따라 전파되는 표면
파[7]도 PKP파에 뒤이어 발생하고 있다. 쇼와 기지의 광대역 지진계(주로
수십~300초 주기의 파를 기록)에는 이것이 현저한 진폭으로 기록되어 있다.
또한 21시 27분에는 최대 여진이 도착하고 있다.

이렇게 일본 주변에서 지진이 발생하고 나서 쇼와 기지에 PKP파의 첫
진동이 도착하기까지 16~17분이 걸린다. 즉, 지진이 일어나고 나서 곧
쇼와 기지에 전화로 연락하면 기지에서는 여유를 갖고 지진파의 도착을
기다릴 수 있다. 이렇게 대지진의 도달을 기다릴 수 있는 관측점은 많지
않지만, 좋은 기록을 얻을 수 있는 한 가지 방법이다. 최근에는 인텔셋
(Intelsat) 위성 회선이 개통되어 기지에서 인터넷 접속도 가능해졌으며,

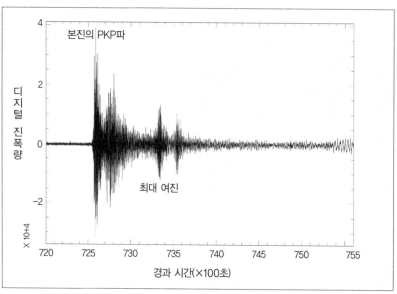

쇼와 기지에서 기록된 2003년 9월 25일 도카치 앞바다 지진(매그니튜드 8.0)_이 기록을 쇼와 기지와
거의 동시에 일본 국내에서도 볼 수 있게 되었다.

긴급한 지진 데이터 요청에 대응하여 기지의 컴퓨터에서 필요한 지진 기록을 순식간에 꺼내는 것 또한 가능해졌다.

■1 　남위 69°, 동경 39°에 위치하는 일본의 남극 관측 기지로 1957년에 세워졌다.

■2 　1957년 7월부터 1958년 12월까지 각국이 협력하여 지구물리학적 관측을 실시하였다. 국제 협력을 통한 남극 관측은 이때부터 시작되었다.

■3 　국제적인 협력으로 지구 전역을 덮듯이 지진계를 설치한 관측망.

■4 　남극 관측 업무를 맡고 있는 국립 극지 연구소를 경유하여 필요한 곳으로 전송되고 있다.

■5 　지구 표면에서 두 지점 간의 최단 거리.

■6 　굴절로 인하여 지진파의 초동(初動)이 직접 도달하지 않는 각도 거리 103~143°의 영역을 가리킨다.

■7 　지구 표면을 따라 전파되는 지진파.

37

달과 화성에서도 지진이 발생할까

지진은 지구 이외의 천체에서도 발생하고 있을까? 지구뿐 아니라 우리에게 가까운 태양계의 천체, 달과 화성에서도 지진은 일어나고 있다. 지진을 조사함으로써 지구 내부를 알 수 있듯이 월진月震과 화진火震■1을 조사함으로써 이들 천체의 내부 구조와 형성사를 알 수 있다.

1960년대 이후 미국에서 진행된 아폴로 계획■2으로 달 표면에 지진계를 설치하여 관측을 실시한 결과 많은 월진이 발생하고 있음을 확인하였다. 월진의 종류는 열 월진, 천발 월진, 심발 월진 그리고 운석 충돌로 인한 진동까지 다양하다. 열 월진은 달 표면에서 새벽부터 저녁 사이에 집중적으로 일어나므로 주야의 온도 변화로 인하여 팽창과 수축을 반복하는 표면 암석이 부서지는 현상으로 생각된다.

또한 천발 월진은 두께가 60km인 달의 지각이나 깊이 300km보다 얕은 맨틀에서 일어나며, 운석 충돌로 인한 진동보다 고주파의 파형이 만들어지는 것이 관측을 통하여 밝혀졌다. 천발 월진도 달의 지각 내 온도 변화로 암석이 팽창, 수축함으로써 응력 변화가 일어나 발생하는 것으로 추정된다. 심발 월진은 깊이 400~900km에서 일어난다. 지진이 일어나는 시각은 지구와 달의 위치와 관계가 있으며, 주로 달 내부에 작용하는 지구 인력에 의한 기조력이 원인이다. 심발 지진 연구에 의해 달에도 지구와 마찬가지로 중심에는 핵이 있을 것으로 추정하게 되었다.

이들 월진의 파형을 조사하면 지속 시간이 지구의 지진에 비하여 매우 길어 몇 시간이나 진동이 계속되는 경우가 있다. 이것은 달을 구성하는 물질이 파를 흡수하기 어려워 수그러들지 않고 진동을 계속하기 때문이다. 또한 지각의 구조가 매우 불균일한 것으로 생각할 수도 있다. 그러나 월진의 발생 메커니즘에 관해서는 아직 불명확한 점이 많아 관측과 조사를 계속 실시할 필요가 있다.

이를 위해서는 달 표면에서 무인 관측이 가능한 지진계(월진계)를 개발해야 한다. 현재 무인 월진계를 설치하려고 달 주위를 돌고 있는 인공 위성에서 지진계를 분리시켜 목적지에 투하한 후 1~2m 깊이의 달 표면에 관입시키는 방법을 검토하고 있다. 달 표면에 투하하기 위한 지진계(관입 지진계)를 개발하고 있는데, 위성에서 분리된 관입 지진계가 달 표면에 관입할 때 지구 중력의 일만 배에 이르는 충격이 가해지므로 매우 특수한 구조가 요구된다. 이 지진계는 달 표면 안으로 파고들기 때문에 그곳에서 일어나는 주야간의 극단적인 온도 변화로 인한 영향을 줄일 수 있다.

관입 지진계는 인간이 접근할 수 없는 지구상의 오지, 예를 들면 화산이나 사막 또는 남극에서도 실제로 사용되고 있다. 우주 과학 연구소를 중심으로 과학 위성 LUNAR-A에 지진계를 탑재하는 등 달 표면에서의 관측 준비가 진행 중이다.

화성에서는 무인 착륙선 바이킹에 장착된 단주기 지진계에 의한 관측이 실시되고 있다. 1년 이상 관측하면서 매그니튜드 3 정도의 지진도 기록되었다. 입수한 지진파형을 해석함으로써 화성의 내부 구조가 밝혀지고 있다. 이에 따르면 화성 표면으로부터 100km까지는 지각이, 다시 2,000km 깊이까지는 맨틀이 존재하고 있다. 핵은 지구와는 달리 액체 영역이 존재하지 않아 고체만으로 구성된 모델을 제시하고 있다. 그리고 지구와 달리 맨틀 대류■3가 존재하지 않으므로 판구조론은 불가능한 것으로 생각된다.

관입 지진계가 달 표면에 착륙했을 때의 상상도

■1　달에서 일어나는 지진과 같은 현상을 월진, 화성에서 일어난 것을 화진이라고 한다.

■2　미국의 케네디(J. F. Kennedy) 대통령이 제창하여 실현된 달 탐사 계획으로 1969년 7월 21일 인류가 처음으로 달에 발자국을 남겼다.

■3　84번 항목 참고.

지진 발생 시 돌이 날아다니다

지진이 커질수록 진동도 커질까? 또한 지진으로 인한 가장 큰 진동은 어느 정도일까?

지진의 흔들리는 정도를 진도로 표시한다. 진도는 진원에서 멀어질수록 작아진다. 그러나 이것은 진원역[1]에서 멀리 떨어져 있는 곳에서의 이야기이다. 암반의 강도에는 한도가 있어 결국 부서져 버리기 때문에 진동이 무한정 커질 수는 없다. 따라서 진원역의 최대 진동에는 한계가 있다.

기상청의 진도 계급[2]을 보면 이전에는 지면의 가속도에 대응하도록 만들어졌다. 예를 들면 과거의 진도 6은 250~400갈(gal)[3]에 해당한다. 개정된 진도 계급에서는 계측 진도계[4] 기록을 이용하여 복잡한 과정을 거쳐 결정되므로 가속도에 직접 대응하지는 않지만, 개략적으로는 진도와 가속도가 대응하고 있다. 또한 단층이 10m 이상 어긋나는 대지진에서는 단층이 어긋날 때의 속도도 진동의 크기에 관계한다. 이것은 지진계에 지면의 진동 속도로 기록되며 진동의 크기를 가늠하는 척도가 된다.

지금까지 지진계가 기록한 최대 가속도는 1993년 홋카이도 남서 앞바다 지진의 1,600갈, 캐나다에서는 2,400갈을 기록한 지진도 있다. 중력 가속도보다 무려 두 배 이상 빠르다. 가속도가 계속되면 속도가 커지겠지만, 진동 속도는 효고 현 남부 지진에서 1.27m/s, 캘리포니아에서 1.77m/s 등의 기록이 있다. 이런 대지진의 경우 지면이 1초 동안에 약 1m 움직인다는 것이다. 진원역에서는 이 정도가 가장 큰 진동으로 생각된다.

일본에서는 오래 전부터 지진 발생 시 묘석의 쓰러진 상태를 조사하고 있다. 이것은 진도의 가늠자가 되며, 가속도를 추정하는 기준도 된다. 높이에 비하여 폭이 작은 묘석일수록 잘 쓰러지는데, 쓰러진 묘석의 높이와 폭의 비는 묘석에 작용한 수평 방향의 가속도와 관계가 있기 때문이다. 그러나 높이와 폭이 같은 묘석이 쓰러질 때의 가속도는 대략 500갈이며, 이보다 큰 가속도는 묘석으로 추정할 수 없다.

한편, 지진 발생 시 정원의 조경석이나 신사의 사자 석상이 위로 튕겨 나갔다가 떨어져 지면에 박혔다는 보고가 있다. 이것은 정원석이나 사자 석상에 중력보다 큰 윗방향의 힘이 작용했다는 것을 의미한다. 이것은 지진 발생 시 무중력이 실현되었다는 것인데, 오랫동안 믿는 사람이 별로 없었다. 그런데 1984년 나가노 현 서부 지진 ■5이 발생했을 때 다수의 돌이 지면에서 날아올라가는 것이 발견되었다. 돌 가운데는 더 높은 곳에 뻗어 있던 나무 가지에 상처를 입히고 2~3m 떨어진 곳에 박힌 것도 있으며, 이끼로 덮인 면이 거꾸로 뒤집혀 떨어진 것도 있었다. 그 후 내륙에서 큰 지진이 발생하면 이런 날아 올라간 돌을 대부분 확인할 수 있다. 이들 돌로부터 지면의 속도는 3~5m/s가 된다는 지적도 있다. 이것은 1Hz의 진동에서는 2,000~3,000갈, 10Hz의 경우라면 그 10배에 해당한다.

중력 가속도를 초과하는 지진의 가속도는 위험하다고 해도 지속 시간이 짧기 때문에 일반적으로 큰 구조물을 날려버리지는 못한다. 캘리포니아에서는 차고에 들어 있던 소방차가 날아가 벽을 부수었다는 보고가 있다. 고베에서는 텔레비전이 누워 있던 사람의 머리 위를 날아 넘어갔다는 보고도 있지만, 이는 건물의 진동도 가세한 것이므로 지면의 진동 그 자체는 아닐 것이다. 이후 많이 설치되어 있는 강진계에 의해 지진의 가장 큰 파형 기록을 얻을 수 있기를 기대한다.

효고 현 남부 지진 시 아와지 섬의 노지마 단층 부근의 모습으로 중앙의 구멍에서 솟아올랐다가 떨어진 돌

■1   지진 시 땅 속에서 단층이 어긋나며 움직인 지역.

■2   지진동의 크기를 나타내는 척도. 일본에서는 기상청의 진도 계급을 사용하고
      있다. 과거의 진도 계급은 7단계였으나 1996년 4월부터 10단계의 진도 계급으로
      개정되었다. 26번 항목 참고.

■3   가속도의 단위로 지구의 중력 가속도는 약 980갈이다.

■4   진도를 측정하기 위한 지진계.

■5   1984년 일어난 지진으로 매그니튜드 6.9.

지진의 흔적

지진 특히 대지진이 일어난 결과 당시까지의 풍경이나 상황이 크게 달라진 사례[1]는 많이 있다. 일본에서도 도처에 지진이 발생했던 증거가 남아 있다.

간토 지진[2]의 경우 진원역에서 산사태와 땅 갈라짐 등 많은 지형 변화가 일어났다. 가나가와 현 하타노 시 남부에서 발생한 대규모 산사태로 구릉 사면에 웅덩이가 만들어지고, 흘러내린 토사가 소하천을 막아 표고 150m 지점에 면적 13,000m²의 호소가 출현하였다. 문인이자 과학자인 데라다는 이 호소를 신세이震生 호[3]라고 명명하였다. 신세이 호는 지금도 남아 있는 간토 지진의 흔적이다.

간토 지진으로 사가미 만 해안과 보소 반도 해안에서는 기반암이 1m 가까이 융기하였다. 지진 후 정신을 차리자 해안에 돌밭이 펼쳐져 있다거나 멀리 보이던 작은 섬 주위에 바위가 나타났다는 목격 사례가 적지 않다. 이런 해안 지역의 융기는 "지진 후 썰물이 빠진 채 돌아오지 않았다."라는 표현으로 전해지고 있다.

보소 반도에서는 반복하며 발생하는 대지진 때문에 토지의 융기가 거듭되어 해안 단구라고 부르는 지형이 만들어졌다. 약 6,000년간 대지진이 20~30회 발생하여 합계 20m 정도 융기했다고 추정하고 있다. 보소 반도의 해안 단구도 과거에 일어난 대지진의 흔적이다.

지진 단층은 대지진의 가장 좋은 흔적이다. 기후 현의 미도리 단층[4]이 그 대표로서 부근에는 어긋난 논두렁이 크게 구부러진 채 지금도 남아 있다. 효고 현 남부 지진 시 처음 파괴된 것으로 생각되는 아와지 섬의 노지마 단층은 일부를 건물로 덮어 지진 기념관으로 보존하고 있고 많은 관광객이 찾고 있다. 노지마 단층만큼 정비되어 있지는 않더라도 출현한 단층을 보존하고 있는 장소는 전국적으로 상당수 있다.

나가노 시의 젠코지 본당에는 젠코지 지진[5]으로 생긴 두 개의 상흔이 남아 있다. 하나는 본당 동쪽 입구에 서 있는 두 기둥 가운데 하나가 시계 방향으로 약 20° 뒤틀려 있다. 다른 하나는 정면을 향하여 왼쪽 구석 회랑의 기둥에 생긴 반원형 자국이다. 이 자국은 기둥 앞에 매달려 있던 종이 큰 진동 때문에 날아와 기둥에 부딪쳐 떨어지면서 생긴 자국이라고 전해지고 있다. 두 흔적 모두 현장에는 안내판이 없으므로 관광객은 대부분 알아차리지 못하고 지나쳐 버린다.

간토 지진 후 가나가와 현의 고이데 강변에 구舊 사가미 강의 교각이 나타나 현재는 주변 일대가 사적 공원으로 보존되고 있다. 현재의 사가미 강에서 동쪽으로 1.4km 떨어져 있는 이 곳은 가마쿠라 시대의 사가미 강 유로로서 교각도 당시의 것으로 추정된다. 이런 교각이 간토 지진으로 700년 만에 잠에서 깨어나 다시 지표에 노출되면서 사람들의 눈에 띄게 된 것이다.

기타이즈 지진[6]에서는 지면의 움직임을 보여 주는 흔적이 남아 있다.

이 지진으로 출현한 단나 단층은 당시 뚫고 있던 도카이도 철도의 단나 터널 안에 2.7m의 변위를 일으킨 것으로 알려져 있다. 터널 위쪽 160m의 지표면은 단나 분지로서 이곳에 최대 3m의 좌측 변위 단층이 출현하였다. 이즈 나가오카 마을의 초등학교 교정에 장식되어 있는 어뢰 표면에는 암석의 각진 부분에 긁힌 자국이 남아 있다. 이뢰는 안산암 받침대 위에 놓여 있었다. 무거워 움직이기 어려운 어뢰를 받침대 돌이 문지르며 새긴 복잡한 모양의 선이다. 진동이 작은 P파부터 큰 S파까지의 흔적을 확인할 수 있으며, 무거운 어뢰를 충분히 움직일 수 있는 큰 가속도가 있었음을 보여 주고 있다.

간토 지진과 여진에 의해 논에서 나타난 구 사가미 강의 교각_가마쿠라 시대에 사가미 강은 지금보다 동쪽으로 1.4km 떨어진 곳을 흐르고 있었다. 교각은 지진에 의해 7개, 그 후 3개가 더 발견되었다. 미나모토 요리토모(源賴朝)가 말을 타고 건너가다 강에 빠졌기 때문에 사가미 강 하류를 바뉴(馬入) 강이라고도 부른다. 어쩌면 이 교각 위를 미나모토 요리토모가 지나갔는지도 모른다.

:: 더 알아 보기_____

■1　풍경이 달라진다는 것은 토지의 융기나 침강, 단층의 출현, 산사태, 암벽 붕
　　괴 등에 의한 것으로 소위 지변(地變)이 일어난 것. 상황이 달라진다는 것은 주로
　　사람이 만든 것이 지진으로 무엇인가 변화한 것.

■2　1923년 9월 1일 발생한 매그니튜드 7.9의 지진으로 30번 항목 참고.

■3　최대 폭 85m, 길이 315m, 둘레 1,000m, 평균 수심 4m, 최대 수심 10m.

■4　1891년 노비 지진으로 출현한 단층으로 29번 항목 참고.

■5　1847년 발생한 매그니튜드 7.4의 지진으로 약 5,000명의 주민과 함께 전국
　　에서 찾아온 약 7,000명의 젠코지 참배객이 사망하였다.

■6　1930년 발생한 매그니튜드 7.3의 지진으로 단나 단층과 히메노유 단층이 출
　　현하였다.

지진과 화산의 궁금증 **100**가지

3장

/

화산 현상

과거의 화산 분화에서 배우다

/

화산의 분포 – 지구 편

지구상의 화산 분포를 보면 선상으로 분포하고 있는 화산과 점재하고 있는 화산이 있는데, 이런 차이는 왜 나타날까?

지구 표면을 덮고 있는 암석권(lithosphere)▪1은 지각과 맨틀 상부로 구성되어 있으며, 그 두께는 대륙에서는 100~150km, 해양에서는 그 절반 정도이다. 또한 암석권은 하나가 아니라 십여 개의 판으로 분할되어 있다. 암석권 밑에는 연약권(asthenosphere)▪2이라고 부르는 깊이 200km까지의 영역이 있으며 부분적으로 녹아 있다. 암석권은 연약권의 열대류 운동을 원동력으로 삼아 지구 표면을 연간 수 센티미터의 속도로 움직이고 있다.

세계 지도에 주요 화산(그림 중의 △표)을 표시하면 화산은 선상으로 늘어서며, 그 분포는 해령과 해구 부근에 집중하고 있다. 해령은 연약권으로부터 녹은 암석이 올라와 새로운 암석권을 생산하고 있는 장소이다. 해저에서는 틈 분화가 일어나거나 유동성이 큰 현무암질 용암이 대량으로 흘러나와 새로운 해양성 지각을 만든다. 반면에 해구는 해령에서 만들어져 이동해온 암석권이 다른 암석권과 충돌하며 다시 연약권으로 침강하고 있는 장소이다■3. 이곳에서는 침강한 해양성 지각이 맨틀 안에서 녹고, 이것이 마그마가 되어 지각으로 상승하여 안산암질 또는 현무암질 용암과 분출물로서 지표에 나타난다. 따라서 해령과 해구에는 많은 화산이 분포하게 된다.

이외에도 화산이 분포하는 중요한 장소로 열점이 있다. 열점은 연약권보다도 깊은 맨틀 심부로부터 고온의 물질이 국지적으로 지표를 향하여 서서히 상승(플룸■4이라고 함)하여 지표와 해저에서 솟아나오고 있는 지점을 가리킨다.

전 세계에 120개 정도의 열점(그림 중의 ●표)이 존재하며, 하와이와 아이슬란드가 가장 유명하다. 플룸은 지구의 중심핵에서 기인하는 현상이므로 암석권이 이동하더라도 플룸의 장소는 변하지 않는다. 즉, 열점으로 만들어진 지표의 화산은 암석권과 함께 이동해 버리지만, 플룸은 같은 장소에 있으므로 다음 시대에도 전과 같은 장소에 새로운 화산이 형성된다. 따라서 수천 만 년이라는 스케일에서 보면 열점을 기점으로 하는 화산열이 만들어진다.

그 전형적인 예로서 하와이 제도 · 미드웨이 제도 · 엠페러 해산군海山껫을 들 수 있다. 하와이 제도는 남동에서 북서 방향으로 늘어서 있으며, 그 남동단에 위치하는 하와이 섬이 플룸이 올라오고 있는 열점이다. 따라서 하와이 섬은 하와이 제도에서 가장 젊은 화산섬이며, 북서쪽으로 향하여 순차적으로 오래된 화산섬이 된다. 또한 이 배열을 통하여 태평양판이 북서 방향으로 이동하고 있는 것도 알 수 있다. 한편, 같은 열점에서 만들어진 엠페러 해산군은 남남동에서 북북서 방향으로 늘어서 있다. 이런 점으로 보아 태평양판이 4,200만 년 전■5까지는 현재의 운동 방향

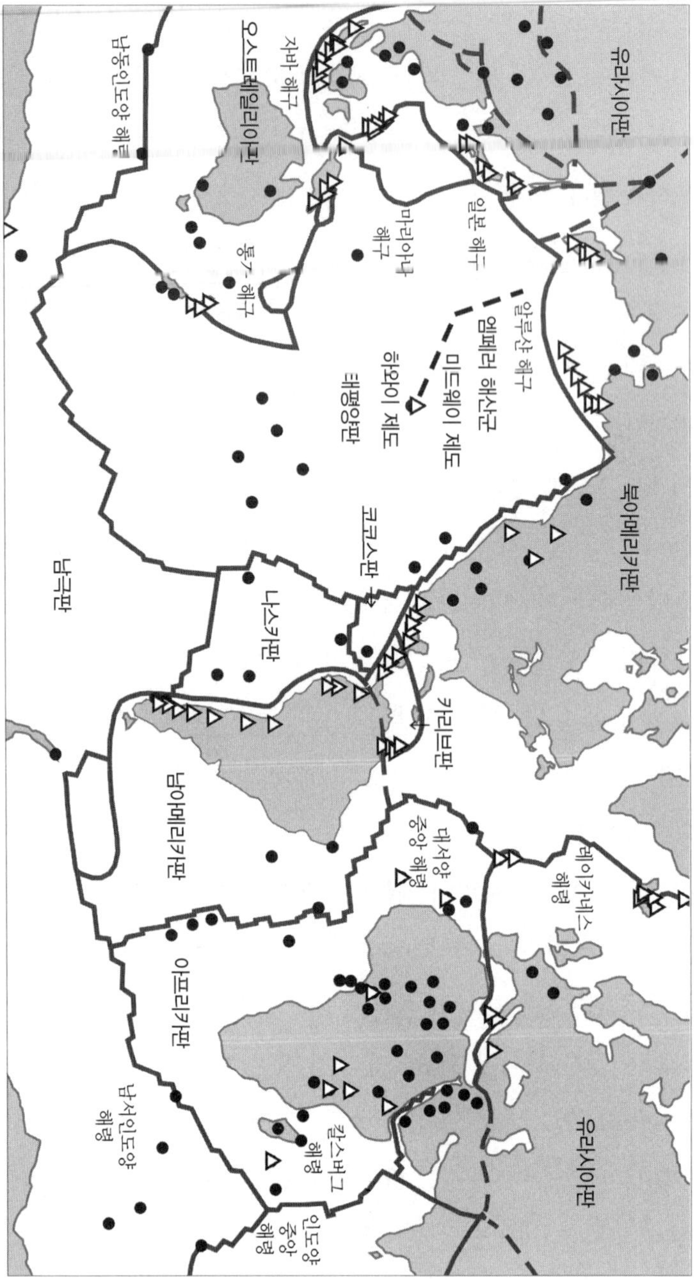

세계의 주요 화산(△), 열점(●) 및 판의 분포

유라시아판

남동인도양 해령

오스트레일리아판

자바 해구

일본 해구

마리아나 해구

통가 해구

알류샨 해구

엠페러 해산군

미드웨이 제도

하와이 제도

태평양판

북아메리카판

코코스판

나스카판

카리브판

중앙 해령

대서양

메이카제스 해령

남극판

남아메리카판

이프리카판

남서인도양 해령

칼스버그 해령

인도양 중앙 해령

유라시아판

보다 더 북쪽으로 치우쳐 이동하고 있던 것을 알 수 있다.

:: 더 알아 보기_____

■1 지구 표면을 덮는 판으로 지각과 맨틀 최상부로 이루어져 있다. 80번 항목 참고.

■2 암석권 아래에 있으며, 부분적으로 녹아 있다고 생각되는 영역이다. 80번 항목 참고.

■3 판의 침강을 서브덕션(subduction)이라고 한다.

■4 84번 항목 참고.

■5 현재의 하와이 섬 부근 해양판의 이동 속노와 엠페러 해산군까지의 거리를 토대로 추정한 값이다. 79번 항목 참고.

지진과 화산의 궁금증 100가지

화산의 분포 - 일본 편

화산은 왜 선상으로 늘어서 있을까? 또한 간사이와 시고쿠 지방에는 왜 화산이 없을까?

지도상에서 일본의 활화산■1 108개의 분포를 보면 화산이 열을 지어 늘어서 있다. 이 화산열의 동쪽 끝을 화산 프론트라고 한다. 또한 해구와 거의 평행한 위치에 화산이 분포하고 있다. 이들 화산을 치시마, 나스, 조카이, 노리구라, 후지, 다이센, 기리시마의 7개 화산대■2로 분류하기도 하는데, 이것은 화산을 지리적으로 구분한 것으로서 화산대마다 특징적인 화산 활동이 있는 것은 아니다.

일본은 이토이 강-시즈오카 구조선■3을 경계로 북쪽은 오호츠크판, 남쪽은 유라시아 판에 속한다. 또한 동쪽으로부터는 태평양판이 다가와 치시마 해구·일본 해구에서 침강하며, 남쪽으로부터는 필리핀판이 북진하여 난카이 해곡■4과 난세이 제도 해구에서 침강하고 있다. 더욱이 두 해양판끼리도 충돌하여 이즈·오가사와라 해구에서 태평양판이 필리핀판 밑으로 침강하고 있다. 이런 판의 침강을 섭입(subduction)이라고 한다. 따라서 일본은 복잡하게 판이 얽힌 섭입대에 해당한다.

맨틀 안으로 침강한 해양판은 구성 물질의 특성, 주위 온도와 압력 그리고 판 자체에 포함되어 있는 물의 영향을 받아 깊이 100km 정도에서 부분적으로 녹아 화산의 근원인 초생初生 마그마[5]가 만들어진다. 초생 마그마는 지표에 도달할 때까지 지각 중의 암석을 잡아들이거나 다른 마그마와 섞이면서 그 조성이 변화하는 것으로 알려져 있다. 또한 지표로 나온 용암과 화산 분출물의 조성을 비교하면 해구 쪽 화산은 알칼리 성분이 적은 마그마를, 해구에서 멀리 떨어진 화산일수록 알칼리 성분이 많은 마그마를 갖는 경향을 보인다.

일본의 화산 분포와 판의 관계로부터 동일본(홋카이도~동북~중부~간토~이즈·오가사와라 제도)과 서일본(산인~규슈~난세이 제도)의 화산은 각각 태평양판과 필리핀판의 침강과 관련된 섭입대형 화산이 된다. 각각의 화산마다 특유의 화산 활동을 보이지만, 침강하는 판에 의한 화산의 계통적인 차이는 보이지 않는다. 또한 하와이와 아이슬란드 같은 열점형[6] 화산도 아니다.

동북 지방에서는 태평양판이 30~40° 각도로 침강한다. 일본 해구에서 화산열까지의 거리는 250km이다. 반면에 규슈에서는 필리핀판이 60°의 큰 각도로 침강하며, 난세이 제도 해구에서 화산열까지의 거리는 150km이다. 이렇게 침강하는 각도와 해구에서 화산까지의 거리도 다르므로 동북 지방과 규슈 밑으로 판이 분포하는 깊이는 100km 전후에 달하고 있다. 즉, 판의 침강 각도와 해구로부터의 거리에 의해 화산이 만들어질 수 있는 범위가 결정되는 것이다.

규슈와 마찬가지로 필리핀판이 침강하고 있는 기이 반도에서 시고쿠 밑에 이르는 곳은 판의 침강 각도가 15° 이하로 완만하다. 따라서 시고쿠

밑에서는 판이 녹을 수 있는 깊이에 도달하지 못하므로 마그마가 만들어
지지 않는다. 그 결과 이 지역에는 화산이 생기지 않는다.

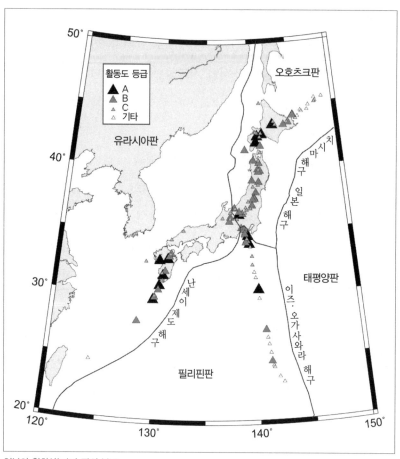

일본의 활화산(▲)과 판의 분포

■1 44번 항목 참고.

■2 화산학이 정립되기 시작할 무렵 일본의 화산 분포를 박물학적으로 분류한 명칭.

■3 니가타 현의 이토이 강에서 시즈오카에 이르는 단층 구조선으로 포사 마그나 (Fossa Magna)라고도 부른다.

■4 82번 항목 참고.

■5 47번 항목 참고.

■6 40번, 79번 항목 참고.

남극의 화산

얼음 대륙인 남극에도 화산이 있다고 하는데, 극도로 추운 지역에 왜 화산이 존재하는 것일까?

춥고 더운 기온의 변화는 지구 표면 부근의 현상인 반면에 화산 분화는 지구 내부에 있는 마그마가 지표로 분출하는 현상이다. 얼음 대륙에 화산이 있어도 이상할 것은 없다.

남극에서의 화산 분화를 처음으로 목격한 사람들은 영국의 제임스 로스[1] 일행이었다. 1843년 1월 28일 지금의 로스 해를 항해하고 있던 로스가 이끄는 두 척의 배[2]가 전방에 섬 그림자를 발견하였다. 접근해 보니 빙설로 덮인 채 나란히 서 있는 두 개의 산 가운데 서쪽 산에서 분연이 솟아오르고 있었다. 그들은 더 가까이 접근하여 산꼭대기에서 서쪽으로 붉은 용암이 흘러나오고 있는 것을 확인하였다. 눈과 얼음의 세계로만 생각되었던 남극에서 붉게 타는 용암의 유출을 보고 화산이 없는 나라에서 자란 로스 일행은 놀라움을 금치 못하였다. 로스는 배 이름을 따서 분화하고 있는 산을 에레버스, 동쪽 산을 테러라고 명명하였다[3]. 후일 이들 산이 있는 섬은 로스 섬으로 부르게 되었다.

1900~1915년 네 팀의 탐험대가 로스 섬에서 월동하였다. 어두워지면 산꼭대기에 화영火映[4]이 나타났다는 것으로 보아 그 자리에는 용암호가 존재했던 것으로 추정된다. 1908년에는 북서 산기슭의 빙하 속에서 수증기와 물기둥이 분출한 일이 있다. 빙하 밑으로 마그마가 분출하여 얼음을 녹이며 수증기 폭발로 이어진 것이다. 이렇게 빙하 바닥에서 일어나는 분화를 빙저 분화라고 부른다.

빙저 분화는 북극권의 아이슬란드에서도 확인된다. 두꺼운 빙하 밑으로 분출한 마그마는 주변의 얼음을 녹임과 동시에 급속하게 냉각되어 둥근 모양의 암괴로 변한다. 마그마가 분출을 계속하면 그 앞부분은 차례로 둥글게 잘린 암괴로 바뀌며 부근에 퇴적한다. 이런 암괴를 베개 용암[5]이라고 부른다.

1955년부터 산기슭에 관측 기지[6]가 세워져 에레버스 산을 매일 관찰할 수 있게 되었으나 활동은 멈춘 듯하였다. 그러다 1973년 에레버스 산이 다시 활동을 시작하였다. 산꼭대기에는 용암호가 나타나고 그곳에서 스트롬볼리식 분화[7]가 거듭되었다. 1984년에는 산꼭대기 부근 전역에 화산탄과 화산회가 떨어지는 큰 폭발이 있었으며, 용암호는 일시적으로 사라졌으나 곧 다시 출현하여 20년 이상이나 계속 존재하고 있는 보기 드문 화산이다.

남극 활화산의 특징 가운데 하나가 빙탑의 존재이다. 산꼭대기 부근의 분기 지대에는 분기가 동결하여 나무 같은 빙탑이 형성된다. 분기가 나오고 있는 동안은 속에 가는 구멍이 유지되어 빙탑은 계속 성장한다. 빙탑의 높이는 큰 것은 2~3m에 달한다. 로스 섬과 대륙 사이에는 맥머도 사운드(익곡)가 가로지르며, 크고 작은 화산섬이 점재하고 있다. 대륙에도 디스커버리 산, 모닝 산, 멜버른 산 등 화산[8]이 늘어서 있다. 폭발 기록은 없으나 산꼭대기 부근에 지열 지대가 있거나 빙탑이 늘어서 있고, 주변의 빙상에서 화산회 퇴적층이 확인되는 등 활화산의 존재를 나타내고 있다. 마리 버드 랜드에도 햄프튼 산, 베를린 산 등의 화산[9]이 점재한다. 모두 분화 기록은 없으나 부근 빙상에 화산회가 퇴적되어 있고 빙탑이 존재하는 등 현재도 활동하고 있는 화산이다.

남극 반도 끝 부근에도 해저 화산의 머리 부분이 해상으로 튀어나온 화산섬이 늘어서 있다. 그 가운데 말굽 모양의 디셉션 섬에 있는 칼데라 안쪽[10]은 천연의 항구로서 19세기부터 포경선과 수렵선이 이용하였다. 1967년 대폭발이 일어나 섬 안에 있던 세 개의 관측 기지는 모두 파괴되었다. 1969~1970년에도 몇 차례 분화를 반복했으나 이후 2003년까지는 분화가 일어나고 있지 않다.

에레버스 산꼭대기 부근의 빙탑군_각각의 높이는 2~3m이다.

:: 더 알아 보기_____

■1 1839~1843년 남극지를 발견하기 위하여 남극을 탐험하며, 많은 지리학적 발견을 이룩하였다.

■2 에레버스(Erebus) 호와 테러(Terror) 1호.

■3 에레버스 산 3,794m, 테러 산 3,262m.

■4 화구 안의 붉은 용암이 상공의 구름에 반사되어 산꼭대기 부근이 붉게 보이는 현상.

■5 베개 용암은 빙저 분화뿐 아니라 해저 분화에 의해서도 형성된다.

■6 미국의 맥머도 기지와 뉴질랜드의 스콧 기지(1979~1991년). 일본은 미국, 뉴질랜드와 공동으로 에레버스 산에서 지구물리학적 조사를 실시하여 분화 전후의 기록을 얻는데 성공하였다.

■7 57번 항목 참고.

■8 디스커버리 산 2,681m, 모닝 산 2,723m, 멜버른 산 2,590m.

■9 햄프튼 산 3,323m, 베를린 산 3,498m.

■10 포스터 만이라고도 부른다.

화산 지형

　일본의 화산을 지형 특성으로 분류하면 주요 유형으로 성층화산, 순상화산, 단성화산을 들 수 있다.

　성층화산은 여러 차례의 분화를 통하여 분출된 암석과 용암이 반복하여 쌓이면서 만들어진 화산으로서, 일본의 경우에는 대부분이 섭입대형 화산[1]이다. 대표적인 예가 후지 산이다. 또한 일본 전역에서 「○○ 후지」라고 불리는 많은 화산들도 성층화산에 해당한다. 그러나 후지 산 같이 아름다운 원추형 화산만이 성층화산은 아니다. 1888년 대분화로 인하여 말굽 모양으로 붕괴된 반다이 산, 산꼭대기에 칼데라[2]를 지닌 아카기 산, 꼭대기가 사라져 버린 다테 산, 많은 화구로 이루어진 기리시마 산 등 같은 성층화산이라도 각양각색의 모습을 보이고 있다.

　순상화산은 점성이 작은 현무암질 용암이 화구에서 흘러나와 만들어진 화산으로서, 이 명칭은 서양의 원형 방패를 눕혔을 때의 모습과 닮았다는 데서 유래한다. 대표적인 예가 하와이 섬의 마우나로아와 마우나케아이며, 일본에서는 미야케 섬을 들 수 있다.

　단성화산은 단 한 번의 분화 활동만으로 수 킬로미터의 작은 산체와 화구를 만들고 두 번 다시 분화하지 않은 화산으로서, 오가 반도, 이즈 반도, 주고쿠 지방에서 볼 수 있다. 해외의 잘 알려진 화산으로는 오아후 섬의 다이아몬드 헤드를 들 수 있다. 이 유형의 화산은 지각에 장력이 작용하고 있는 지역에서 만들어지고 있기 때문에 침강하는 해양판의 용융에 기인한 마그마가 아니라 맨틀 물질이 지하 심부에서 솟아올라와 만드는 것으로 생각된다.

화산의 또 다른 유형으로 용암돔과 칼데라를 들 수 있다. 용암돔은 홋카이도 시코츠 칼데라의 다루마에 산, 아오모리의 이와키 산, 군마의 하루나 산 등 많은 화산에서 볼 수 있다. 특히 우수 산에 인접한 쇼와신 산[3]이 유명하다.

일본에서는 다양한 규모의 칼데라를 볼 수 있다. 예를 들면, 소규모 칼데라를 지닌 굿다라 화산, 광대한 칼데라를 지닌 아소 산[4], 가고시마 만의 아이라 칼데라, 일본 최대의 굿샤로 칼데라 등이 있다. 칼데라는 대분화로 화구부가 날아가 버린 경우와 마그마가 대량으로 배출되어 마그마방이 비게 되자 산체가 함몰되면서 만들어지는 것으로 생각된다. 그러나 이런 광대한 칼데라가 한 번의 분화 활동으로 만들어졌는지, 수차례에 걸친 분화 활동의 결과 현재 모습이 되었는지 또는 대규모 칼데라를 만든 화산 활동이 장래에 다시 일어날지 등을 규명하기 위해서는 지속적인 연구 조사가 필요하다.

성층화산_사츠마후지라고 불리는 가이몬다케, 앞쪽은 칼데라인 이케다 호

순상화산_하와이 섬의 마우나로아

단성화산_오아후 섬의 다이아몬드 헤드

칼데라_미국 오레곤 주의 크레이터 레이크

:: 더 알아 보기_____

■1   판의 침강대에서 기인하는 화산으로 40번 항목 참고.

■2   화산체 중앙부에 형성된 큰 함몰 지형.

■3   63번 항목 참고.

■4   아소 칼데라의 크기는 동서 방향 18km, 남북 방향 25km에 이른다.

44

불을 뿜는 산과 뿜지 않는 산
– 산과 화산의 차이

지구상에는 수많은 산■1이 존재하는데, 이들 산은 모두 분화로 만들어
졌을까?

지구 표면의 지반은 판 운동으로 항상 힘을 받고 있다. 큰 힘을 받은 지
반이 그 힘을 견딜 수 없게 되면 스스로를 파괴하거나 변형시켜 그 힘을
해소한다. 이 파괴가 지진이며, 그 흔적이 단층으로 남는다. 또한 변형을
습곡이라고 한다. 단층 운동과 습곡 운동으로 형성된 산이 히말라야와
알프스이다. 세계에서 가장 높은 에베레스트 산■2이 있는 히말라야 산맥
은 북진하는 인도판이 유라시아판과 충돌하며 일으킨 단층 운동과 습곡
작용으로 형성되었다. 이 두 판의 충돌은 현재도 진행되고 있다. 판 운동
에 기인하는 습곡 운동은 광역에 걸쳐 일어나므로 하나의 산이 아니라
산맥을 형성하게 된다.

한편, 지하 심부에서 상승한 마그마가 화구를 통하여 지표로 분출하고,
차곡차곡 쌓여 지형적으로 솟아오른 것이 화산이다. 화산을 과거에는 활
화산, 휴화산, 사화산으로 분류하였다■3. 그러나 지금은 휴화산과 사화
산이라는 용어는 사용하지 않는다. 이것은 화산 분출물 조사와 화산 분

출물에 매몰된 나무의 연대를 정확하게 측정할 수 있게 되어 많은 화산에서 상세한 과거의 활동사가 밝혀졌기 때문이다.

예를 들면, 화산에는 사쿠라지마같이 빈번하게 분화하는 화산과 우수산같이 수십 년 간격으로 분화하는 산이 있는 반면에 수백 년 또는 1,000년이나 2,000년에 한 번밖에 분화하지 않는 화산, 수천 년에서 수만 년의 휴지기를 사이에 두고 활동을 재개하는 화산이 있음을 알게 되었다. 따라서 최근에는 '과거 2,000년간 분화했던 화산 및 현재 활발하게 분기 활동을 하는 화산'으로 정의했던 활화산을 국제적인 표준에 맞추어 '과거 10,000년간 분화했던 화산 및 현재 활발하게 분기 활동을 하는 화산'으로 수정하였다.

그 결과 일본에서는 86개였던 활화산이 108개[4]로 늘어났다. 더 나아가 과거 분화 활동의 빈도, 규모, 양식을 활동 정도에 따라 수치화하여 A급(13개), B급(36개), C급(36개), 기타(23개)로 분류하였다. 단, 이것은 과거의 화산 활동에 근거한 것이므로 현 시점에서 분화의 임박함을 나타내는 것은 아니다. 따라서 수백 년부터 수천 년 간격의 장기적인 의미에서의 활화산은 장래 분화할 가능성이 있다고는 해도 오늘이나 내일 당장 분화할 가능성은 매우 낮다고 할 수 있다.

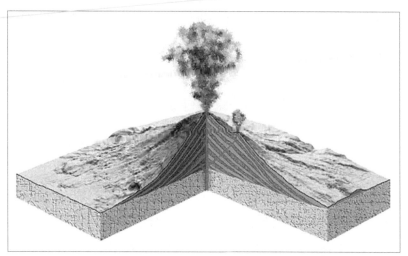

성층화산의 단면 모식도

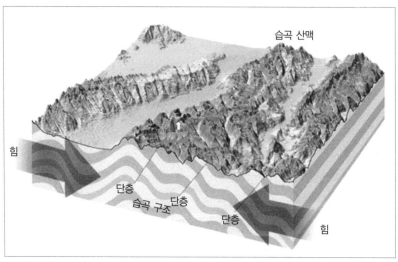

습곡 산맥의 단면 모식도

:: 더 알아 보기_____

■1　1989년 국토지리원 소속「산의 높이에 관한 위원회」는 다음과 같이 설명하고 있다. 산이란 지표면이 높고 크게 솟아오른 것으로서, 바라본 느낌으로 하나의 산의 범위를 정한다. 산에는 하나의 정상에 사면이 모인 단순한 것이 있는가 하면 다수의 봉우리와 정상을 갖고 있어 전체의 총칭으로서의 산 이름과 부분적으로 봉우리나 산꼭대기마다 별개의 산 이름을 지닌 것도 있다.

■2　에베레스트를 구성하고 있는 암석은 해저에서 만들어진 퇴적암이다. 이 퇴적암이 단층 운동과 습곡 운동으로 지금과 같은 높은 장소까지 밀려 올라온 것이다.

■3　사화산은 역사 시대에 분화 기록이 없는 화산, 휴화산은 역사 시대에 분화 기록이 있으나 현재는 활동하지 않는 화산, 활화산은 현재 활동하고 있는 화산이라는 의미로 사용되고 있다.

■4　41번 항목 참고.

화산 분화의 종류와 프로세스

화산 분화는 어떤 현상일까?

화산 분화는 지하에서 올라온 마그마에 기인하며, 화구로부터 지하의 물질이 급격하게 분출하는 현상이다. 마그마는 비휘발성 물질과 휘발성 물질로 이루어져 있으며, 비휘발성 물질은 식으면 암석으로 변한다. 마그마에 포함된 휘발성 물질을 화산 가스라고 부르는데, 화산 가스란 도대체 어떤 것일까?

화산 지대에는 유황 특유의 냄새가 난다. 이 냄새는 화산 가스에 포함된 황화수소나 이산화황에 의한 것으로 그 양은 미미하다. 화산 가스는 수증기가 전체의 95%를 차지하고 있다.

마그마가 지표에 접근함에 따라 마그마 안의 가스는 분리되어 발포 현상[1]이 일어난다. 더욱이 좁은 화도를 통과하여 화구에 다다르면 급격한 압력 감소로 단열 팽창이 일어나 단숨에 체적이 증가한다. 따라서 휘발성 물질이 많이 포함되어 있는 마그마일수록 폭발적인 분화를 일으키기 쉬우며, 휘발성 물질이 적은 마그마는 폭발적인 분화로 이어지지 않는다. 즉, 휘발성 물질의 대부분을 차지하는 수증기가 분화 양식을 결정하는 중요한 역할을 하고 있다.

마그마의 점성에 따라 그 팽창 정도가 달라진다. 점성이 큰 마그마는 휘발성 물질이 마그마로부터 충분히 분리되지 않기 때문에 지표 부근에서 폭발적으로 팽창하여 격렬한 분화를 일으킨다. 반면에 점성이 작은 마그마는 지표에 도달하기 전에 휘발성 물질이 분리되고, 남은 마그마는 용암류가 되어 분출하게 된다. 이렇게 분화 프로세스는 매우 복잡하여 실제 분화를 충분히 설명하는 것은 쉽지 않다.

매우 고온인 마그마가 상승하면 대수층[2]의 지하수가 덥혀진다. 이로 인하여 수증기가 발생하고 압력이 증가한다. 주전자에 물을 넣고 가스난로로 물을 끓이는 것과 같은 상황이다. 충분히 물이 끓으면 주전자 꼭지에서 수증기가 힘차게 솟아오른다. 이 수증기가 화구에서 분출하면 수증기 폭발이라는 현상이 된다. 수증기 폭발은 수증기와 함께 주위 암석의 파편과 화산회가 방출되지만, 지하수를 가열한 마그마가 직접 분출한 것은 아니다.

이번에는 가스 난로 위에서 충분히 가열된 빈 주전자에 물을 떨어뜨린 상황을 생각해 보자. 주전자에 떨어진 물은 튀어 오르며 폭발적으로 수증기가 발생한다. 즉, 마그마가 지하수에 직접 닿았을 때의 현상으로 폭발적인 수증기 마그마 폭발이 발생한다. 이런 종류의 폭발이 발생하면 수증기뿐 아니라 분화를 일으킨 마그마도 동시에 화구로부터 방출된다. 따라서 마그마가 매우 얕은 장소까지 상승하여 본격적인 분화가 시작되는 것을 의미한다.

세 번째는 마그마 폭발이다. 이 폭발은 마그마에 본래 포함되어 있는 휘발성 물질이 발포하여 폭발하는 현상으로 수증기 마그마 폭발과 마찬가지로 지하에서 올라온 마그마가 관여하는 본격적인 분화이다. 일반적으로 분화 규모는 수증기 마그마 폭발이 가장 크고, 마그마 폭발이 그 뒤를 이으며 수증기 폭발이 가장 작다.

마그마가 직접 관여하는 수증기 마그마 폭발과 마그마 폭발일지라도 분화의 모습은 다양하다. 대표적인 예로 뷰여을 거의 일정하게 계속 분출하는 플리니식 분화[3], 간헐적으로 용암 분천[4]을 일으키는 스트롬볼리식 분화[5], 돌발적으로 강한 폭발을 반복하는 불칸식 분화[6], 유동하는 용암을 분출하는 아이슬란드 및 하와이식 분화, 화산쇄설류의 발생이 현저한 펠레식 분화 등을 들 수 있다. 이들 명칭은 이런 분화 모습을 잘 보여 주는 화산이나 지역에서 유래되었다.

또한 마그마의 암질에 의해서도 분화 양식은 변한다. 마그마의 암질은 분화로 방출된 암석과 화산회를 조사하여 판단한다. 일반적으로 현무암질 마그마는 휘발성이 낮아 용암류를 분출하는 분화를 일으키는 수가 많으며, 대표적인 예로서 이즈오오 섬의 미하라 산과 미야케 섬을 들 수 있다. 반면에 점성이 큰 안산암질 마그마는 용암을 만드는 경우도 있으나 폭발적인 분화를 일으키는 수가 많다. 사쿠라지마와 우수 산 등 활동적인 화산의 대다수가 안산암질 마그마이며, 분화를 일으키면 매우 위험하므로 주의가 필요하다.

■1   고온, 고압의 마그마 안에 녹아 있던 휘발 성분(수증기 등)이 감압과 온도 저하로 인하여 더 이상 녹아 있는 상태를 유지하지 못하고 기포가 되는 현상.

■2   지하에 잠재하는 물을 대량으로 갖고 있는 지층.

■3   57번 항목 참고.

■4   용암이 분수같이 뿜어 올라오는 현상.

■5   57번 항목 참고.

■6   57번 항목 참고.

「화산쇄설류」란

화산 분화로 화산쇄설류가 발생했다는 이야기를 들을 수 있는데, 도대체 화산쇄설류는 어떤 현상일까?

화산쇄설류는 화구에서 분출한 마그마의 파편이 600℃ 이상의 고온 가스와 일체가 되어 최고 시속 100km 이상의 속도로 산기슭을 흘러내리는 현상이다. 화산쇄설류가 지나간 자리는 모든 것이 파괴되고 불타버린다.

화산쇄설류가 처음으로 세상에 알려진 것은 1902년 서인도 제도 마르티니크 섬의 펠레 산에서 분화[1]가 일어났을 때이다. 일본에서는 많은 희생자를 낳은 1991년 6월 운젠 후겐다케의 대참사를 계기로 화산쇄설류의 위력이 널리 알려지게 되었다. 화산쇄설류는 화산 재해 가운데 가장 큰 피해를 가져온다.

일반적으로 화산쇄설류는 분연 붕괴형[2]과 용암 붕락형[3] 두 종류가 있다. 전자는 분화와 함께 발생하는 화산쇄설류이며, 후자는 운젠 후겐다케처럼 고온의 용암돔[4]이 붕락할 때 발생하는 화산쇄설류이다. 인도네시아의 메라피 화산[5]은 빈번하게 화산쇄설류를 일으키는 것으로 유명한데, 대부분 후자의 유형에 속한다.

운젠 후겐다케의 분화 시 정상 부근의 화구에서 점성이 큰 용암이 서서히 나오며 용암돔을 만들었다. 지하로부터 용암이 장기간 공급되면서 용암돔이 성장하여 화구원을 용암으로 채웠다. 용암이 멈추지 않고 계속 공급되었기 때문에 용암돔은 화구 동쪽 가장자리를 타고 넘어 동쪽 사면으로 뻗어 나왔다. 뻗어 나온 용암돔의 일부는 자체 무게를 감당하지 못하고 중력 불안정 때문에 마침내 대규모로 무너져 버렸다. 이 붕괴로 인하여 고온의 암체는 잘게 부서지고 내부에 갇혀 있던 고온의 가스가 한꺼번에 분출했으며, 양자가 일체가 되어 계곡을 따라 흘러내렸다. 붕락형 화산쇄설류가 발생한 것이다.

만일 운젠 후겐다케의 화구가 더 커서 용암돔이 그 안에서만 성장했다면, 용암이 대규모로 붕락하지 않았을 것이고, 따라서 화산쇄설류도 발생하지 않았을 것이다. 또는 1792년의 분화처럼 산기슭에 화구가 출현했다면, 중력 불안정으로 인한 용암돔의 붕락도 규모가 줄어들었을지 모른다.

그런데 운젠 후겐다케의 분화가 일어나기 몇 해 전에 다른 유형의 화산쇄설류 분화가 홋카이도에서 발생하였다. 바로 1988~1989년에 일어난 도카치다케의 분화이다. 산기슭의 화구에서 소규모의 분화가 일어났으며, 이에 동반하여 분연 붕괴형 화산쇄설류가 발생하였다. 분화 시기가 마침 겨울이어서 산이 눈으로 덮여 있었기 때문에 고온의 화산쇄설류에 의해 눈이 녹게 되면 토석류로 인한 재해 발생도 우려되었다. 그러나 다행스럽게도 발생한 화산쇄설류가 소규모였기 때문에 토석류의 규모도 크지 않았다.

화산쇄설류는 특별한 분화 현상은 아니다. 지질학적 조사와 연구를 통하여 일본의 많은 화산에서 과거 수만 년 사이에 운젠 후겐다케보다 훨씬 큰 규모의 화산쇄설류가 여러 차례 발생했던 것이 밝혀졌다.

화산쇄설류에 휘말리면 목숨을 잃게 된다. 따라서 화산쇄설류기 흘러내릴 가능성이 있는 하류역에는 접근하지 않는 것이 중요하다. 또한 화산쇄설류 분화에만 국한된 것은 아니지만, 융설기에는 투석류료 인한 2

성장하는 운젠 용암돔

운젠 용암돔이 무너져 내리며 발생한 화산쇄설류

차 재해의 위험이 있으므로 화산체에서 떨어져 있더라도 그 하류역에서는 충분한 주의가 필요하다. 이렇게 화산체 주변의 재해는 조직적으로 대책을 강구해야 한다.

:: 더 알아 보기 _____

■1   1902년 5월 펠레 산 정상에서 산골짜기로 열운(熱雲)이 20m/s의 고속으로 흘러내려 6~7km 떨어진 생피에르 시가지 대부분과 항구에 정박하고 있던 선박을 불태워 28,000명의 목숨을 앗아갔다.

■2   화구에서 솟아오른 분연이 붕괴되며 발생하는 유형.

■3   분출하여 부풀어 오른 용암이 무너져 내리며 발생하는 유형.

■4   용암원정구라고도 한다. 43번, 53번 항목 참고.

■5   1673년 분출한 용암류의 말단이 붕괴되며 화산쇄설류가 발생하여 3,000명이 희생되었다.

「마그마」란

화산이 분화하면 화구로부터 용암과 가스가 분출한다. 이 가운데 용암처럼 고온의 액체 상태로 화구에서 방출된 후 식어 암석으로 변하는 것이 있다. 이런 분출물은 지하 심부에서 새롭게 공급된 것으로 이들을 총칭하여 마그마[1]라고 부른다.

지표에는 화구가 있고 지하에는 마그마가 모여 있는 마그마 방이라고 부르는 장소가 있는 것으로 생각된다. 그리고 마그마 방과 지표의 화구를 연결하고 있는 것이 화도라고 부르는 마그마의 통로이다. 하나의 화산에 여러 개의 화구가 있듯이 마그마 방도 하나만 존재하는 것이 아니라 여러 개 있는 것으로 생각된다. 화산 밑에는 지하 심부로부터 공급된 마그마가 모여 있는 근원 마그마 방이 있으며, 근원 마그마 방으로부터 더 얕은 지각 안의 다른 마그마 방으로 마그마가 공급된다. 분화는 근원 마그마 방이 직접 관여하는 것이 아니라 얕은 장소에 있는 마그마 방이 관여하고 있다.

그러면 도대체 어디에서 근원 마그마 방으로 마그마가 공급되는 것일까? 예를 들면, 태평양판은 일본 해구에서 침강하여 깊이 100km 부근에서 그 일부가 맨틀의 열 때문에 녹는다. 이 용융체[2]는 주위 맨틀 물질보다 비중이 작으므로 부력이 생겨 상승하다가 지각과 맨틀의 경계인 모호면 부근[3]에서 일단 멈춘다[4]. 다시 주위 지각과의 밀도[5] 차이로 인하여 충분한 시간을 들이며 지각을 구성하고 있는 암석의 균열을 따라 서서히 상승한다. 그리고 지각 안에 밀도가 균형을 이루는 장소에서 주위 암석의 일부를 녹이면서 다시 마그마 방을 형성한다[6].

이런 식으로 지각 안에는 여러 개의 마그마 방이 생긴다. 그러나 마그마 방의 존재가 과학적으로 완전하게 증명된 것은 아니다. 여러 조사와 연구에 의해 "마그마 방이 있을 것이다"라고 추정은 할 수 있으나 결정적인 자료는 아직 갖고 있지 않다. 유전이 지하 암석의 틈 사이에 매장되어 있듯이 마그마도 암석의 틈 사이에 그물 모양으로 모여 있을 것으로 생각된다. 유전을 시추기로 파듯이 마그마 방도 시추기로 검증할 수 있으면 좋겠지만, 가장 얕은 곳의 마그마 방도 깊이가 수 킬로미터이므로 막대한 비용이 든다. 더욱이 마그마가 고온이기 때문에 시추 장비가 도중에 녹아버릴 가능성도 있어 좀처럼 실현하기 어렵다. 따라서 마그마 방이 무리라면 중간의 화도를 검증하려는 시도가 최근 운젠 후겐다케에서 진행되고 있으며, 그 결과에 기대를 걸고 있다.

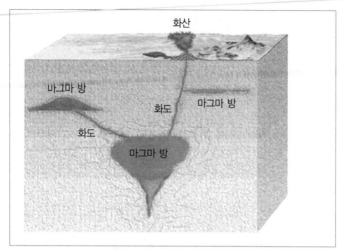

화산 바로 밑의 마그마 방과 화도의 모식도

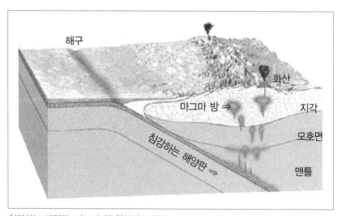

침강하는 해양판, 마그마 및 화산의 모식도

■1   마그마는 지하에 존재하며 고체보다는 용융체로 생각할 수 있다. 냉각되어
암석으로 변하는 불휘발성 물질과 수증기나 가스로 방출되는 휘발성 물질로 구
성되어 있다. 조성은 화산에 따라 다르며, 같은 화산이라도 분화하는 시기에 따
라 달라지기도 한다.

■2   이런 마그마를 초생 마그마라고 한다.

■3   깊이 30~40km.

■4   이때의 마그마 조성은 현무암질이라고 한다.

■5   비중과 밀도는 거의 같은 의미이나 액체(맨틀 안의 마그마)는 비중을, 고체(지
각 안의 마그마)는 밀도를 사용하는 경우가 많다.

■6   화산이 분화할 때는 깊이 수~십 수 킬로미터의 얕은 장소에 있는 마그마 방
이 관여하는 것으로 생각된다. 또한 마그마는 영원히 용융체로 존재하는 것이 아
니라 지하 심부로부터 마그마 공급이 멈추면 최종적으로는 식어 굳어버린다.

마그마와 용암은 어떻게 다를까

    화산 분화 뉴스에서 마그마와 용암이라는 용어를 듣게 되는데, 마그마와 용암은 어떻게 다를까?

    지구는 고체 암석으로 이루어져 있지만, 맨틀■1 상부에 부분적으로 존재하는 마그마와 외핵■2의 구성 물질은 용융 상태(액체)에 있다. 지하 심부에 있는 마그마가 상승하여 지표로 분출하는 현상이 분화이다. 분화에 의해 점성 유체 상태로 지표로 분출한 마그마를 용암이라고 부른다. 마그마는 맨틀 상부에서 열을 받아 암석이 부분적으로 녹아 만들어지는 것으로 생각된다. 마그마의 열원으로는 판의 침강에 의한 마찰열과 방사성 에너지를 추정하고 있다. 그러면 왜 마그마는 상승하는 것일까?

    용융 상태가 된 암석(마그마)은 이동하기 쉽고 주위 암석보다 밀도가 작기 때문에 부력으로 상승하기 시작한다. 마그마가 지표로부터 수 킬로미터 깊이까지 상승하면 주위 암석과의 밀도 차가 작아져 부력이 작아지므로 멈추며 마그마 방을 만든다. 지하 심부로부터 마그마의 상승과 유입이 계속되면 마그마 방 내부의 압력이 높아진다. 그러면 상부에서는 다시 마그마가 상승하는데, 어떤 원인■3으로 마그마 방 내부의 압력이 내려가면 마그마에 녹아 있던 물과 탄산가스 등 휘발성 성분이 발포하기 시작한다. 발포가 시작되면 마그마 안에 틈이 생기고 표면 밀도[4]가 낮아진다. 따라서 다시 부력이 생기고 지표까지 도달하여 폭발하며 분화를 일으킨다.

분화는 분연噴煙의 상승으로부터 시작되는 수가 많은데, 이것은 화산가스[5]의 급격한 발포로 작은 폭발이 일어난 것이다. 분연이 흰색인 경우는 대부분 수증기이나 회색 혹은 검은 색이면 화산쇄설물[6]을 많이 포함하고 있다.

발포와 폭발로 인하여 마그마는 산산이 부수어져 공중으로 분출한다. 마그마에 포함된 휘발성 성분이 많으면 발포가 촉진되어 폭발 에너지가 커진다. 마그마는 가루가 되어 공중으로 방출되며 화산회와 화산탄이 되어 지표에 퇴적된다. 화산탄과 큰 화산쇄설물은 화구 주변에 쌓여 원추형의 작은 산을 만들 수 있는데, 이런 화산체를 화산쇄설구[7]라고 부른다. 마그마에 포함된 휘발성 성분이 그다지 많지 않아 산산이 부수어진 마그마가 하늘 높이 방출되지 못한 경우에는 화산쇄설물과 공기가 뒤섞여 큰 덩어리를 이루며 고속으로 산기슭을 흘러내린다[8]. 마그마에 포함된 휘발성 성분이 적으면 폭발력이 약하므로 용암이 되어 조용히 흘러나온다.

용암의 유동은 용암의 온도와 점성[9]에 의해 결정된다. 점성은 용암에 포함된 규산의 양이 70% 정도이면 크고, 50% 정도이면 작아진다. 점성이 크면 물엿처럼 끈적끈적하게 흐르며, 작으면 물처럼 줄줄 흐른다. 하와이 화산의 용암은 현무암질로 점성이 작고 온도도 1,200℃로 가장 높아 용암은 산기슭을 흘러내려 바다까지 도달한다. 이즈오오 섬과 후지

분화 양식(현상)	예	마그마의 성질			주요 암석
		온도	점성	SiO₂	
			소		
얇은 용암류	하와이	1200℃		50%	현무암
화산회, 화산탄의 방출, 용암류	이즈오오 섬 후지 산	1100℃			
화산회, 화산탄·경석 방출, 화산쇄설류, 두꺼운 용암류	아사마 산 사쿠라지마 운젠다케	1000℃	60%		안산암
용암돔	우수 산 쇼와신 산	900℃	70%		석영안산암 유문암
			대		

천정이 무너진 용암 동굴에 다른 용암이 흘러들어가 있다.

산의 용암도 현무암질로 온도는 1,100℃ 정도이며, 일본의 화산 가운데 가장 잘 흐르는 용암을 분출하고 있다. 아사마 산과 사쿠라지마의 용암은 안산암질로 규산의 함유량은 60%이며, 온도는 1,000℃ 정도로 멀리까지 흐르지 못한다. 용암류는 표면 형태의 특징에 의해 파호이호이, 아아, 괴상 세 유형으로 구분된다. 표면이 매끄러운 파호이호이 용암, 발포로 인하여 표면이 거친 아아 용암은 모두 하와이 원주민의 용어이다. 그리고 일본에서도 잘 볼 수 있는 것이 다면체의 암괴로 덮여 있는 괴상 용암이다.

:: 더 알아 보기_____

■1   67번 항목 참고.

■2   71번 항목 참고.

■3   예를 들면 고압으로 인하여 지표에 이르는 가스의 통로가 생기는 것.

■4   다공질의 경석이 물에 뜨는 것과 같다.

■5   휘발성 성분의 70~80%는 물이며, 탄산가스는 수 %에서 많게는 십 수 % 정도.

■6   화산력과 화산탄같이 공중으로 방출된 마그마의 암편.

■7   화산쇄설구를 만든 화구에서 분화가 반복되며 일어나면 퇴적물이 늘어나 성층화산으로 성장해 간다.

■8   이것이 화산쇄설류로 가장 무서운 화산 재해이다.

■9   용암처럼 점착력이 있고 흐르듯이 변형되는 물질을 일반적으로 점성 유체라고 부른다.

용암호와 마그마 방

용암호[1]는 화구 안에 형성된 마그마 못으로 크더라도 직경이 수백 미터이다. 용암호를 모든 화산에서 볼 수 있는 것은 아니며, 현무암질 용암[2]을 분출하는 화구에서만 볼 수 있다.

지하 심부에서 형성된 고온의 마그마는 부력에 의해 단단한 암반의 틈을 따라 상승하여 화산체 바로 밑 수 킬로미터 지점에 모여 큰 집합체를 만든다. 이 집합체를 마그마 방이라고 부른다. 마그마 방은 화산체 바로 밑에 숨어 있으므로 육안으로 직접 볼 수는 없지만, 대부분의 화산체에 존재하는 것으로 생각된다. 심부로부터 마그마가 계속 상승하여 마그마 방의 질량과 압력이 커지면 마그마는 화도[3]를 따라 상승하기 시작한다. 마그마의 상승이 계속되면 화구에서의 분화로 이어진다.

상승한 마그마가 화구 바닥에 도달하면 분출하여 화구 안을 채운다. 이것이 용암호이다. 마그마의 상승이 계속되면 용암호의 마그마는 식어 굳어지지 않고 용융 상태로 장기간 존재한다. 화구 안에 마그마가 가득 차면 때로는 화구 밖으로 흘러넘친다. 용암호가 출현한 화산으로 일본에서는 이즈오오 섬[4]이 알려져 있다. 1951년 분화가 그 예로서 중앙 화구에서 밖으로 용암이 유출되었다.

용암호 표면은 낮에는 거무스름하게 고결되어 보이지만, 야간에는 멀리서도 화구 주변이 붉게 보이고 주변의 구름도 반사하여 붉게 보인다. 또한 야간에 산기슭에서 보았을 때 화구 주변이 밝으면 화구 안에 용암호가 있는 것이다.

하와이 섬[5]은 화산섬이며, 최고봉 마우나로아는 4,000m를 넘는다. 하와이 섬은 섬 전체가 현무암질 용암으로 이루어져 있는 순상화산이므로 표고는 높아도 평평한 모양을 하고 있다. 하와이 섬은 태평양 중앙 해역에 분출하여 만들어졌기 때문에 수심 6,000m의 해저로부터 해수면 위 4,000m까지 솟아 있다. 심해 평원으로부터의 높이는 10,000m에 달하므로 에베레스트 산을 능가하는 세계에서 가장 높은 산이다.

현재 하와이 섬에서는 남동부에서 분화가 일어나고 있다. 분출한 용암은 사면을 흘러내려 용암 평원을 만들고, 용암이 흘러들어가는 해안에는 수증기가 자욱하게 솟아오르고 있다. 분화가 일어나고 있는 킬라우에아의 이키 화구에서는 때때로 용암호가 형성되기도 한다. 이는 하와이 관광의 하이라이트이다.

북대서양에 위치하는 아이슬란드, 아프리카의 니이라공고 산[6], 남극의 에레버스 산[7]도 산꼭대기 화구에 용암호가 존재하는 것으로 알려져 있다. 에레버스 산에서는 용암호가 10년 이상이나 존재하고 있었다. 하와이 섬을 포함하여 이들 네 화산은 거의 90° 간격으로 늘어서 있다. 이 화산들은 모두 지하 심부의 열점에서 생성된 마그마가 판을 뚫고 분출하여 화산체를 이룬 예이다.

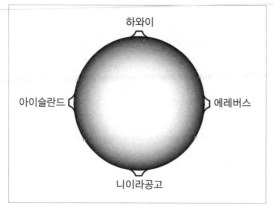

90° 간격으로 분포하는 열점형 현무암질 용암을 분출하는 네 화산

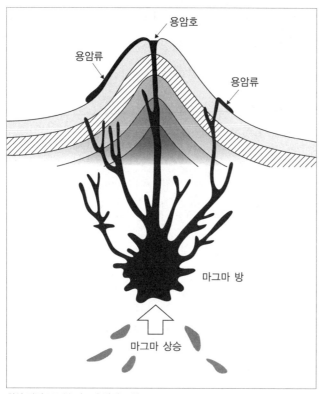

화산 단면으로 본 마그마 방의 모식도

■1 용암호는 lava lake의 번역어로 실제로는 호소만큼 크지는 않다.

■2 점성이 작아 잘 흐르는 성질이 있다.

■3 마그마 방에서 분화구로 이어지는 마그마의 통로.

■4 야간에 산꼭대기 부근이 갑자기 밝아지는 「고진카(御神火)」라고 부르는 화영 현상을 볼 수 있다.

■5 현재 킬라우에아(표고 1,222m)에서 분화가 계속되고 있다.

■6 표고 3,469m.

■7 남극 로스 섬에 위치하는 표고 3,794m의 화산. 42번 항목 참고.

용암 동굴과 용암 수형

후지산 기슭에는 용암 동굴과 용암 수형이 나타나는데, 이들은 어떻게 만들어질까?

용암 동굴과 용암 수형은 흐르기 쉬운 용암에 의해 만들어진다. 1,000℃ 이상의 고온이며 점성이 작은 현무암질 용암은 흐르기 쉬워 물엿이나 꿀처럼 산기슭을 흘러내린다. 특히 점성이 낮은 하와이의 용암은 '줄줄'이라고 표현할 수 있을 정도로 잘 흐른다. 900℃로 온도가 낮고 점성이 높은 용암은 흐르기 어려워 분출하면 그 자리에서 돔 모양으로 굳는다.

화구에서 분출한 흐르기 쉬운 용암은 소의 혀 같은 모습으로 서서히 산기슭을 흘러내린다. 용암의 표면은 냉각되어 검게 변색되며 굳어지지만, 내부의 용암은 고온인 채 유동성을 유지하고 있으므로 계속 흘러간다. 표면의 고결이 진행되면 굵은 용암 파이프가 형성되는데, 분출이 계속되면 용암은 파이프 안을 계속 흐르게 된다. 용암 분출이 멈추고 흐름이 약해지면 용암류 앞쪽의 흐름도 멈추고 그곳에서 고결되지만, 파이프 안의 상류 쪽은 용암이 흘러내려가 버리므로 공동화된다. 그 결과 용암 동굴이 출현한다. 직경 수 미터의 큰 동굴이 있는가 하면 1m 정도의 작은 동굴도 있다.

용암 동굴의 천장과 측면에는 용암이 고드름이 되어 종유석처럼 매달려 고결되거나 바닥으로 방울져 떨어져 고결된다. 이들을 각각 용암 종유석, 용암 석순이라고 부른다.

하와이와 마찬가지로 이탈리아의 에트나 화산■1 산꼭대기 부근에도 유출한 용암이 다양한 오브제를 만들어 관광 자원이 되고 있다. 후지 산■2 의 북쪽 산기슭 아오키가하라 용암 위에 발달한 숲 속에도 많은 용암 동굴이 분포하고 있다. 시마네 현의 다이콘 섬은 오래된 현무암질 화산섬이다. 섬에는 용암 동굴이 있어 이것 역시 관광에 도움을 주고 있다.

한편, 점성이 작아 잘 흐르는 용암이 나무를 감싸면 나무는 타거나 탄화되며 줄기 모양이 공동이 되어 남는다. 이것이 용암 수형이다. 용암류가 흘러가버리고 용암류가 낮아지면, 나무에 달라붙어 고결된 용암이 기둥 모양으로 남는다. 하와이의 킬라우에아에서는 이런 용암 수형 숲을 볼 수 있다.

용암류가 흘러가버리지 않고 고결된 용암 벌판이 출현하는 경우에는 나무는 타고 그 자리에 작은 구멍이 만들어진다. 이런 세로 방향의 작은 구멍도 용암 수형이라고 부른다. 또한 쓰러진 나무를 용암류가 감싸면 쓰러진 나무의 용암 수형도 만들어진다. 용암 수형의 안쪽 벽면에는 나무 표면의 모양이 명료하게 남아있기도 한다.

용암 수형도 일본에서는 후지 산 북쪽 산기슭에서 잘 볼 수 있다. 그 가운데는 신사의 신체神体로 취급되는 용암 수형도 있다. 아사마 산의 북쪽 산기슭에 나타나는 수직 공동도 용암 수형이라고 부르고 있지만, 이 공동은 화산쇄설류로 만들어졌기 때문에 엄밀하게는 용암 수형은 아니다. 1783년 8월 4일 발생한 화산쇄설류가 거목들이 밀생하고 있던 삼림을 덮쳐 완전히 매몰시켰는데, 나무들은 고온으로 소실되고 나무 모양의 수지 구멍만 남은 것이다.

에트나 화산의 정상 부근에 발달한 용암 동굴

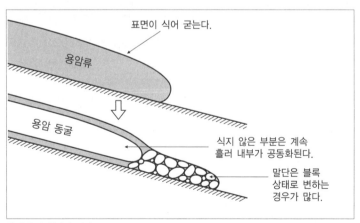

용암 동굴 형성의 개념도

:: 더 알아 보기_____

■1   표고 3,350m. 직경 2m부터 20~30m까지 많은 용암 동굴이 분포하고 있다.

■2   후지 산의 용암 동굴. 빙혈(氷穴) 또는 풍혈(風穴)로 불리며 천연 냉장고로 여
   름에도 얼음이 남아 있다.

51

화산 때문에 발생하는 지진
- 화산성 지진

"화산성 지진이 하루에 수회 발생하였다."든가 "화산성 미동이 관측되었다."라는 말을 들을 수 있는데, 어떤 현상일까?

화산성 지진의 발생은 분화의 전조가 되는 수가 많다. 따라서 화산 활동이 활발해지면 기상청에서 화산 활동 정보를 제공하며 언론에 의해 보도된다. 내륙의 단층이나 해역의 해구와 관련하여 발생하는 구조성 지진[1]과 구별하여 화산과 그 주변에서 발생하는 지진을 화산성 지진이라고 부른다.

이렇게 구별하는 것은 화산성 지진은 발생 메커니즘이 구조성 지진과 다른 경우가 많아 화산체 내부에서 일어나는 각종 현상을 반영한 여러 특징적인 진동을 보이기 때문이다. 화산성 지진의 분류 방법은 다양하나 여기에서는 A형 지진, B형 지진, 폭발 지진, 화산성 미동, 저주파 지진의 다섯 유형으로 구분한다.

① A형 지진은 일반 지진처럼 지하 수 킬로미터에서 발생하는 단층 운동에 의한 파괴 현상으로서, P파와 S파를 명료하게 식별할 수 있는 것이 특징이다.

② B형 지진은 A형 지진보다 지진파의 주기가 길고, P파와 S파의 식별이 곤란한 경우가 많다. 발생하는 깊이도 수 킬로미터 이내로 얕은 것이 특징이며, 지하에서 발생한 체적 변화[2]에 기인하는 것으로 생각된다.

③ 폭발 지진은 폭발식 분화 발생 시 관측되는 지진이며, 분화의 도화선이 되는 것으로 생각된다. B형 지진과 마찬가지로 화도를 위쪽으로 밀어올리는 연직 방향의 체적 변화 과정에서 발생하는 지진이다.

④ 화산성 미동은 B형 지진과 같은 깊이에서 발생하며, 지하의 가스나 용융체의 이동[3]에 기인하는 것으로 생각된다. 진동 시간이 긴 지진파가 특징이다. 일반적으로 활발한 화산 활동기에 관측된다.

⑤ 저주파 지진은 A형이나 B형 지진으로 분류되지 않는, 화산의 얕은 영역에서 발생하는 지진이다. 비교적 진동 주기가 길다.

이외에도 최근 지하 30km의 깊은 장소에서 매우 낮은 저주파 지진이 발생하고 있음이 밝혀져 이 지진과 화산 활동이 어떤 관련이 있는지에 대한 연구가 이루어지고 있다. 또한 이렇게 분류된 지진과 화산의 지하에서 일어나고 있는 현상 사이의 관계를 보다 명확히 하기 위한 연구 역시 진행되고 있다.

그런데 이들 화산성 지진과 화산 활동 사이에는 어떤 관계가 있을까? 화산성 지진의 빈발은 분화의 전조인 경우가 많아 화산 분화 예지[4]의 한 방법으로 사용되고 있다. 화산에는 보통의 산과 다름없을 만큼 온건한 기간과 활발한 화산 활동을 보이는 기간이 있다. 가령 화산이 조용하다고 해도 분기나 지열 활동은 있다. 이 기간에는 화산성 지진은 거의 발생하지 않으며, 간혹 A형 지진이 관측되는 정도이다. 그러나 이 기간은 다음 활동기의 준비 단계로 생각할 수 있다.

화산의 활동도가 높아지면 A형 지진의 발생 횟수가 증가하고, B형 지
진과 저주파 지진이 관측된다. 화산이 더욱 활동적이 되면 화산성 미동
이 관측된다. 이 단계가 되면 분화가 우려되기 때문에 언론을 통하여 화
산의 활동 정황이 보도되는 경우가 많다. 활동이 소강 상태인 채로 끝나
는 경우도 있으며, B형 지진, 저주파 지진, 화산성 미동이 빈번하게 발생
하면서 분화로 이어지는 경우도 있다. 따라서 언론 보도에 주의를 기울
이며 화산의 활동 상황을 파악할 필요가 있다.

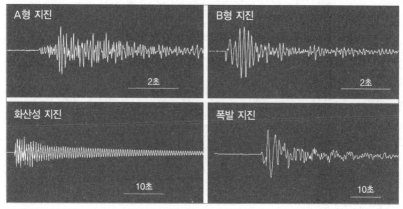

화산성 지진의 파형

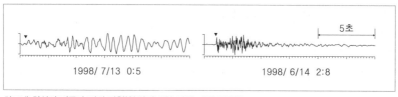

하코네 화산의 저주파 지진 파형(왼쪽)과 A형 지진 파형(오른쪽)

:: 더 알아 보기 _____

■1   단층 운동에 의해 일어난 파괴. 해구형 지진이라고도 한다.

■2   글자 그대로의 의미로 가스가 팽창하거나 마그마의 상승으로 체적이 증가하
     는 현상을 가리킨다.

■3   지하에 잠재하고 있는 마그마 방의 진동. B형 지진이 연속적으로 일어나는
     현상도 확인된다.

■4   2000년 3월 우수 산 분화에서 28일의 지진 빈발 직후 주민에게 피난 권고가
     발령되고, 전 주민이 피난을 마친 31일부터 분화가 시작되었다. 3번 항목 참고.

화산에서는 어떤 관측을 하고 있을까

화산에서는 여러 가지 관측을 하고 있다는데, 어떤 관측을 하고 있을까?

일본의 화산 가운데 활동적인 20개 화산[1]은 기상청이 24시간 태세로 감시, 관측하고 있다. 또한 대학과 국가 연구 기관도 화산 관측을 실시하고 있다. 일반적으로 화산 연구는 지질학적 방법, 지구화학적 방법, 지구물리학적 방법으로 분류할 수 있다.

지질학적 방법은 화산의 지층과 암석을 조사하여 과거 분화의 규모와 양식, 마그마의 성질 등을 밝힐 수 있다. 또한 분화 시 화구로부터 방출된 분출물을 조사하여 수증기 폭발인지 마그마 폭발인지 등을 알 수 있다.

지구화학적 방법은 지하수(온천수)와 화산 가스를 분석하여 화산 활동의 변화를 추측한다. 온천수의 용출량과 온도, 분출하는 가스의 양과 성분을 연속적으로 기록하고 있다.

지구물리학적 방법은 지진 관측[2], 지각 변동 관측, 중력 관측, 열 관측, 전자기 관측, 인공 위성에 의한 관측 등 다양한 수단을 사용한다. 또한 현재 화산에서 일어나고 있는 현상을 밝히고, 화산 관측의 중요한 목적의 하나인 마그마에 관한 정보를 얻어 화산 활동의 추이를 예측한다.

지각 변동 관측으로는 광파 측량[3], GPS 측량[4], 수준 측량[5], 경사계[6]와 신축계[7]에 의한 지면 경사와 신축을 관측한다. 관측한 변동 분포로부터 변동을 일으킨 마그마 방의 위치, 형상, 크기를 추정할 수 있다.

지하 심부로부터 마그마 방에 마그마가 공급되면 압력이 증가하여 화산체는 융기, 팽창한다. 반대로 분화로 인하여 마그마가 방출되고 마그마의 공급이 줄어들면 마그마 방의 압력도 감소하여 화산체는 침강, 수축한다. 이렇게 지각 변동 관측은 마그마의 상태를 파악하는 데 빠뜨릴 수 없는 관측이다.

중력 관측을 통하여 지하의 물질 분포를 추정할 수 있다. 관측을 반복하면 마그마 방으로의 마그마 공급, 화산체의 균열과 화도로 새로운 마그마의 관입에 동반되는 중력 변화를 검출할 수 있다. 이것은 마그마의 거동을 추정하는 데 도움이 된다.

분화에 동반하여 방출되는 에너지는 대부분 열에너지로 간주할 수 있다. 따라서 열 관측에서는 분연의 양, 속도, 온도를 측정하여 분화 활동 에너지의 시간적 추이와 규모를 평가한다. 또한 마그마가 상승하면 지온[8]이 이상치를 보이며, 새로운 화구가 형성될 때는 분화 전에 주변의 지온이 상승할 것으로 예측된다. 따라서 적외선 방사 온도계를 사용하여 화구와 분기 지대의 온도 변화를 검출한다.

전자기 관측의 하나로 지구 자장의 세기(전자력)를 측정한다. 마그마가 식어 암석으로 변할 때 암석은 지구 자장 방향으로 자기를 띠게 된다. 반대로 온도가 600℃ 정도가 되면 암석의 자기는 대부분 사라진다[9]. 마그마가 상승하면 주위의 암석은 고온 상태가 되므로 열소자熱消磁되어 전자력이 감소하게 된다. 즉, 전자력 추정은 지하 열 상태의 지표가 된다. 또한 열소자가 일어나고 있는 깊이를 추정함으로써 마그마의 위치 변화를 알 수 있다. 이외에 지표면의 두 지점 간의 전압을 측정하기도 한다[10]. 화산 지대의 지하수(열수) 이동에 동반하여 전압이 변하는 성질을 이용하면 지하수의 유동 방향과 그 세기의 변화를 검출할 수 있다.

지금까지 소개한 관측과 측정은 지상에서 실시하는 것이며, 최근 인공위성과 항공기를 사용한 리모트 센싱이 활발하게 이루어지고 있다. 위성과 항공기를 사용하는 이점은 광역 관측을 반복하여 실시할 수 있는 점이다. 예를 들면, 화산의 지표면에서 방사되는 적외선을 관측하여 화산의 열 상태를 측정할 수 있다.

또한 간섭 합성 개구 레이더[11]를 사용하면 지상 관측으로는 측정 지점에서만 측정할 수 있던 지각 변동을 면(面)적으로 측정할 수 있다. 이런 새로운 인공 위성 기술을 이용하여 활동적인 화산이나 지상 관측이 충분하지 않은 화산의 활동을 모니터링하고 있다. 화산을 알기 위해서는 이렇게 다양한 관측을 꾸준히 실시하는 것이 중요하다.

■1 도카치다케, 다루마에 산, 우수 산, 반다이 산, 아사마 산, 이즈오오 섬, 미야
     케 섬, 아소 산, 운젠다케, 사쿠라지마 등.

■2 51번 항목 참고.

■3 레이저로 두 지점 간의 거리를 측정한다.

■4 인공 위성으로부터 전파를 수신하여 두 지점 간의 거리를 측정한다.

■5 두 지점 간의 높이(엄밀하게는 비고)를 측정한다.

■6 지면의 경사 변화를 측정하는 장치.

■7 지면의 늘어나고 줄어드는 정도를 측정하는 장치.

■8 지표면에서 지하 수 미터까지의 온도.

■9 열소자를 가리킨다. 열소자가 일어나는 온도를 퀴리점이라고 부른다.

■10 자연 전위 관측이라고 한다.

■11 간섭 SAR이라고도 한다.

화산이 만든 아름다운 지형

화산은 인간에게 커다란 재해와 함께 혜택도 준다. 아름다운 일본의 풍경에는 화산 활동의 기여가 크다.

화산 분화 현상은 지하 심부로부터 상승하는 마그마에 의해 발생한다. 고온, 고압의 마그마가 지구 내부에서 압력이 낮은 지표 부근으로 올라오면 감압 효과로 인하여 마그마의 용융체■1로서의 성질이 크게 변화한다.

마그마는 암석이 걸쭉하게 녹은 용융체이지만, 물과 이산화탄소 등 휘발성 성분도 포함되어 있다. 마그마가 지표 부근까지 상승하여 압력이 내려가면 휘발성 성분이 기체로 바뀌며 마그마에서 빠져나오려고 한다. 이 상태를 발포라고 한다. 휘발성 성분의 비율이 낮은 마그마는 폭발로 지표면에 나타나더라도 용융체 상태이다.

지표로 분출한 마그마는 용암이라고 한다. 후지 산의 864년 분화에는 흘러나온 용암이 지금의 아오키가하라를 메워 하나였던 호소를 쇼진 호와 사이 호로 나누었다. 그 후 아오키가하라 용암평원 위에 풀이 자라고 조금씩 식물이 늘어나 지금의 임해林海로까지 성장한 것이다. 마그마의 점성이 높으면 분출한 용암은 흐르지 못하고 돔 모양의 용암돔■2을 만든다. 1944~1945년 우수 산 산기슭에 출현한 쇼와신 산■3은 대표적인 사례이다.

마그마에 포함된 휘발성 성분의 비율이 높으면 마그마는 급격한 발포로 인하여 잘게 부서져 고온의 화산성 가스와 함께 분출한다. 분출한 쇄설물과 고온의 가스는 화산쇄설류■4가 되어 흘러내린다. 또한 더 작은 쇄설물로 변한 마그마는 고온의 가스와 함께 상승하여 수천 미터 높이의 분연주를 만들고, 바람에 의해 확산되며 멀리까지 화산회를 떨어뜨린다. 간토 지방에는 간토 롬(loam)■5이라고 부르는 지층이 있는데, 이것은 반복적인 분화로 분출한 화산회가 퇴적된 것이다.

동일한 화구에서 분화가 반복되며 일어나면 용암과 화산쇄설물이 층상으로 퇴적되며, 화구를 중심으로 점점 높아져 성층화산■6이 형성된다. 후지 산이 대표적인 예이다. 눈으로 덮이면 그 아름다움이 '흰 부채를 거꾸로 세워 놓은 것 같다'고 일컬어질 정도이다.

화산 분화가 계속되면 마그마로 가득 차있던 지하는 공동이 되므로 지표면이 함몰하여 칼데라라고 부르는 큰 웅덩이가 출현한다. 아소 산과 하코네 산, 도와다 호가 잘 알려진 칼데라이다. 하코네 칼데라에서는 가미 산과 고마가다케가 중앙화구구를 이루고, 칼데라 안에는 센고쿠하라 습원과 아시노 호가 출현한다. 칼데라 바깥쪽에는 긴도키 산과 묘진가다케 등이 외륜산으로 늘어서 있어 아름다운 화산의 전형을 보여 준다.

화산에서 마그마 분출을 동반하지 않고 화산 가스만 분출하는 분화도 자주 일어난다. 이런 분화를 수증기 폭발이라고 부르며, 일반적으로 큰 폭발로 이어지지는 않는다. 그러나 약 1,000년 만에 발생한 1888년 반다이 산 분화■7는 초대형 수증기 폭발이었다. 북쪽으로 이류가 하천을 막아 히바라 호를 비롯한 크고 작은 호소를 만들었으며, 오늘날 반다이 산 배후의 아름다운 경관은 유명 관광지가 되었다.

온천과 지열도 화산 활동에 따른 혜택이다. 분화는 같은 천재지변인 지진에 비하여 단시간에 훨씬 큰 지형 변화를 일으킨다. 분화 직후의 용암 벌판은 황량한 경관이지만, 결국 그곳에 식생이 자라고 새롭게 만들어진 호소는 물로 가득 찬다. 화산이 만들어내는 이런 자연 경관과 도처에서 솟아나오는 온천이 일본인의 정신 문화에 끼친 영향은 헤아릴 수 없다. 자연을 사랑하는 일본인의 마음은 이런 일본의 화산 경관에서 태어났다고 해도 과언이 아닐 것이다.

기리시마 연봉_다카치호노미네와 앞쪽의 화구는 신모에다케

20세기 후반부터 특히 주목하고 있는 것이 지열 발전이다. 고온, 고압의 수증기를 분출시켜 그 열로써 터빈을 돌려 발전에 성공하고 있다. 이탈리아와 뉴질랜드에서는 대규모 지열 발전이 실용화되었다. 일본에서도 이와테 현 마쓰가와와 오이타 현 오오다케 등 여러 곳에서 실용화되었다.

:: 더 알아 보기_____

■1 물엿이나 꿀처럼 녹아 형태가 변하기 쉬운 물질.

■2 43번 항목 참고.

■3 63번 항목 참고.

■4 46번 항목 참고.

■5 간토 지방 일대의 대지와 구릉을 덮고 있는 화산회층. 적갈색으로 점토화된 경석층을 포함하고 있다. 제4기에 하코네, 후지, 아사마 등의 화산에서 분출된 것이다.

■6 43번 항목 참고.

■7 수증기 폭발로 산체가 크게 붕괴되었으며, 이류가 인근 촌락을 메워 461명의 사망자를 낳았다.

화산과 온천

온천은 화산 지대에서만 솟아날까?

화산국인 일본은 화산으로부터 받은 혜택 가운데 하나로 예로부터 온천이 풍부하여 현재 전국에 1,980곳의 온천지가 있다고 한다. 1948년 제정된 온천법을 근거로 온천은 「지중에서 용출하는 온수, 광천수 및 수증기, 기타 가스(탄화수소를 주성분으로 하는 천연 가스는 제외) 가운데 ① 온천원에서 채취했을 때 온도가 25℃ 이상, ② 온천에 녹아 있는 특정 물질(19종) 성분 중 하나가 한계치 이상일 것」으로 정의하고 있다. 참고로 25℃라는 온도는 일본의 평균 기온에서 도출된 값이다. 또한 25℃ 이하라도 ②를 만족시키면 온천(광천)이 된다.

온천은 지하수와 열원이 필요하다. 지하수는 빗물이 땅속 깊숙이 침투하여 단층 파쇄대[1] 같은 지중의 틈이나 지하수를 포함하기 쉬운 지층(투수층)에 저류된다. 저류된 지하수는 장기간 순환한다. 예를 들면, 후지 산에서 지하수 용출수의 연령은 50살이다. 따라서 지하의 보다 깊은 장소의 지하수 연령[2]은 헤아릴 수 없다. 온천에 필요한 또 다른 요인인 열원은 지구 내부에서 생성, 축적된 열에너지이다.

화산 지대는 화산 활동으로 인하여 지하의 지층이 파쇄되어 균열이 잘 발달한 암석으로 구성되어 있으므로 지하수가 저류하기 쉬운 조건을 갖추고 있다. 더욱이 지각의 얕은 장소에는 마그마 방[3]이 있으므로 이것이 열원으로서 지하수를 충분히 가열시키며 동시에 마그마에 포함되어 있는 수증기와 가스 성분이 지하수와 섞인다. 가열된 지하수가 지하 수맥을 순환하며 주위의 지하수를 2차적으로 가열할 수도 있다. 따라서 화산 지대에서는 온천수가 지표면의 틈에서 저절로 솟아나오고, 파더라도 비교적 얕은 곳에서 지하 수맥(온천맥)에 도달할 수 있다. 화산의 원천인 마그마의 수명은 수만~수십만 년이라고 생각되므로 인간 사회와 비교하면 반영구적 열원이다. 단 자연 현상이므로 온천의 온도 변화와 온수의 양적 변동은 발생한다. 또한 지하수를 펌프 같은 기계로 과잉 채수하는 등 인위적 요인에 의해 온수의 양이 줄어들거나 온도가 내려가는 경우도 있다.

최근 인근에 화산이 없는 지역에서도 온천을 볼 수 있다. 지하수는 단층 파쇄대나 투수층이 있으면 저류되지만, 열원은 어떻게 된 것일까? 태양 복사 에너지에 의해 지구 대기의 온도는 변화하지만, 지하에 주는 영향은 극히 미약하여 지하 20m가 되면 온도는 거의 일정하다. 따라서 지구 내부의 열에너지가 주요 에너지원이 된다. 일반적으로 지구 내부의 온도는 깊이와 함께 증가한다. 화산 지대에서는 더 급하겠지만, 깊이 1km당 평균 지온 구배[4]는 25℃ 정도이다. 즉, 깊이 1km 지점의 온도는 25℃, 깊이 2km에서는 50℃가 되는 것이다. 단순하게 생각하면 깊이 1km까지 뚫어 그곳에 지하수가 있다면 온천을 찾아낸 것이 된다. 단, 여기에는 굴삭에 막대한 비용이 들며, 자분自噴 가능성도 낮으므로 펌프로 지하수를 끌어올려야 한다. 이 경우에도 화산 지대와 마찬가지로 온수의 양은 감소하거나 고갈할 수 있다.

또한 온천의 온도와 성분에는 지역 차가 있다. 특히 화산 지대의 온천은 보통의 지하수에 마그마 성분을 포함한 수증기와 가스가 대량으로 섞여 있으므로 비화산 지대의 온천과는 크게 다르다.

온천 이외에 화산 지대에서 볼 수 있는 것이 청정 에너지로 주목받고 있는 지열 발전■5이다. 화력 발전은 발전기의 터빈을 돌리기 위하여 중유나 석탄 등 화석 연료가 사용되지만, 지열 발전은 지하 심부에서 올라오는 열수와 증기가 갖고 있는 열에너지를 이용하고 있기 때문에 이산화탄소의 배출량이 화력 발전의 400분의 1 정도이다.

북알프스 렌게 온천의 노천 목욕탕

■1 단층 운동으로 파쇄된 지층. 많은 소단층에 의해 형성되며 암석의 균열로 인하여 틈이 많은 상태가 된다.

■2 비와 눈으로 내린 물이 지하수가 되고 다시 지상에 솟아오를 때까지의 시간.

■3 49번 항목 참고.

■4 지하의 온도는 깊어질수록 상승한다. 이런 온도 상승의 정도를 평균적으로 나타낸 값.

■5 일본에서는 18개(1997년 현재)의 지열 발전소가 가동되고 있으며, 총 발전량은 50만kW이다. 1.5만kW는 인구 20만 도시에 공급되는 전력량이다.

다양한 화산 재해

화산 분화에 동반하여 광범위한 피해를 가져오는 화산 재해로는 용암류, 화산쇄설류, 화산이류 등을 들 수 있다. 화산 재해는 화산의 분화와 폭발 그 자체보다도 이로 인하여 방출된 대량의 분출물[1]에 의해 일어난다.

1983년 10월 3일 이즈의 미야케 섬[2]은 21년 만에 분화하였다. 분출한 용암의 총량은 500만m³, 화산 분출물은 700만m³로 어림잡고 있다. 서쪽으로 흘러내린 용암은 해안에 위치한 섬에서 가장 큰 아코 마을의 400채 가까운 가옥을 완전히 매몰시켰는데, 다행히 주민 1,907명은 전원 무사하였다. 용암류는 하루에 수백 미터의 속도였기 때문에 피난에 필요한 시간적인 여유가 있어 장소만 있으면 피난은 충분히 가능하였다. 따라서 가옥 피해는 있어도 희생자는 나오지 않았다.

화산쇄설류의 무서움은 아사마 산[3]의 1783년 덴메이 대분화와 1902년 서인도 제도의 펠레 산[4] 분화로 잘 알려져 있다. 화산쇄설류에 물이 더해지면 화산 이류가 발생하는 일도 있어 피해는 더욱 커진다. 화산쇄설류와 화산 이류는 시속 수십 킬로미터 때로는 100km를 넘는 속도로 덮쳐오기 때문에 도망치는 것은 거의 불가능하다.

1985년 11월 13일 남아메리카 콜롬비아의 네바도델루이스 산[■5]이 분화하며 발생한 이류는 25,000명의 사망자를 낳은 대제해가 되었다. 네바도델루이스 산은 안데스 산맥의 최북단에 위치하며, 정상에는 산악 빙하가 발달하고 있다. 분화로 발생한 화산쇄설류는 산악 빙하 위로 퍼지며 빙하를 녹였다. 융빙수를 포함한 화산쇄설류는 이류로 바뀌었으며, 흐르는 도중에 급경사의 사면에서 속도가 가속되어 이류의 규모를 키우면서 하류의 취락을 덮쳤다. 화구에서 동쪽으로 50km 떨어진 아르메로 시에서는 이류가 야간에 덮친 것도 더해져 인구 29,000명 가운데 21,000명이 희생되었으며, 건물의 90% 이상이 매몰되거나 떠내려가는 대참극이 일어났다.

1980년 5월 18일 미국 워싱턴 주에서 일어난 세인트헬렌스 산의 분화는 산의 모습을 크게 바꾸었다. 같은 해 3월 27일 123년 만에 분화를 개시했으나 화산 활동은 부침을 반복하며 진정 국면을 향하고 있었다. 그러나 그 사이에도 마그마는 계속 상승하여 산의 북사면은 육안으로도 분명히 보일 정도의 속도로 팽창하였다. 그리고 매그니튜드 5.1의 화산성 지진이 도화선이 되어 부풀어 오른 북사면이 붕괴하였다.

산체의 붕괴로 인하여 산체 내부에 가득 차있던 가스와 수증기의 압력이 감압되며 일거에 방출되었다. 대규모 수증기 폭발이었다. 산꼭대기 부근에서는 거대한 분연주가 피어오르고 서풍에 실린 화산회는 미국 전역으로 퍼졌다. 산체 붕괴로 발생한 화산 폭풍은 붕괴한 암설 애벌런치와 일체가 되어 북사면을 휩쓸고 지나갔다. 길목에 있던 삼림은 전부 쓰러지고 아름답던 하곡은 30km 이상이나 두께 수십 미터의 퇴적물로 메워졌다. 또한 화산 폭풍으로 62명의 사망자가 나왔다. 붕괴 후 산꼭대기는 400m나 낮아지고 후지 산처럼 아름답던 산체 북쪽에는 직경 2km의 말굽형 하구가 만들어졌다.

화산 지대에서는 이산화탄소와 황화수소에 의한 가스 중독도 주의가 필요하다. 1986년 8월 21일 밤 9시 아프리카 서부 카메룬에서는 니오스 호[6]에서 분출된 유독 가스에 의해 인근 주민 1,700명과 가축 3,000마리가 사망하는 사건이 발생하였다. 니오스 호에서 흘러나온 가스는 남풍을 타고 북쪽 골짜기를 따라 점재하는 마을을 잇달아 소리도 없이 덮쳤다. 호소에 가장 가까웠던 니오스 마을에서는 1,200명의 주민 가운데 생존자는 6명뿐이었다. 화구호 바닥에서 원인을 알 수 없는 화산 활동이 일어나 유독 가스가 발생한 것은 틀림없다. 카메룬에서는 1984년에도 다른 화구호에서 같은 사건이 일어났다.

화산섬과 해저 화산의 폭발로 인하여 일어난 쓰나미 때문에 큰 피해가 발생하는 수도 있다. 표고 2,000m의 섬이 사라져버린 1983년 인도네시아 순다 해협의 크라카토우 섬의 분화에서는 붕괴된 산체가 바다로 흘러들어가 쓰나미를 발생시켰다. 최대 파고 35m의 쓰나미가 인도네시아의 많은 섬들을 덮쳐 165개 마을을 흔적도 없이 휩쓸어갔으며, 36,000명 이상의 익사자를 낳았다. 현재의 섬(813m)은 1930년에 탄생하였다.

:: 더 알아 보기_____

■1 용암류, 화산쇄설류, 화산이류, 화산성 가스 등.

■2 섬 중앙에 위치한 오 산(표고 814m)의 남서사면 500m 지점에서 틈 분화가 발생했으며, 높이 수십 미터 괴상 용암이 서쪽과 남남서쪽으로 흘러내렸다. 용암 분출은 4일 오전에 거의 멈추어 분화 활동은 십 수 시간 정도로 종료되었다. 틈 분화는 분화구가 하나가 아니라 여러 개가 선상으로 늘어서거나 글자 그대로 일 직선의 틈으로부터 분출하는 분화를 가리킨다.

■3 59번 항목 참고.

■4 46번 항목 참고.

■5 에스파냐어로 설산을 의미한다. 표고 5,399m, 설선의 높이는 4,800m.

■6 표고 1,200m 길이 1,930m, 깊이 220m의 화구호.

인공 지진으로 본 화산의 구조

화산체의 지하는 어떻게 생겼으며 또 어떻게 조사할 수 있을까?

분화로 방출된 암석과 용암의 지질학적 또는 암석학적 연구를 토대로 화산체 지하 구조의 모습을 파악할 수 있게 되었다. 이 모습을 보다 구체적인 구조 모델로 만들기 위해서는 물리량[1]을 구하는 조사 방법에 의해 화산체 구조를 밝힐 필요가 있다. 이런 방법의 하나로 인공 지진에 의한 구조 탐사[2]를 들 수 있다. 이 탐사는 국가가 추진하는 화산 분화 예지 계획의 연구 사업으로 채택되어 1994년 이래 매년 한 개의 화산[3]을 대상으로 전국의 대학과 연구 기관이 협력하여 실시하고 있다. 목적은 화산체의 지하 구조를 밝히는 것이며, 특히 마그마 방[4]의 검출을 기대하고 있다.

지금까지 탐사로 얻은 많은 화산체에 공통적인 특징은 그림 1에서 알 수 있듯이 기반층에서 지진파 속도[5]가 빠른 영역이 부풀어 올라 있는 점이다. 기반층 위에 화산체가 놓여 있는 것이므로 화산체 자체의 무게 때문에 바로 밑의 기반층은 우묵하게 내려앉아 있을 것으로 생각했었다. 그런데 실제로는 기반층이 화산체의 가장자리에서 중앙부 쪽으로 부풀어 올라 있었다. 이것은 지하에서 상승한 마그마의 압력으로 인하여 기반층 자체가 변형되어 있음을 시사한다.

이와테 산의 산꼭대기 서쪽은 30만 년 전부터 화산 활동이 시작되어 3만 년 전에 활동을 멈춘 칼데라 지대이다. 그림 2에 나타내듯이 구조 탐사에 의해 칼데라 바로 밑에 지진파 속도가 빠른 영역이 발견되었다. 이것은 과거의 분화 활동으로 화도를 따라 상승한 마그마가 그곳에서 굳어져 주위보다도 지진파 속도가 빠른 암석으로 이루어져 있기 때문일 것이다. 한편, 산꼭대기를 포함한 동쪽은 3만 년 전부터 화산 활동이 시작된 젊은 화산으로서 충분히 고결되지 않은 암석으로 이루어져 있기 때문에 저속도 영역이 두텁게 분포하고 있음을 알 수 있다.

그러면 구조 탐사를 통하여 기대하던 마그마 방은 검출했을까? 마그마 방의 깊이는 화산에 따라 달라져 깊이 수 킬로미터에서 십 킬로미터에 존재한다. 깊은 곳의 마그마 방을 탐사하기 위해서는 조사 영역을 확대할 필요가 있다. 그러나 탐사에 드는 막대한 비용 때문에 조사 영역을 확대하는 것은 현실적으로 곤란하다.

그런데 운젠 후겐다케 탐사에서 산꼭대기 서쪽의 깊이 2km 정도에 주위보다 저속도 영역이 존재할 가능성이 지적되었다. 고결되지 않은 마그마로 채워진 마그마 방의 지진파 속도는 느리기 때문에 이 저속도 영역의 존재가 확실하다면 마그마 방을 검출한 것이 된다. 또한 이 저속도 영역은 지각 변동 관측에 의해 추정된 압력원■6의 하나에 대응하고 있다.

인공 지진 탐사는 화산체의 내부 구조를 밝히는데 중요한 수단이다. 관측 방식과 입수한 데이터의 해석 방법을 개선하여 금후 더욱 상세한 구조를 밝힐 필요가 있다.

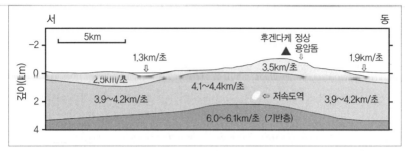

서　　　　　　　　　　　　　　　　　　　　　　동
5km
깊이(km)
-2
0
2
4

후겐다케 정상
용암돔

1.3km/초 ⇩
1.9km/초 ⇩
2.5km/초
3.5km/초
4.1~4.4km/초
⇐ 저속도역
3.9~4.2km/초
3.9~4.2km/초
6.0~6.1km/초 (기반층)

운젠 후겐다케 주변의 지진파 속도 분포의 모식도_그림의 수치는 P파의 속도

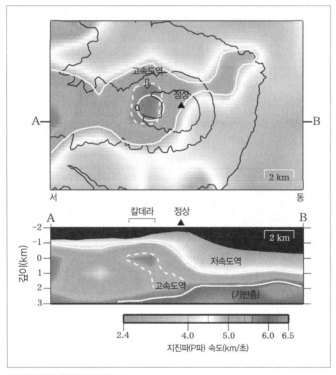

이와테 산의 지진파 속도 분포도
(상) 지표면에서의 평면도
(하) 위 그림 A~B의 단면도

■1   밀도, 지진파의 전파 속도 등.

■2   화산의 구조 탐사에서는 200~400대의 지진계를 선상이나 면상으로 배치한
다. 선상 배치는 지지파의 평균 속도를 정확하게 파악하는데, 면상 배치는 개략
적인 속도 분포를 광범위하게 얻는데 주안점이 놓여 있다. 50m 정도의 시추공
안에서 100~300kg의 다이너마이트를 폭발시켜 지진파를 만든다. P파와 S파가
관측점에 도착한 시각과 폭파 지점으로부터의 거리를 이용하여 속도를 구한다.

■3   지금까지 인공 지진 탐사가 실시된 화산은 기리시마 산(1994 · 1996), 운젠다
케(1995), 반다이 산(1997), 아소 산(1998) 이즈오오 섬(1999), 이와테 산(2000),
우수 산(2001), 홋카이도 고마가다케(2002), 후지 산(2003) 등이다.

■4   47번 항목 참고.

■5   지질학적인 기반층의 지진파 속도는 초속 5.9~6.1km이며 일본 전역에 넓게
분포하고 있다. 일반적으로 이 층은 깊이 2km 정도부터 시작된다.

■6   61번 항목 참고.

지중해의 등대와 용광로 - 분화 양식

지중해의 등대와 지중해의 용광로라고 불리는 화산이 있다. 지중해의 등대는 스트롬볼리 화산을, 지중해의 용광로는 불카노 화산을 각각 가리킨다.

이탈리아의 시칠리아 섬은 현재도 활발하게 활동하고 있는 화산섬이며, 에트나 산[1]은 전 세계적으로 가장 활동적인 화산의 하나이다. 그 북동쪽 바다에 크고 작은 십여 개의 섬이 늘어서 있는 리파리 제도가 위치하고 있다. 리파리 제도는 모두 해저 화산의 정상부가 해상으로 솟아 있는 화산섬이며, 그 가운데 가장 북쪽에 놓인 섬이 스트롬볼리 섬이다.

스트롬볼리 섬[2]은 과거 2,000년간 거의 연속적으로 작은 분화를 반복하는 화산으로 알려져 있다. 일정한 시간 간격으로 폭발하며 화산탄과 화산력을 분출한다. 밤에는 분화가 불꽃처럼 보여서 항해하는 선박에게는 좋은 목표물이 되므로 지중해의 등대라고 부르게 되었다. 스트롬볼리 섬과 마찬가지로 작은 폭발을 반복하는 분화 양식을 스트롬볼리식 분화라고 부른다.

불카노 섬은 리파리 제도의 가장 남쪽에 위치하며, 섬의 중앙에는 거의 원형의 분화구를 지닌 불카노 화산[3]이 있다. 불카노 화산은 작은 화산이므로 산기슭 마을에서 오르기 시작하여 1시간 정도면 정상에 닿을 수 있다. 화구륜의 높이도 거의 일정하여 40분 정도면 일주할 수 있다. 해상에 나와 있는 산체가 작은데도 폭발력은 매우 크다. 엄청난 폭발력 때문에 고대 로마의 불과 대장장이의 신 불카누스가 있는 것으로 생각되어 지중해의 용광로라고 부르게 되었다. 그리고 엄청난 폭발을 하며 분연을 수천 미터 높이까지 뿜어 올리는 분화 양식을 불칸식 분화라고 부른다. 더욱이 불카노[4]는 화산의 대명사가 되었다.

자연 과학의 첫걸음은 현상을 잘 관찰하고 기재, 분류하는 것이다. 화산 분화의 양시도 이런 박물학적 연구 방식에 따라 각각의 특징적인 분화를 반복하는 화산 이름을 따서 스트롬볼리식이나 불칸식으로 명명되었다. 그러나 화산의 분화 양식은 분화 때마다 달라지는 수가 많으므로 스트롬볼리 화산의 분화에서 때로는 불칸식 분화가 일어나기도 한다. 따라서 분화 양식은 그 당시 분화 활동의 특징을 나타내고 있다고 생각하면 좋을 것이다. 두 양식 이외에도 하와이식[5], 펠레식[6], 플리니식[7], 울트라 불칸식[8] 등의 분화 양식이 있다.

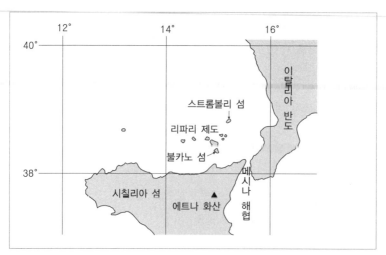

리파리 제도 부근의 지도

불카노 섬의 불카노 화산 중앙 화구에 희미하게 분연이 보인다.

■1   표고 3,350m. 50번 항목 참고.

■2   표고 926m.

■3   직경 약 800m, 최고점의 표고는 500m.

■4   라틴어 울카누스가 이탈리아어 불카누스(불카노)로 불리게 되었다.

■5   하와이식 분화는 폭발적이지 않고 점성이 작은 현무암질 용암이 화구나 갈라진 틈에서 흘러나온다. 종종 용암호가 형성된다.

■6   펠레식 분화는 1902년의 펠레 산 분화처럼 화산쇄설류가 발생하는 분화의 총칭이다. 화산쇄설류의 발생은 여러 유형으로 분류되는데, 고온의 화산쇄설물이 산기슭을 흘러내리며 큰 재해를 일으킨다.

■7   플리니식 분화는 폼페이를 파괴한 79년의 베수비오 화산의 분화가 전형적이다. 다량의 경석과 화산회가 분출되어 화산체 주변에 퇴적된다.

■8   울트라 불칸식은 수증기 폭발과 같은 의미로 사용된다. 마그마는 분출되지 않고 격렬한 분화로 산체가 크게 붕괴된 1888년의 반다이 산 분화가 대표적이다.

화산 분화로 사라진 고대 도시 – 폼페이

이탈리아 남부 나폴리 만에 면한 고대 유적지 폼페이는 북서쪽으로 10km 떨어진 베수비오 산[1]의 79년 분화에 의해 완전히 매몰되고 말았다. 폼페이는 나폴리 만에 면한 화산회토 지역에 발달한 야생 포도 산지로서 그리스 시대의 전통을 이어받은 건물이 늘어선 아름다운 도시였다.

63년 2월 5일 폼페이에 돌연 격렬한 지진이 일어났다. 지진으로 인하여 도시는 괴멸되었지만, 폼페이 시민은 재건에 나섰다. 16년의 세월을 들여 재건이 거의 완성되었을 무렵 베수비오 산의 대분화가 발생하여 번영하던 도시는 화산 분출물로 완전히 매몰되어 버린 것이다.

분화가 일어나자 산꼭대기에서 버섯구름 모양의 분연이 솟아오르고 화산회와 화산력이 대량으로 분출되었다. 분화에 동반된 화산성 지진[2]으로 대지가 흔들리며 도시의 건물이 파괴되었다. 분출한 화산회와 화산력은 산체를 중심으로 주변에 떨어져 쌓여 폼페이 등 도시는 사람도 건물도 완전히 매몰되어 최소 20,000명[3] 이상의 시민이 화산회 속에서 목숨을 잃은 것으로 추정하고 있다.

대분화 후 베수비오 산의 화산 활동은 1,500년간 멈추었으나 1631년 다시 활동을 시작하였다■4. 1794년과 1872년에도 다량의 용암을 분출한 화산 활동이 있었다. 1900년대에 들어와서도 화산 활동은 수그러들지 않았으며, 최근에는 1973년에 분화가 일어났다.

포도밭으로 변한 폼페이는 18세기가 되어 한 농부에 의해 발견되면서 본격적인 발굴과 연구가 시작되었다. 20세기가 끝날 때까지 발굴된 것은 폼페이 전체의 2/3 정도라고 하는데, 그 가운데 일부가 공개되고 있다. 발굴된 폼페이의 거리 모습은 1900년의 세월을 뛰어넘어 당시의 생활 양식, 문화 수준, 토목 기술 등을 전해주고 있다.

폼페이 시내의 건물은 대부분 위쪽 반은 파괴되어 지붕은 남아 있지 않다. 그러나 벽면과 기둥은 원형 그대로의 모습으로 발견되었으며, 바닥의 모자이크 무늬와 벽면의 그림, 돌 침대, 정원에 세워진 조각, 분수와 연못 등 비가연성 구조물은 당시 그대로 보존되어 있었다. 또한 발굴된 병과 아궁이 등의 생활 용품은 아래 부분이 화산회에 묻혀 있지만 않다면, 며칠 전까지 사용했던 것으로 착각을 일으킬 만큼 생활의 체취가 느껴진다.

폼페이 시내를 달리는 주요 도로는 돌로 포장되어 있으며, 보도는 한 단 높게 만들어져 차도와 분명하게 구별되어 있다. 차도에는 바퀴 자국이 깊게 파여져 있다. 횡단 보도의 돌은 보도와 똑같은 높이로 깔려 있으며, 바퀴가 통과하는 부분만 틈이 만들어져 있다. 보도 가장자리에는 사자 머리 모양으로 조각한 수도 꼭지가 도처에 설치되어 있어 도시에 수도가 완비되어 있었음을 알 수 있다.

발굴 시 사람과 동물의 유체는 화산 퇴적물 속에서 석고로 본을 떠 보존하고 있다. 작열하는 화산회를 피해 도망하다가 팔로 얼굴을 감싸면서

도로에 남겨진 바퀴 자국과 횡단 보도가 조성된 폼페이의 도로

베수비오 산과 발굴된 폼페이

죽은 모습에서 화산 분화의 무서움을 상상할 수 있다.

폼페이에서 바라본 베수비오 산은 결코 높은 산이 아니다. 조용한 그 모습에서 도시를 완전히 매몰시킬 만큼 많은 화산회와 화산력을 분출한 대분화가 일어났다고는 상상하기 어렵다.

:: 더 알아 보기_____

■1   표고 1,281m.

■2   화산체 내부나 주변에서 발생한 지진. 51번 항목 참고.

■3   폼페이에서는 약 2,000명.

■4   이 분화로 용암이 분출하여 18,000명이 사망하였다.

덴메이 대분화 - 아사마 산의 활동

화산 분화로 생매장이 된 사람의 유골이 발견된 적이 있다.

1783년(덴메이 3년) 아사마 산이 대분화를 일으켜 북쪽으로 12km 떨어진 간바라 마을■1에서는 모든 가옥이 화산쇄설류■2에 매몰되어 주민의 85%가 목숨을 잃었다. 약 200년이 지나 1979년 매몰된 마을을 발굴하는 조사가 실시되었다. 이 조사에서 화산쇄설류에 매몰된 분화의 희생자로 판단되는 두 사람 분의 유골이 발견되었다. 그 전에도 부근에서 어른과 어린이 한 사람씩의 유골이 발견되었다. 화산쇄설류로 목숨을 잃은 사람의 유골이 발견된 많지 않은 사례이다.

1783년 아사마 산의 분화는 「덴메이 대분화」라고 부른다. 분화로 인하여 상공으로 분출된 화산회는 햇볕을 차단하여 수년간 계속된 냉해를 가져왔다. 이 냉해는 「덴메이 기근」이라고 부르는데, 특히 동북 지방에서 다수의 아사자가 나와 각지에서 민란과 폭동이 일어나 나라 전체가 혼란스러웠다.

분화 활동은 5월 9일부터 시작되어 분연이 사방으로 흘러내리고 대지의 진동이 이어졌다. 다소 활동이 진정되다가 7월에 들어서자 폭발과 진동은 더욱 격렬해졌다. 기타간토 일대에 경석과 화산회가 떨어지고 에도에도 화산회가 날렸다.

8월 4일 분화 활동은 절정기에 달하여 와가쓰마 화산쇄설류라고 부르는 화산쇄설류가 북쪽 화구벽에서 산기슭으로 흘러내렸다. 그리고 운명의 5일 오전 11시 지금까지의 폭발과는 스케일이 전혀 다른 대폭발이 일어나 산꼭대기 화구에서 거대한 검은 분연이 솟아오르고, 동시에 고온의 이류가 산기슭을 흘러내려 간바라 마을을 덮쳤다. 이때 마을을 덮친 고온의 이류를 간바라 화산쇄설류 또는 열운이라고 부른다. 지역에 남아 있는 기록■3에 의하면 "돌연 뜨거운 물기둥이 산에서 솟아나와 로쿠리가하라 방면으로 밀어닥쳤다. 신사, 불각, 민가, 초목 모든 것을 한꺼번에 휩쓸고 지나가 와가쓰마 강변 75개 마을에는 사람과 가축이 하나도 남지 않았다."라고 한다.

같은 날 오후 아사마 산에서 분출한 용암이 6km를 흘러내려 지금의 「오니오시다시鬼押出」를 만들었다. 3개월간 계속된 활동은 이날의 대폭발을 마지막으로 마침내 멈추었다.

화산쇄설류는 암괴가 포함되어 있음에도 불구하고 가스 작용에 의해 분체粉體와 똑같이 흐른다. 이것은 눈사태와 똑같은 혼상류混相流라고 부르는 현상이다. 열운은 화산쇄설류 가운데 고결된 마그마의 비율이 낮아 좀 더 분체에 가까운 유동체이다.

간바라 열운은 순식간에 마을 전체를 토석으로 매몰시켰다■4. 마을 주민 570명 가운데 477명이 이류에 휩쓸렸으며, 가옥 93채가 매몰되었다. 간바라 마을을 삼킨 이류는 더욱 북상하여 와가쓰마 강의 계곡을 매몰시켜 강을 막았다. 댐은 곧 무너져 하류의 마을들은 물대포를 맞았으며, 인마人馬의 시신과 가재 도구가 하구 부근의 에도 강까지 흘러가 닿았다.

간바라 마을의 생존자 93명은 대부분 마을 외곽에 있던 작은 구릉지의 관음당觀音堂으로 도망친 사람들이었다. 현재는 15단의 돌 계단만 노출되어 있지만, 당시에는 50단 가까이 있었음이 발굴 조사를 통하여 판명되었다. 두 사람의 유골은 가장 아랫단 부근에서 발견되었다. 관음당으로 도망치려고 돌 계단 아래에 도착한 순간 화산쇄설류에 휩쓸려 목숨을 잃은 것으로 생각된다. 이 부근에서 화산쇄설류의 두께는 5m나 된다.

아사마 산은 유사 이래 수백 번의 분화 기록이 있지만, 덴메이 대분화

간바라 관음당의 돌 계단

같은 대폭발은 한두 번밖에 없다. 12세기와 17세기에는 화산이류를 분출한 활동도 있었다. 그러나 이외의 분화는 폭발뿐이었다. 20세기에 들어와서도 스코리아를 분출한 분화는 수회 발생했으나 용암류는 분출하지 않았다.

:: 더 알아 보기_____

■1 현재의 군마 현 와가쓰마 군 쓰마고이 촌 간바라 지구.

■2 46번 항목 참고.

■3 쓰마고이 촌 무량원(無量院)에 남아 있는 「無量院住職記」.

■4 간바라 마을은 일본의 폼페이라고 불린다. 폼페이의 사망자는 2,000명으로 추정하고 있다. 폼페이는 베수비오에서 분출된 화산회와 경석에 파묻혔으며, 화산 분출물의 두께는 10m를 넘는다. 그러나 하늘에서 떨어지는 다량의 분출물이 쌓이려면 시간이 걸리므로 상당수의 폼페이 시민은 떨어져 쌓이는 분출물로부터 도망쳐 목숨을 구했을 것으로 생각된다.

사쿠라지마의 분화

규슈 남단 가고시마 만 중앙에 떠 있는 사쿠라지마[1]는 서쪽 가고시마 시에서 바라보면 분명히 섬처럼 보이지만, 동쪽으로는 오쿠마 반도에 연결되어 있다. 20세기까지는 하나의 섬으로 오쿠마 반도와는 세토 해협[2]을 사이에 두고 분리되어 있었다. 그런데 1914년 발생한 「다이쇼 대분화」로 용암이 유출하여 육지와 연결되었다.

기록으로 남아 있는 사쿠라지마의 가장 오래된 분화는 708년이며, 764년부터 2년간은 가고시마 만 북부에서 대규모 해저 분화가 발생하여 사망자와 가옥 매몰 등의 피해를 낳았다. 또한 1471~1476년에는 분화 연대를 따서 「분메이 용암」이라고 부르는 용암이 유출하는 대분화가 발생했다는 기록도 남아 있다. 1779~1781년에는 마찬가지로 「안에이 용암」의 유출을 동반한 대분화가 발생하였다. 1914년 분화는 표로 정리한 과정을 거치며 발생하였다.

지진 발생으로 인하여 측후소의 지진계가 부서져 이후의 지진 기록은 알 수 없지만, 유감 지진의 수는 크게 줄어든 것 같다. 지진 후 분화는 더욱 격렬해져 섬 전체가 흔들렸고 12일 23시부터 13일 오전 5시경까지가 용암 분출이 가장 많았다.

　사쿠라지마에서는 토네이도도 발생하였다. 13일 10시경부터 분화 활동은 수그러들기 시작했으나 15일 밤에도 가고시마 시에서 바라본 분화는 불꽃놀이처럼 아름다웠다고 기록되어 있다[3].

　용암은 서쪽 7개, 동쪽 8개의 화구에서 분출되었다. 서쪽으로의 용암류는 시속 45m의 속도로 흘러내려 16일 아침에는 해안에서 500m 떨어진 지점에 도달하였다. 또한 18일 낮까지 시속 21m의 속도로 흘러 해안에서 600m 떨어진 가라스 섬에 도달했으며, 20일에는 섬을 완전히 둘러싸 섬의 존재를 알 수 없게 만들었다. 동쪽 용암류도 16일에는 해안에 도달하였다. 바다와 만나면서 수증기가 피어올랐으며, 23일 측정한 해수의 수온은 49℃로서 입욕하기 알맞은 목욕탕 온도보다 높은 온도가 되었다.

　29일에는 사쿠라지마가 오쿠마 반도와 완전히 연결되었다. 남쪽 바다로 유출한 용암류의 두께는 90~110m로서 바다도 그만큼 수심이 얕아졌다. 이때 분출한 용암의 체적은 $1.6km^3$로 추정하고 있다. 사방 1km 면적에 분출한 용암을 쌓아올리면 사쿠라지마 미나미다케[4]의 표고보다 높은 1,600m가 된다. 섬 안에 떨어진 화산회는 두꺼운 곳에서는 3~4m이며, 멀리 미토와 우쓰노미야에서도 강하降下 화산회가 확인되었다. 화산회의 총 체적은 $0.6km^3$로 추정하는데, 역시 $1km^2$의 면적에 쌓아올리면 600m의 높이가 된다. 분화 후 정밀 측량 결과 사쿠라지마 북쪽으로 넓은 지역에 걸쳐 토지의 침강이 확인되었다.

　사쿠라지마의 다이쇼 대분화는 용암의 분출과 함께 분화가 시작되고 나서 매그니튜드 7.1이라는 큰 지진[5]이 발생한 것이 두드러진 특징이다. 사쿠라지마는 1946년에도 「쇼와 용암」을 분출한 분화가 발생하는 등

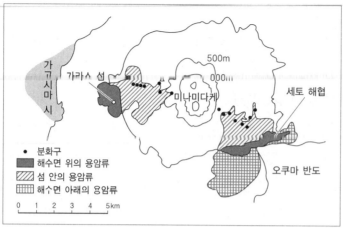

사쿠라지마의 분화와 용암의 유출 분포도

10일	– 밤, 사쿠라지마에서 유감 지진 발생
11일	– 아침, 섬의 도로 파괴 등 피해가 발생하기 시작하다. – 3시 41분, 가고시마 시에서 최초로 유감 지진을 기록
12일	– 11일 밤~12일 아침, 1시간에 10~30회의 지진 기록 – 아침, 섬 남쪽 해안에서 온천 용출. 물기둥이 1m 분출 – 우물 수위가 1m 상승 　8시, 미나미다케 정상 부근에서 흰 연기가 나오기 시작하다. – 10시, 미나미다케 서쪽 산기슭 표고 500m 부근에서 분화 시작. 　가고시마 시로부터 불 확인 – 10시 10분, 동사면에서도 분화가 시작되다. – 11시, 분연이 3,000m에 도달하다. – 11시 30분, 용암이 유출하기 시작하다. – 14시 30분부터 약 1시간, 섬 전체가 분연으로 덮이고 검은 분연주 　안에 화산 번개 발생 – 18시 30분, 매그니튜드 7.1의 지진 발생 　가고시마 시내는 지진 피해와 작은 지진 해일로 인한 침수 피해

사쿠라지마의 분화 일지

20세기 후반에도 분화를 반복하며 현재에 이르고 있다.

■1　사쿠라지마는 이탈리아의 나폴리 만에 면한 베수비오와 대비되며, 가고시마
　　는 동양의 나폴리로 불리고 있다.

■2　길이 600m, 폭 400m, 수심 60~70m.

■3　도쿄 대학 지진학 강좌의 오오모리(大森房吉) 교수에 의한 기록.

■4　표고 1,100m.

■5　화산에 동반된 지진으로서는 규모가 커서 유감 반경이 200km로 규슈 전역
　　에서 진동을 느꼈다. 단 매그니튜드 7.1로서는 좁은 범위이다. 이 지진으로 35명
　　의 사망자가 발생하였다. 참고로 분화에 의한 사망자는 58명이었다.

운젠 후겐다케의 화산 활동
– 1989~1995년

1990년부터 운젠 후겐다케는 어떻게 분화했을까?

나가사키 현 시마바라 반도의 운젠 후겐다케는 규슈를 동서로 횡단하는 벳푸–시마바라 지구대[1]에 위치하고 있다. 반도에서는 동서 방향의 단층군에 의해 시마바라 지구地溝를 형성하며, 광역에 걸쳐 남북 방향으로 장력이 작용하고 있는 지역이다.

운젠 후겐다케는 1657년, 1792년[2]의 분화 이후 약 200년간 침묵을 지키다가 1990년 11월 17일 구쥬구 섬 지고쿠아토 화구에서 수증기 폭발이 시작되었다. 1991년 2월 12일에는 뵤뷰간 화구의 분화가 가세하고, 수증기 마그마 폭발[3]이 일어나며 분화 활동이 활성화되었다. 5월 20일 지고쿠아토 화구에 직경 40m 정도의 용암돔이 출현했으며, 그 후 붕락형 화산쇄설류[4] 발생이라는 새로운 분화 단계로 옮겨졌다. 6월 3일 발생한 화산쇄설류는 사망 및 실종자 43명이라는 대참사를 낳았다. 그 후에도 지하 마그마의 공급을 받은 용암돔은 크고 작은 화산쇄설류를 발생시키면서 성장을 계속하다가 1995년 멈추었다.

일반적으로는 1990년 11월 분화 개시 후의 화산 활동이 주목을 받았으나 1년 전인 1989년 말부터 분화로 이어지는 프로세스가 착실하게 진행되고 있었다. 1989년 11월 시마바라 반도 서쪽에 위치하는 치지와 만 바로 밑 깊이 10~15km에서 군발 지진이 발생하였다. 군발 지진 후 그때까지 거의 지진 활동이 없던 시마바라 반도의 내륙부에서도 미소 지진이 발생하게 되었다.

이듬해인 1990년에는 지진 활동의 중심이 얕아지면서 시마바라 내륙부로 연장되어 7월에는 후겐다케 바로 밑에서 매그니튜드 4.8의 지진이 발생하여 비로소 후겐다케에서 화산성 미동 ▪5이 관측되기 시작하였다. 8월 하순 이후 내륙부의 지진 활동이 활성화되고 화산성 미동이 증가하였다. 그리고 군발 지신 발생으로부터 기의 1년 뒤인 11월 산꼭대기에 있는 화구원의 구薑 화구로부터 분화가 발생하였다.

분화 개시 후의 지진 활동은 후겐다케 바로 밑에서 주로 일어났으며, 치지와 만과 산기슭 주변에서는 적었다. 1991년 5월 이후의 용암돔 성장기에는 마그마 공급에 동반된 산체의 매우 얕은 영역에서 지진 활동이 활발하였다. 이런 일련의 지진 활동은 지하 마그마 방으로부터 공급된 가스와 용암이 지표의 출구(화구)를 찾아 상승했음을 시사하며, 분화의 전조 현상으로 파악할 수 있다. 이렇게 화산 주변 지진 활동의 공간적, 시간적 추이를 파악하는 것은 분화 가능성을 추측하는 하나의 척도가 된다.

그러면 분화를 일으킨 마그마 방은 어디에 있을까? 1990년 이후 지면의 상하 변동을 측정하는 수준 측량과 GPS 측량에 의해 운젠 후겐다케를 포함한 주변역의 지각 변동 관측을 정력적으로 실시하였다. 그 결과 시마바라 반도 서부의 지반은 1991년 5월 용암돔이 출현할 때까지는 융기 팽창했으며, 용암돔 붕락 후에는 침강 수축으로 바뀌었다. 이 지각 변동을 가져온 세 개의 압력원(A, B, C)의 존재가 밝혀졌다. 이들 압력원이 상호 연결하여 운젠의 마그마 공급계를 구성하고 있는 것이다. 압력원 C는 이번 분화의 마그마 공급원이며, 압력원 A는 용암돔으로 직접 미그마 공급을, 압력원 B는 압력원 C와 압력원 A를 잇는 일시적인 마그마 저장고

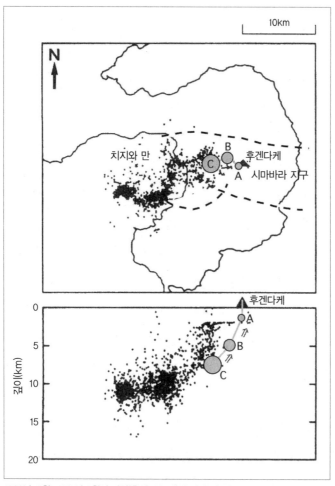

1989년 11월~1991년 5월의 지진(흑점) 분포와 추정된 압력원(마그마 방) A, B, C의 위치

역할을 한 것으로 보인다. 그리고 지하 심부로부터 압력원 C로의 마그마 공급은 200년 전의 분화 직후부터 조용히 진행되고 있었던 것으로 생각된다. 이번 분화에서는 이 마그마와 지하 심부로부터 급격하게 상승한 마그마가 분화 시 섞인 것으로 추측하고 있다. 따라서 현재의 운젠 후겐 다케에서는 다음 분화를 위한 마그마 축적이 서서히 진행되고 있을지도 모른다.

:: 더 알아 보기_____

■1 거의 평행한 2개 이상의 정단층군 사이에 끼여 상대적으로 침강하고 있는 지대이다. 성인으로 지각의 신장, 마그마 활동 등이 생각된다.

■2 1792년 분화에서는 마유 산의 대붕괴로 바다로 흘러내린 토사가 구쥬구 섬을 만들면서 동시에 쓰나미를 일으켰다. 쓰나미는 아리아케 해를 횡단하여 건너편 구마모토 현의 해안을 덮쳐 큰 피해를 낳았다.

■3 45번 항목 참고.

■4 46번 항목 참고.

■5 51번 항목 참고.

규슈에서 볼 수 있는
거대 분화와 대형 칼데라

규슈에는 북쪽으로부터 아소 칼데라, 가쿠토 칼데라, 아이라 칼데라, 아타 칼데라, 기카이 칼데라 등 대형 칼데라가 늘어서 있다. 이들 칼데라는 현재의 화산 활동과는 비교할 수 없을 정도의 거대한 분화 활동이 과거 규슈에서 일어난 증거이다. 거대 분화로 분출한 화산회[1]의 체적은 100km³를 넘으며, 화구로부터 100km를 넘는 먼 곳까지 도달하는 거대 화산쇄설류[2]가 발생하였다. 이런 분화가 발생하면 규슈 전역은 괴멸적인 피해를 입었을 것으로 상상되는데, 현실적으로 이런 거대 분화가 일어날 수 있을까?

① 아소 칼데라는 8만~40만 년 전에 네 번의 거대 분화가 있었고, 마지막 분화 시 분출한 화산회는 일본 전역에 분포하고 있다.

② 가쿠토 칼데라는 30만~40만 년 전에 대규모의 분화를 일으켰다.

③ 아이라 칼데라는 현재 활발하게 화산 활동을 하고 있는 사쿠라지마를 칼데라 벽으로 갖고 있으며, 2.9만 년 전에 마지막 거대 분화를 일으켰다. 이때 분출한 화산회는 규슈 남부를 덮고 있는 시라스 대지[3]를 만들었으며, 이 지역에

서 구석기 시대의 생활은 괴멸되었다. 또한 화산회는 일본 전역에 분포하고 있다. 그 후 1.1만 년 전에도 대분화를 일으켰다.

④ 아타 칼데라는 가고시마 만 남부에 위치하며, 11만 년 전에 거대 분화를 일으켰고 그 후 중소 규모의 분화를 수차례 일으켰다.

⑤ 기카이 칼데라는 야쿠 섬 북쪽 해역의 이오우 섬과 다케 섬 부근에 위치한다. 9.5만 년 전 그리고 죠몬 시대인 7,300년 전에 거대 분화를 일으켰다. 특히 7,300년 전에 분출한 화산회는 기카이 아카호야라고 부르며, 동북 지방 남부까지 넓게 분포하고 있다. 이 화산회를 경계로 하부 지층에서 발견된 토기는 남방에서 유래하며, 상부 지층 속 토기는 북방에서 유래된 것으로 추정하고 있다. 이 거대 분화에 의해 이 지역의 죠몬 문화가 사멸한 것이다.

규슈의 대형 칼데라에 공통적인 특징은 모두 지구대에 존재한다는 점이다. 지구대는 대지가 거의 평행한 정단층에 의해 끊어지고 단층 사이가 함몰함으로써 만들어지는 홈 모양의 와지를 가리킨다. 아소 칼데라는 벳푸-시마바라 지구대, 가쿠토 칼데라, 아이라 칼데라, 아타 칼데라, 기카이 칼데라는 가고시마 지구(현재의 가고시마 만)라고 부르는 지구대 안에 위치한다.

이런 대규모의 와지를 만들기 위해서는 지하 심부로부터 막대한 양의 마그마 상승에 의한 커다란 힘이 필요하다. 지구대 안쪽이었기 때문에 대형 칼데라를 형성할 수 있는 거대 분화가 발생했는지도 모른다. 그러나 유감스럽게도 상세한 프로세스는 아직 밝혀지지 않았다. 아이라 칼데라, 아타 칼데라, 기카이 칼데라는 해역이므로 조사가 용이하지 않다. 또한 가쿠토 칼데라는 칼데라의 기반이 되는 지층 위에 퇴적층이 두껍게

분포하여 조사를 어렵게 만들고 있다. 아소 칼데라는 오래 전부터 많은
조사가 실시되었지만, 대형 칼데라의 조사에는 충분한 시간과 비용이 필
요하므로 다른 칼데라를 포함하여 금후 조사의 진전이 있기를 기대한다.

이렇게 규슈 지역만 보더라도 만 년에서 수만 년에 한 번씩 거대 분화
가 발생한 셈이 된다. 마지막 거대 분화가 기카이 칼데라에서 발생한 지
이미 7,300년이 경과하였다. 따라서 우리가 경험한 적이 없는 거대 분화

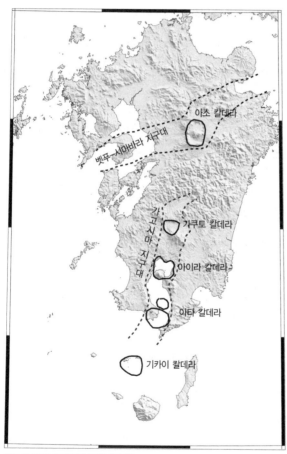

규슈의 대형 칼데라와 지구대의 분포

가 장래에 또다시 발생할 가능성을 부정할 수 없다. 현대 사회는 자연의 경이에 약한 면을 많이 갖고 있다. 자연 재해에 대한 방재를 확실하게 마음에 새겨 두어야 한다.

:: 더 알아 보기 _____

■1   거대 분화로 분출하여 같은 시기에 일본 전역을 덮는 화산회층은 다른 지층의 연대 추정 자료나 지층 간 지표로서 활용된다.

■2   1991년 운젠 후겐다케에서 발생한 화산쇄설류는 용암돔의 붕락에 의한 것으로서, 분출한 용암의 총량은 $0.2km^3$으로 추정된다. 또한 화산쇄설류의 최대 도달 거리는 6km이었다.

■3   화산회와 경석을 주체로 하는 화산 분출물이 공중으로 방출되었다가 쌓인 백색 계통의 2차 퇴적물의 총칭.

쇼와신 산 – 용암돔 탄생의 기록

쇼와신 산은 어떻게 태어났을까?

1943년 12월 28일 우수 산 북서부와 중앙부를 중심으로 하는 지역에서 유감 지진을 포함한 많은 화산성 지진이 발생하기 시작하였다. 그 후에도 활발한 지진 활동이 계속되었는데, 1944년 1월 6일 이후 지진 발생역의 중심은 우수 산 동쪽으로 이동하였다. 그 직후부터 우수 산 동쪽 산기슭의 보리밭이 융기를 시작하며 큰 지반 변동이 일어났다. 6월 23일 지진 횟수가 증가하고 마침내 융기한 보리밭에서 수증기 마그마 폭발이 발생하였다. 8월에 분화는 수그러들었으나 보리밭은 100m 이상 융기하여 잠재 용암돔으로 성장하였다. 11월 잠재 용암돔에서 매우 점성이 큰 데이사이트질[1] 용암이 모습을 나타내며 계속 성장하여 1945년 9월에는 표고 407m의 용암돔[2]이 만들어졌고, 현재도 그 모습을 유지하고 있다.

당시는 제2차 세계 대전의 종반으로서 신산 탄생과 관련된 화산 활동은 군부의 엄격한 보도 통제를 받았다. 따라서 실제로 일어난 격렬한 화산 활동과는 달리 "큰일은 아니며, 곧 멈출 것이다."라고 지역 신문이 보도하였다. 홋카이도의 주민조차도 종전 후에 이 사건을 알았다. 신산 탄생 뉴스는 화산 활동이 멈춘 후인 1945년 10월 언론의 보도가 있은 후에야 뒤늦게 전국적으로 알려지게 되었다. 이런 상황 속에서 그 지역의 우편 국장이었던 미마쓰三松正夫에 의해 쇼와신 산의 성장 과정이 상세하게 기록되었다.

전시 중이었기 때문에 화산 연구자는 좀처럼 현지 조사를 할 수 없었다. 따라서 미마쓰 국장은 목과 눈의 위치가 고정될 수 있는 받침대를 만들고, 그 전방에 수평 방향으로 걸어 놓은 여러 개의 낚시 줄을 지침으로 융기 상황을 매일 스케치하였다. 이 스케치를 바탕으로 작성된 것이 그 유명한 미마쓰 다이어그램이다. 1948년 노르웨이의 오슬로에서 개최된 민국 화산 회의에서 미마쓰 다이어그램이 소개되어 아마추어의 관측 자료로는 이례적인 호평을 받았다.

우연히도 쇼와신 산의 탄생과 같은 시기에 멕시코의 한 농촌 보리밭에서도 분화가 시작되어 새로운 화산[3]이 만들어졌다. 그러나 그 탄생 초기의 모습은 기록되지 않았다. 만국 화산 회의는 '일본에는 미마쓰가 있었는데 멕시코에는 미마쓰가 없어 유감'이라고 평했다고 한다. 미마쓰 국장은 쇼와신 산의 모습을 그대로 후세에 남기기 위하여 사재를 털어 그 일대를 매입하였다. 그 후 많은 화산 연구자의 도움을 받아 개인 소유물로서는 이례적으로 1951년 천연기념물[4]로 지정되었다. 그리고 1957년에는 특별 천연기념물로 승격되었으며, 1960년에 「쇼와신 산」으로 명명되었다.

현재의 쇼와신 산은 온건한 활동 상태에 있어 당시 900℃ 이상의 고온이었던 용암돔의 분기공도 300℃ 이하로 내려갔다. 지금은 관광 명소가 되어 매년 많은 관광객이 찾고 있다.

현재의 쇼와신 산과 그 주변

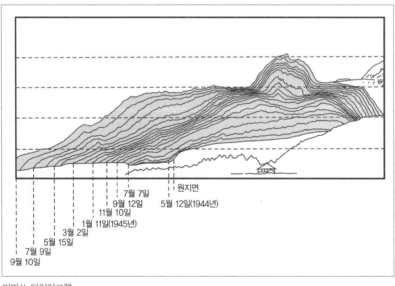

미마쓰 다이어그램

■1   석영안산암. 이산화규소(실리카)의 함유량이 높기(62~70%) 때문에 점성이 크고 폭발적인 분화를 일으킨다.

■2   1940년대 후반만 해도 용암돔은 900℃ 이상의 고온 상태였지만, 1986년에는 300℃ 정도로 매년 온도가 저하되고 있다.

■3   비고 400m의 파리쿠틴 화산.

■4   당초 쇼와신 산은 우수 산의 측화산이라는 의미에서 우수신 산으로 취급받고 있었기 때문에 우수신 산 용암돔으로 지정되었다.

64

우수 산의 화산 분화 활동

우수 산은 분화 예지가 가능한 화산으로 알려져 있는데, 어떤 방법으로 가능할까?

우수 산은 홋카이도의 도야 칼데라 남벽에 위치하며, 가이린 산과 복수의 용암돔[1] 및 잠재 용암돔[2]으로 이루어진 성층화산이다. 산꼭대기의 화구원에는 용암돔인 오오우수와 고우수, 잠재 용암돔인 우수신 산, 오가리 산, 북쪽 산기슭에는 잠재 용암돔인 메이지신 산, 동쪽 산기슭에는 용암돔인 쇼와신 산[3]을 비롯한 여러 개의 잠재 용암돔(히가시마루 산, 니시마루 산, 긴삐라 산, 니시 산)이 있다.

과거의 중요한 분화는 1663년(고우수 형성), 1769년(열운 발생), 1822년(열운[4] 발생), 1853년(오오우수 형성과 열운 발생), 1910년(메이지신 산 형성), 1943년(쇼와신 산 형성), 1977년(우수신 산과 오가리 산 형성) 등이다. 이들 화산 활동의 특징으로서 다음과 같은 점을 들 수 있다.

① 중요한 분화 주기는 30~50년이며, 최근에는 30년 주기가 되었다.

② 분화 전에 유감 지진이 빈발한다.

③ 용암돔을 형성하며, 이로 인하여 분화 전부터 큰 지각 변동이 시작된다.

④ 분화구는 산꼭대기 및 동~북서부의 산기슭에 집중한다.

⑤ 비교적 작고 많은 화구로 이루어진 화구군을 형성한다.

⑥ 열운이 발생한다.

전회 분화로부터 23년이 경과한 2000년 3월 27일, 보통은 하루에 한번 정도의 지진밖에 발생하지 않는 우수 산에서 미소 지진 발생 횟수가 증가하기 시작하였다. 지진은 그 후에도 계속 증가하여 28일에는 유감 지진도 발생함으로써 주민에게 피난 명령이 내려졌다. 지진 발생 횟수와 유감 지진 수가 급격하게 증가하여 30일에는 최대수[5]를 기록했으며, 주민의 피난도 거의 완료되었다. 그리고 서부 산기슭에는 단층과 땅 갈라짐 등 현저한 지각 변동이 일어났다.

다음날인 31일 지진 활동은 약해졌으나 13시 7분 니시 산 서쪽 산기슭의 새로운 화구에서 수증기 마그마 폭발[6]이 시작되었다. 이후 니시 산 서쪽 산기슭에는 36개의 화구[7]가 만들어졌고, 폭발이 반복되었다. 4월 1일 11시 40분 긴삐라 산의 북서쪽 산기슭에서 새로운 분화가 시작되었고, 최종적으로 이 지대에는 29개의 화구[8]가 만들어졌다.

4월 초순의 활발한 분화 활동은 중순 이후 급격하게 감소했지만, 니시 산 화구군을 중심으로 융기로 인한 지각 변동이 현저하여 융기가 거의 멈춘 8월까지 융기량은 65m에 이르렀다. 이것은 지하로부터 상승한 마그마가 고우수 바로 밑의 동서 방향 균열을 따라 관입하고, 다시 니시 산 부근의 얕은 곳으로 이동한 결과 니시 산 화구군 바로 밑에 잠재 용암돔을 형성했음을 의미한다.

(위) 서쪽에서 바라본 니시 산 화구군과 (아래) 북서쪽에서 바라본 긴삐라 산 화구군(2004년 4월 4일 촬영). 이 후에 분화가 활발해져 화구군이 확대되고 지각 변동이 뚜렷해졌다.

전회인 1977년의 분화 후 대학과 기상청은 다음 분화에 대비하여 관측 체제 정비, 지자체와 연계한 화산 방재 지도 작성, 지역 주민에 대한 분화 재해 교육 등의 준비를 추진해왔다. 이런 사전 노력과 화산 특성에 대한 충분한 인식에 근거하여 분화를 예지했기 때문에 16,000명의 주민 가운데 한 사람의 희생자도 나오지 않게 분화 전에 피난시킬 수 있었던 것이다.

:: 더 알아 보기_____

■1 43번 항목 참고.

■2 용암이 지표에 드러나지 않고 지하에 머문 상태의 용암돔.

■3 63번 항목 참고.

■4 마그마에서 유래한 고온의 화산 분출물(암석과 가스)로 이루어진 화산쇄설류.

■5 지진 횟수는 2,400회를 넘고 그 가운데 유감 지진은 500회 이상.

■6 45번 항목 참고.

■7 니시 산 화구군의 범위는 650×450m.

■8 긴삐라 산 화구군의 범위는 900×350m.

지진과 화산의 궁금증 **100**가지

4장

/

어머니 같은 지구

판구조론

/

65

지진과 화산의 궁금증 100가지

세계 측지계 – 일본 측지계 2000

2001년 6월 20일 국회에서 측량법이 개정되어 2002년 4월 1일부터 일본의 측지 좌표계[1]는 지구 전체를 대상으로 구축된 세계 측지계를 사용하게 되었다. 그 결과 일본 열도 각지의 위도와 경도는 당시까지 사용하던 값에서 10초 정도 어긋나게 되었다.

일본 열도의 지도는 에도 시대에 이노우 타다다카伊能忠敬의 측량에 의해 측량기도 충분하지 않던 시대치고는 놀랄 만큼 정확한 지도가 만들어졌다. 메이지 시대가 되자 일본은 근대화를 위하여 국가 주요 사업으로서 지도 제작을 시작하였다.

지도를 만들기 위해서는 기준점이 필요하다. 따라서 도쿄 도 미나토 구 아자후다이에 있던 도쿄 천문대 구내에 경위도 원점을 설치하였다. 이 지점을 지구 타원체[2] 위에 중첩시켜 삼각 측량과 천문 측량을 조합하여 지도를 만들어 가는 것이다. 단 지구 타원체 위에 경위도 원점을 놓는 것만으로는 일본 열도가 지구 타원체 위에서 방향이 정해지지 않는다. 따라서 이 원점에서 치바 현 가노 산에 있는 1등 삼각점의 방위각이 지구 타원체 위에서 156°25′28.422″의 방위와 일치하도록 정하였다. 이 두 개의 값이 일본 측지계의 기준이 된 것이다. 지구 타원체로는 베셀 타원체를 사용하고 있는데, 이런 사항들이 1868년 측량법에 의해 결정되었다.

최근 지구상에서 위도와 경도를 결정하는 수법은 지금까지의 삼각 측량과 천문 측량을 대신하여 GPS■3를 사용하게 됨으로써 삼각점 대신에 GPS 수신 안테나를 설치한 전자 기준점이 설치되었다. GPS를 사용하면 간단히 그 장소의 위도와 경도를 결정할 수 있다. 내비게이션■4을 자동차에 설치하면 주행하면서 그 위치를 측정하여 목적지로 인도해 준다.

GPS는 등산과 해양 레저에도 사용되고 있다. 그런데 GPS로 구한 경위도는 도쿄 부근에서는 경도로 플러스 12초, 위도로 마이너스 12초 어긋난다. 지도상의 경위도와 GPS의 경위도가 일치하지 않는다는 것인데, 전체적으로 GPS에 의한 지점은 지도상의 지점에서 남동쪽으로 450m 정도 떨어져 있다. 이런 차이는 등산에서는 큰 문제가 된다. GPS를 탑재한 비행기가 활주로의 위치를 착각하는 원인이 되기도 한다.

이런 일들이 발생하는 원인은 일본 측지계의 베셀 타원체와 GPS가 사용하고 있는 지구 타원체가 다르기 때문이다. GPS는 세계 측지계 1980을 기준 타원체로 사용하고 있다. 오랜 준비 기간을 두고 측량법이 개정되어 2002년 4월 이후에 발행된 지도는 세계 측지계를 사용하게 되었다. 이것을 일본 측지계 2000이라고 부른다. 국토지리원은 당분간 구 일본 측지계 지도에 주황색으로 세계 측지계의 경위도를 표시하고 있다. 국토지리원 발행 1:25,000 및 1:50,000 지형도를 판매하고 있는 서점에는 신구 두 지도의 경위도를 보여 주는 책자가 놓여 있어 확인할 수 있다. 즉, 2002년 이전의 지도도 경위도를 보정하면 충분히 사용할 수 있는 것이다.

지도에 표시한 높이도 측량법으로 정해져 있다. 도쿄 도 치요다 구 나가타에 있는 수준 원점은 메이지 시대에 스미다 강 하구의 레이간 섬을 기준으로 수준 측량을 실시하여 높이를 결정하고 법률로 확정한 것이다.

우선 레이간 섬에서 조위를 관측하여 도쿄 만의 평균 해수면을 결정하였다. 그리고 수준 측량에 의해 수준 원점의 높이를 24.414m로 정하고 그 높이를 법률로 확정하였다. 일본 측지계 2000에서도 이 값은 변하지 않는다. 따라서 표고와 관련해서는 신구 지도에 차이가 없다.

레이간 섬은 에도 시대에 죄인을 하치조 섬과 미야케 섬으로 귀양 보내는 포구였다. 당시 평균 해수면을 결정하기 위하여 검조 측량을 실시했던 장소는 없어졌다. 엄밀하게 말하면 현재 수준 원점의 표고가 메이지 시대에 결정된 높이와 같은지, 도쿄 만의 평균 해수면으로부터의 높이가 지금도 같은지는 지도와는 별개의 문제이다. 실제로는 지반 침하 등으로 수준 원점의 표고가 변했을지도 모르지만, 법률로 정해진 수준 원점의 표고를 기준으로 지도를 제작하고 있기 때문이다.

■1 지형도 제작에 필요한 지구 모델로서 사용하는 좌표계.

■2 지구를 회전 타원체로 생각했을 때의 지구 모델로서, 지도는 이 타원체를 기준으로 제작된다.

■3 전 지구 위치 파악 시스템. 20개 이상의 인공 위성을 쏘아 올려 전파를 계속 발사한다. 수신기(GPS 리시버)로 이 전파를 받으면 화면상에 수신기의 경위도가 초 단위로 표시된다.

■4 GPS를 이용하여 주행하고 있는 차의 위치를 측정한다.

지구 모델 – 지오이드

지구를 나타내는 모델로서 지구 타원체가 있지만, 실제로 지구 표면에는 산과 골짜기가 발달하여 상당한 요철이 있다. 이런 모습을 나타내는 모델을 지오이드라고 부른다.

지구의 모습은 구체를 시작으로 타원체, 삼축 타원체[1] 등 여러 모델이 제시되었다. 그러나 어느 모델도 지구 표면의 요철은 고려하지 않으며, 오직 지구 반경의 차이와 편평도가 논의의 대상이었다.

지구의 요철을 고려한다면 지구 중력을 생각하는 것이 된다. '질량을 가진 두 물질 사이에는 서로 끌어당기는 인력이 작용한다' 는 사실은 뉴턴에 의해 발견되었다. 유명한 만유인력의 법칙이다. 지구에도 이런 인력이 있다. 지구는 우주 공간에서 팽이와 같이 고속으로 회전하고 있다. 회전하는 물질에는 원심력이 작용한다. 원심력은 회전 반경에 비례한다. 따라서 원심력은 북극점과 남극점에서는 제로이며 적도에서 최대가 된다. 지구의 인력과 원심력의 합력이 인력이다. 인력은 지구 내부로 작용하는 힘이며, 원심력은 바깥쪽으로 작용하는 힘이다. 따라서 중력은 북극과 남극에서 최대이며 적도에서 최소가 된다.

지구 표면의 70%는 해양이다. 해수는 중력에 의해 자유롭게 모양을 바꿀 수 있는 물질이므로 해수면은 중력이 일정한 등等포텐셜면이 된다. 육지 밑으로 수로나 운하를 파서 해수를 끌어들였다고 하자. 대산맥 밑으로도 터널을 파서 해수가 유입되었다고 치고 해수면을 가상해 보자. 육지 밑으로도 해수면을 가상하여 지구 표면이 전부 해수면으로 덮여 있다고 생각하면 그 해수면은 중력의 등포텐셜면으로서 요철■2을 고려한 지구 모델이 된다. 이런 모델을 지오이드라고 부른다.

　중력 연구의 하나가 보다 정확한 지구의 모양을 구하여 지오이드를 연구하는 것이었다. 중력의 측정법은 거의 완성되어 있고 지구상 도처에서 측정도 완료되었기 때문에 중력 연구는 완성된 학문이며, 지구의 지오이드도 거의 완성되었다고 생각하였다. 그런데 1950년대 후반부터 잇달아 인공 위성을 쏘아 올리면서 사정이 크게 변하고 말았다.

　지구를 도는 인공 위성의 궤도는 당연히 지구 인력(중력)에 좌우된다. 인력이 큰 곳에서는 인공 위성이 지구에 접근하고 작은 곳에서는 멀어지는 궤도를 만든다. 이런 인공 위성 궤도를 추적함으로써 지구의 중력 연구는 새로운 전기를 맞이하게 되었다.

　또한 중력계도 발전하였다. 1950년대까지의 중력 측정은 6~7 자릿수의 정확도였으나 현재는 중력의 절대치를 9~10 자릿수의 정확도로 측정할 수 있다. 중력 연구는 완성된 학문 분야가 아니라 연구해야 할 과제가 잇따르고 있음이 재확인된 것이다.

　지오이드는 지구 타원체와의 조합으로 지구의 모양을 나타내는데, 모델이 되는 지구 타원체 표면의 요철을 지오이드고高라는 수치로 표시한다. 인공 위성의 궤도를 추적하여 구한 중력을 사용한 지오이드 연구에 따르면 지구는 북극이 볼록하고 남극이 오목한 서양배 같은 모습이다. 지오이드가 북극에서는 지구 타원체보다 15m 볼록하고, 남극에서는 반대로 20m 오목하다는 것이다. 이 모양이 주장되었을 무렵 지구의 모습을 두고 서양배 형이라고 했는데, 서양배 형이라고 하면 지구가 정말로 둥글지 않다는 것처럼 들린다. 그러나 지구 타원체에서의 요철은 겨우 십 수 미터인 반면 지구 타원체의 극과 적도 간 반경의 차이는 20km이다. 지구 반경의 1%에도 미치지 못하는 차이이므로 지구 사진을 보거나 월식으로 달 표면에 비친 지구의 그림자를 보더라도 인간의 눈에는 둥글게밖에 보이지 않으며, 타원체는 물론 서양배 형을 식별할 수는 없다. 이후 육상 및 해상에서의 중력 측정 데이터가 축적되면서 보다 정밀한 지오이드고를 구할 수 있게 되었다.

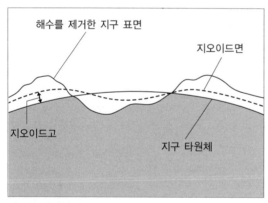

지오이드의 개념도

■1　지구 모델을 생각할 때 적도 반경과 극 반경만 다른 것이 아니라 적도 반경
　　은 방향에 따라서도 달라진다. 즉 적도면이 원형이 아니라 타원형이라는 모델.

■2　지오이드는 중력 즉 지구 내부의 밀도도 관계하므로 대산맥 지대에서 중력이
　　반드시 커지지는 않는다.

67

지구 내부를 지진파로 알 수 있을까

　지구상의 여러 관측점에서 기록한 다수의 지진파를 이용하여 지진의 파형 자체와 관측점까지의 도착 시간(주시)을 면밀하게 조사함으로써 지구의 내부 모습을 자세하게 알 수 있다. 예를 들면, 관측점의 주시는 지진파가 전달되어 온 지구 내부의 경로에 따른 속도 분포에 의해 결정되기 때문에 지구상의 여러 장소에서 동시에 주시를 측정함으로써 지구 내부의 속도 분포를 알 수 있다.

　지구의 표면 부분을 지구의 껍질이라는 의미에서 지각이라고 부른다. 지각에서 P파의 평균 속도는 6~7km/s이며, 지각 바로 밑의 맨틀에서는 8km/s 정도이다. 깊이에 따른 이런 급격한 속도 변화는 경계면에서 굴절, 반사되는 지진파의 주시로부터 구한 것이다. 이 지각과 맨틀의 경계는 발견자의 이름을 따서 모호로비치치 불연속면(일반적으로는 모호면)이라고 부른다.

　지각은 지구상의 장소에 따라 두께가 상당히 달라 대륙 지각은 약 30~40km 전후가 많고, 해양 지각은 수 킬로미터 정도의 두께밖에 되지 않는다. 그러나 대륙역에서도 큰 산맥(조산대) 아래에서는 50~60km로 두

꺼워지는 것으로 알려져 있다. 이것은 과거에 산맥을 형성하기 위하여 대륙끼리 충돌하여 지각의 두께가 크게 부풀었기 때문이다. 반대로 대륙이 잡아덩겨져 확대되는 장소[1]는 지가이 얇아진다.

지각 밑의 맨틀은 400~700km의 깊이에 있는 천이층을 경계로 상부와 하부로 나누어진다. 상부 맨틀과 하부 맨틀의 화학 조성은 다르다고 추정되며, 판구조론[2]이나 플룸 구조론[3]과 관련하여 상부, 하부 그리고 이들의 경계인 천이층에서는 지구가 만들어진 이후 지금까지 실로 역동적인 움직임[4]이 있었을 것으로 생각된다. 지구 표층의 단단한 판이 침강하고 하부 맨틀로부터 따뜻한 물질이 솟아오름으로써 맨틀 내부에 대류가 일어난다는 것을 최근의 지진학적 연구를 통하여 알게 되었다.

맨틀보다 더 깊어지면 2,900km 깊이에서 P파 속도가 급격하게 감소하는 경계가 나타난다. 이 경계 안쪽으로는 S파가 통과할 수 없게 되므로 경계 안쪽을 핵이라고 부른다. 또한 S파가 존재하지 않는 것으로 보아 2,900km보다 깊은 곳에는 액체가 존재하는 것으로 생각된다. 5,100km 보다 깊은 지구의 중심부에서는 P파와 S파 모두 고속도로 통과하는 사실이 알려졌다. 따라서 액체 영역을 외핵, 그 안쪽을 내핵이라고 부르게 되었다. 내핵에서 P파 속도는 11km/s, S파는 3.5km/s 정도이다.

1960년 칠레 지진[5]에서는 지구의 자유 진동[6]이 처음으로 확인되었다. 자유 진동 데이터와 그 당시까지의 주시 데이터를 합하여 지구 표준 모델(PREM)이 만들어졌다. 지구 표준 모델에서는 깊이 410km와 670km 부근에 지진파 속도와 밀도의 뚜렷한 경계가 있으며, 내핵에서도 S파가 통과하는 것으로 나타난다.

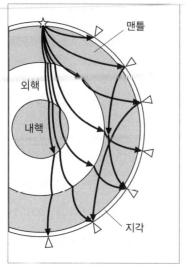

지구 내부를 지진파가 통과하는 모습

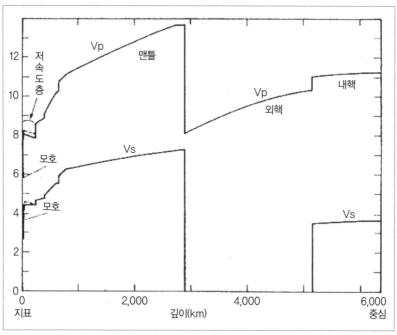

지구 내부의 속도 모델(PREM)

:: 더 알아 보기_____

■1   리프트대나 대륙 내부의 대규모 분지 또는 침강대에서 도호의 대륙 쪽 영역.

■2   80번 항목 참고.

■3   84번 항목 참고.

■4   맨틀 대류에 동반된 여러 현상.

■5   28번 항목 참고.

■6   종을 쳤을 때와 같이 대지진으로 지구 전체가 진동하는 현상.

지구의 지각을 지진파로 조사하다

　지구 표면을 덮고 있는 영역을 지각이라고 한다. 지각은 대륙 밑[1]에서는 두께가 20~50km이며, 해양 밑[2]에서는 5~20km이다. 지각은 인간이 직접 접촉할 수 있는 영역인 만큼 지구 구조를 파악할 수 있는 첫걸음으로 보았기 때문에 예전부터 상세한 조사가 실시되어 왔다.

　지각 구조는 지진파를 이용한 다양한 수법으로 조사되고 있다. 지진파를 여기저기 점재하는 관측점에서 관측하고, 도착 시간을 진앙 거리 순으로 표시한 주시 곡선을 만든다. 주시 곡선에서 지각 내부로 전파하는 지진파의 속도와 그 속도를 지닌 지층의 두께를 구할 수 있다. 진앙 거리가 100km 이상의 장거리가 되면 주시 곡선이 크게 휘어지기 시작한다. 속도가 다른 층을 지진파가 전파된 결과이다. 지각의 두께[3]는 이런 방법으로 알게 되었다. 지각과 맨틀의 경계면은 모호면[4]이라고 부르며, 지각의 두께는 모호면의 깊이로 표현된다.

　어느 지역의 지각 구조를 조사하려고 해도 지진 관측점과 지진의 분포가 잘 조합되지 않으면 충분한 해석이 어렵다. 따라서 조사하고 싶은 지역에서 측선을 결정하여 지진계를 임시로 설치하고, 다이너마이트[5]를 폭발시켜 인공적으로 지진을 발생시킨 후 구한 주시 곡선으로 지각 구조를 파악한다.

더 나아가 다이너마이트 대신에 기진차起震車 [6]를 사용하고, 지진계도 수백에서 수천 점을 설치하여 지각 내부의 상세한 구조를 조사하는 방법도 있는데, 이를 반사법 지진 탐사라고 한다. 반사법 지진 탐사는 도로를 따라 원하는 장소로 이동할 수 있기 때문에 도시 주변의 단층 조사에도 매우 유효하며, 시추 데이터와 비교함으로써 지각 얕은 곳의 지층 단면과 단층의 미세 구조를 얻을 수 있다.

넓은 지역의 지하 구조를 파악하는 수법으로 지진 토모그래피 [7]가 있다. 하나의 진원에서 나수의 관측점으로 전파되는 수십 개 또는 수백 개의 경로를 따라 지진파 속도를 구하면 미세 구조를 3차원적으로 얻을 수 있다. 또한 표면파의 전파 속도를 이용하면 광범위한 지각의 두께를 포함하여 평균적인 구조를 얻을 수 있다.

지구 표면의 70%를 차지하는 해양에서는 육상과 같이 직접 지면에 지진계를 설치할 수는 없다. 해저의 지각 구조와 해저에서 발생하는 지진의 원리를 조사하기 위하여 다양한 관측 수법이 개발되어 왔다. 해저 지진 관측을 위한 해저 지진계도 개발되어 1950년대부터 실용화되었다. 장치의 종류는 주로 해저에 설치하여 일정 기간 관측을 실시한 후 무선 명령으로 자동적으로 부상하는 자기 부상식과 대륙 연안에서 해저로 연장된 케이블에 접속하여 데이터를 보내는 케이블식이 있다. 사용하는 장소와 목적에 따라 두 방식을 모두 사용한다. 또한 조사선에 설치된 에어건이라는 인공 진원으로부터 지진파(음파)를 바다 속으로 발생시키고, 조사선이 예인하는 케이블에 연결된 지진계로 해저 밑의 지층과 단층에서 굴

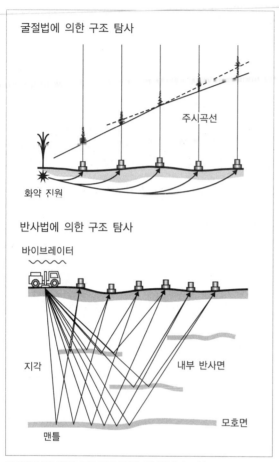

굴절법에 의한 구조 탐사

주시곡선

화약 지원

반사법에 의한 구조 탐사

바이브레이터

지각　　　　내부 반사면

맨틀　　　　모호면

굴절법과 반사법에 의한 구조 탐사(지진 탐사)의 모식도

절 또는 반사되는 파를 기록하여 해저의 지각 구조를 파악하는 수법도
사용되고 있다.

러시아의 바이브레이터_무게는 100톤

:: 더 알아 보기_____

■1   대륙 밑의 지각을 대륙 지각이라고 한다.

■2   해양 밑의 지각은 해양 지각이라고 한다.

■3   지각으로부터 지각과 맨틀 경계면까지의 깊이.

■4   지각과 맨틀의 경계는 발견자의 이름을 따서 모호로비치치면이라고 부른다.
      모호면은 약어.

■5   자연 지진에 대하여 다이너마이트를 폭발시켜 지진을 일으키는 공법을 인공
      지진 탐사라고 부르며, 이런 수법으로 연구하는 분야를 폭발 지진학이라고 한다.

■6   연속적으로 지면을 두드려 진동을 발생시키는 장치를 실은 차량. 바이브레이
      터 차량이라고도 한다.

■7   70번 항목 참고.

69

지진과 화산의 궁금증 100가지

남극에서의 인공 지진 탐사

남극의 지각을 조사하면 무엇을 알 수 있을까?

일본 열도는 화산 활동으로 형성된 도호■1로서 지각의 연령은 고작해야 수억 년이다. 반면에 남극의 엔더비랜드에는 지구 탄생 초기인 40억 년 전에 형성된 시생대■2 암체를 비롯하여 원생대 암체, 고생대 암체가 동쪽에서 서쪽으로 오래된 순으로 나란히 분포하고 있다. 따라서 이 지역의 지각을 조사하는 것은 지각의 진화, 더 나아가 지구 진화의 역사를 밝히는 중요한 연구 주제이다. 또한 남극의 지각 구조와 일본 같은 도호의 지각 구조를 비교함으로써 지각 진화의 역사를 보다 깊게 이해할 수 있다.

남극 대륙의 95퍼센트는 얼음으로 덮여 있으며, 암석이 노출하고 있는 노암 지대는 해안선에 한정되어 있다. 따라서 남극 대륙 연안에 분포하고 있는 암석이 내륙에 어떻게 분포하고 있는지를 두께 2,000m를 넘는 빙상 위에서 조사할 수는 없다. 따라서 지진파의 전파 속도를 조사함으로써 지각 구조를 해명할 수 있는 인공 지진 탐사■3가 시도되고 있다.

일본 남극 지역 관측대에 의한 인공 지진 탐사는 고생대의 뤼쪼홀름 암체가 분포하며 쇼와 기지에 인접한 미즈호 고원에서 3회■4 실시되었다. 암석이 노출하고 있는 연안의 지질 조사에 의해 뤼쪼홀름 암체는 동부의 각섬암상■5과 서부의 백립암(granulite)상■6으로 구분되며, 중앙부에 두 암상의 천이대가 분포하고 있음이 밝혀졌다.

지금까지의 인공 지진 탐사에 의해 미즈호 고원 밑의 지각 두께는 연안에서 37km이며, 내륙으로 들어감에 따라 두꺼워져 해안에서 300km 들어간 내륙에서는 대략 43km로 알려졌다. 지각은 상부, 중부, 하부의 세 층으로 구분된다. 상부 지각 상단의 P파 속도■7는 5.9~6.2km/s, 하단은 6.4km/s이며, 전체 두께는 10km 정도이다.

상부 지각의 P파 속도는 수평 방향으로도 변화하여 P파 속도가 6.1km/s의 영역은 백립암상, 5.9km/s의 영역은 천이대에 대응하고 있다. 따라서 해안에서의 지질 경계가 내륙으로도 이어지고 있음을 시사한다. 중부 지각의 두께는 10km 이하이며, P파 속도는 6.5km/s이다. 중부 지각의 상단과 하단에는 명료한 반사면이 보이며, 내륙보다 연안 지각이 더 깊다고 추정된다. 이것은 과거 구조 운동의 흔적인지도 모른다.

하부 지각의 두께는 17~23km이며, 상단의 P파 속도는 6.6km/s, 하단은 6.8km/s 정도이다. 하부 지각의 하부층에는 반사면이 복잡하게 존재하고 있다. 지각 바로 밑 상부 맨틀의 P파 속도는 8km/s 정도이다.

남극 지각 구조의 연구는 이제 막 시작되었다. 혹독한 자연 조건에서의 조사와 연구는 많은 시간을 필요로 하지만, 이후 더 많은 연구 성과를 기대하고 있다.

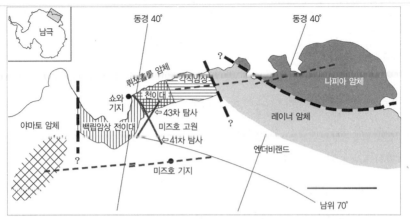

쇼와 기지 주변의 개략적인 지질 분포와 인공 지진 탐사 실측도_굵은 파선은 추정하고 있는 지질 경계를, 가는 파선은 장래 계획하고 있는 인공 지진 탐사 실측선을 나타낸다.

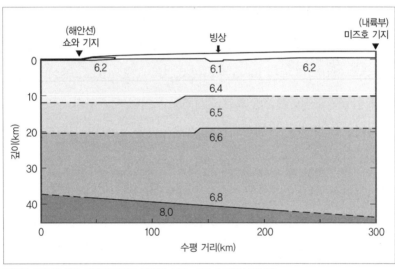

미즈호 고원 밑 지각 구조의 모식도_그림의 수치는 P파 속도를 나타낸다.

■1　해구, 활화산, 심발 지진의 세 현상을 동반하는 지역을 의미하며, 호상(弧狀) 열도라고도 부른다.

■2　시생대(지구가 탄생한 46억~25억 년 전), 원생대(25억~5억 년 전), 고생대 (5억~2.5억 년 전).

■3　인공 지진 탐사법은 다이너마이트를 폭발시켜 인공적으로 지진파를 발생시키 고, 그 전파 상태를 조사하여 지하 구조를 파악하는 수법.

■4　제20~22차 조사대(1979~1981), 제41차 조사대(2000) 및 제43차 조사대 (2002)에 의해 실시되었다.

■5　중온(500~700℃), 중압(2~10kb)의 광역 변성 작용을 받아 각섬암과 사장 석을 주성분으로 하는 변성암이 만들어지는 암상.

■6　고온(700℃ 이상), 고압의 광역 변성 작용을 받아 사방휘석, 단사휘석, 사장 석을 주성분으로 하며, 철과 마그네슘이 풍부한 변성암이 만들어지는 암상.

■7　지진파의 종파(P파)가 지각 안을 전파하는 속도. 지진파의 속도는 전파하는 매질의 구성 암석, 온도, 압력에 의해 달라진다. 따라서 속도가 달라지면 암석이 다르다는 것을 시사한다.

지진 토모그래피로 본 맨틀의 움직임

지구 내부의 모습에 대해서는 지진파를 이용한 정밀 조사가 전부터 실시되고 있었지만, 최근에는 컴퓨터 발달로 인하여 조사 기술도 비약적으로 진보하였다. 또한 고성능 지진계가 전 세계에 배치되어 양질의 방대한 디지털 데이터를 얻을 수 있게 되었다. 더욱이 데이터 해석을 위한 새로운 이론도 발전하여 고도의 계산도 가능해졌다.

지구 전체의 내부 구조와 다이나믹스[1]를 조사하기 위하여 전 세계에 분포하는 관측점의 지진파 도착 시간(주시)과 지진파형을 해석함으로써 지구 내부의 3차원적 구조가 밝혀졌다. 특히 지진 토모그래피라는 수법에 의해 지구 표층의 판이 맨틀 내부로 침강하는 모습과 핵과 맨틀의 경계 구조를 훨씬 정확하게 알 수 있게 되었다.

지진 토모그래피는 지구 내부를 블록으로 분할하고 다수의 지진 진원과 관측점을 조합하여 기록한 주시 데이터에 의해 각각의 블록 안의 속도를 계산하여 지구 내부의 속도 분포를 추정하는 것이다. 마치 인체를 CT 촬영하듯이 지구 내부를 3차원적으로 파악할 수 있다. 지진파 속도의 3차원 분포를 얻게 되면 속도 분포로부터 구조를 알 수 있다.

지진파 속도가 빠른 영역은 주위에 비하여 저온이며 단단한 물질■2이 있는 것으로 추정하고 있다. 반대로 지진파 속도가 느린 영역은 주위보다 고온이며 부드러운 물질■3이라고 생각된다. 예를 들면 침강하는 해양판은 주위보다 속도가 빠르므로 무거운 물질이 존재하는 영역이며, 맨틀로부터의 따뜻한 상승류■4는 주위보다 저속도이며 가벼운 물질이라는 것을 알 수 있다.

일본 열도 주변에서는 밑으로 가라앉는 태평양판이 아시아 대륙 바로 밑의 맨틀 천이층(400~700km)에 일시적으로 체류하는 모습이 확인된다. 또한 통가–케르마데크 제도 바로 밑에서는 체류하는 서태평양판이 맨틀 천이층을 뚫고 다시 밑에 있는 하부 맨틀까지 떨어지고 있는 모습도 밝혀졌다.

반대로 남태평양과 아프리카 밑의 맨틀에는 대규모의 저속도 영역이 존재하여 마치 최하부 맨틀에서 솟아오르는 상승류(플룸)가 있는 것처럼 보인다. 이들 지역은 과거 지구상에 존재했던 초대륙의 중심부에 해당하는데, 현재 볼 수 있는 대규모 상승류는 초대륙이 분열하는데 필요한 원동력이 되는 대규모 플룸의 흔적으로 생각된다. 또한 하와이 제도와 동아프리카 지구대 등은 상부 맨틀에 존재하는 대규모의 저속도 영역으로부터 지표로 향한 소규모의 상승류가 확인된다.

이런 토모그래피 수법을 이용한 연구는 맨틀 전체의 현 구조뿐 아니라 판구조론과 관련된 과거 지구 표층부의 변동 현상을 규명하고, 지구의 대규모 맨틀 대류의 원동력을 찾는데 매우 중요한 역할을 맡고 있다.

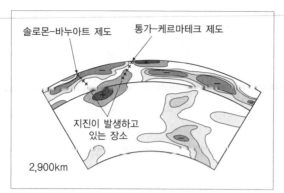

솔로몬-바누아트 제도에서 통가-케르마데크 제도를 횡단하는 동시 방향의 단면도_플러스 영역은 표준
모델보다 지진파가 빠르고, 마이너스 영역은 느린 것을 나타낸다.

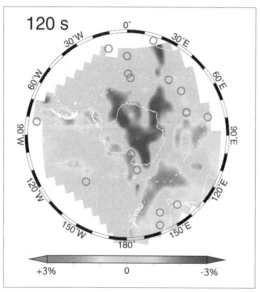

남극 주변의 표면파 토모그래피_색의 농담으로 표준 모델보다 빠르고(-3%) 느림(+3%)을 나타내고 있
다. 남극 대륙 동쪽으로 지진파 속도가 빠른 지역이 보인다. ○표시는 대지진의 진원이다.

:: 더 알아 보기_____

■1   지구 운동론으로 번역되며, 지구를 구성하는 암석의 움직임을 물리학적으로
해명한다.

■2   밀도가 크다. 즉 무거운 물질.

■3   밀도가 작아 가벼운 물질.

■4   플룸. 84번 항목 참고.

71

지구 중심핵은 지표보다 빨리 회전할까

지구의 중심은 핵이라고 한다. 핵의 반경은 약 2,900km이며, 그 안쪽은 반경 1,250km를 경계로 외핵과 내핵으로 나누어진다. 지표로부터 2,900km보다 깊은 지구 내부에서는 P파의 속도가 급격하게 감소하고, S파[1]가 통과하지 못하는 영역이 존재한다. 이 영역을 외핵이라고 부르는데, 용융 상태로 생각된다. 또한 이곳보다 더 깊은 곳(지구의 중심부)에는 P파와 S파 모두 고속도로 통과하는 내핵이라고 부르는 영역이 존재하는 사실도 지진파에 의해 알려졌다.

지구 중심핵(내핵)의 내용물과 움직임에 관해서는 지금까지 얼마나 알고 있을까? 암석의 고온, 고압 실험을 통하여 내핵은 주로 철(Fe)과 니켈(Ni)로 이루어져 있을 것으로 생각된다. 지표의 암석과 같이 안을 직접 볼 수는 없지만, 채집된 운석 연구로부터 그 모습을 상상할 수 있다.

최근 새롭게 발견한 것으로는 지진파의 전파 속도가 중심핵을 통과하는 방위(방향)에 따라 달라진다는 것을 들 수 있다. 지구 자전축[2]과 평행한 방향이 자전축에 수직인 방향[3]보다 지진파의 속도로 약 2~3% 빠른 것이 지진파의 주시[4]와 지구의 자유 진동[5] 연구에 의해 밝혀졌다. 지진파의 속도가 전달되는 방향에 따라 달라지는 것을 속도 이방성異方性이라고 한다. 중심핵의 이방성 구조를 설명하기 위하여 지구 자전의 영향으로 외핵의 적도 부근에서 자전축을 따라 회전하는 대류가 발생하고, 외핵에서의 열의 이동 효율이 적도 방향과 극 방향에서 다르다고 주장하고 있다. 더욱이 동반구와 서반구에서 이방성의 정도가 다른데, 이것은 이방성이 반구적인 구조를 갖고 있음을 나타낸다.

또한 이방성의 경년 변화■6를 보면 중심핵은 맨틀과 지각보다 1년에 1° 정도 동쪽으로 빨리 회전하고 있다. 내핵이 지각과 맨틀보다 빨리 회전하는 것을 차동 회전(differential rotation)이라고 한다. 외핵이 용융 상태이므로 고체인 내핵과 지각·맨틀의 회전 속도가 달라지는 일이 일어날 수 있다.

자전축에 가까운 관측점인 남극 쇼와 기지의 과거 30년간 지진 기록을 이용한 연구에 따르면 차동 회전량은 1년에 약 0.2°이다. 단 차동 회전에 대해서는 아직 연구자들 사이에 여러 가지 의견이 있다. 지구 자장의 변동과도 관련하여 그 성인을 설명하기 위한 이론적 연구가 지금도 진행되고 있다.

그러나 중심핵의 불균일한 구조와 이방성, 차동 회전 등 지구 중심핵에 관한 정보는 아직도 많지 않은 실정이다. 더욱이 외핵은 S파가 통과하지 못하기 때문에 지구 내부에서 가장 알려지지 않은 영역이다. 대지진이 발생하면 액체인 외핵 내부도 진동한다. 이때 액체의 공명 현상■7을 조사함으로써 외핵에 관한 이론도 진전될 것으로 기대하고 있다.

중심핵과 외핵의 상태가 변화하면 지구 자장에도 영향을 준다. 예를 들면, 액체인 철을 포함하여 전기의 전도도가 높을 것으로 생각되는 외핵

속에서 액체 철이 운동함으로써 전류가 발생하고 그 결과 자장이 만들어
진다. 이런 지구의 핵 안에서 일어나는 전기와 자기의 상호 작용을 지구
다이나모라고 한다. 다이나모 작용에 의해 태양 흑점의 자장 기원에 관
한 설명도 가능해졌다.

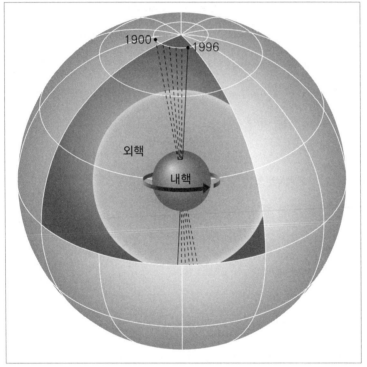

내핵의 차동 회동_1900~1996년에 내핵 이방성의 대칭축(파선과 실선으로 표시된 남북 직선)이 회전하
고 있는 모습을 알 수 있다. 내핵이 외핵과 맨틀보다 조금 빠르게 회전하고 있다.

:: 더 알아 보기_____

■1   횡파는 강체(剛體) 안에 존재하는 파. 횡파가 존재하지 않는 매질은 액체로
     생각할 수 있다.

■2   북극과 남극을 잇는 축.

■3   적도면.

■4   지진파의 전파 거리와 통과 시간의 관계를 이용하여 속도를 알 수 있다.

■5   종을 치면 진동하듯이 큰 지진이 발생하면 지구 전체가 진동하는 현상.

■6   시간과 함께 지진파 속도의 이방성 정도가 변화한다.

■7   고유 주기와 같은 주기의 파에 대하여 강하게 진동하는 현상.

지구 형성의 역사를 탐구하다

　　태양계 탄생으로부터 46억 년 동안 지구는 그 내부도 포함하여 점차 현재의 모습과 크기로 진화하였다. 최근의 지질학과 지진학에 의한 지구 진화 모델은 다음과 같다.

　　지구가 탄생했을 무렵 그 내부에는 대량의 열이 가두어져 있었다. 열은 시간과 함께 주변 우주 공간으로 방출되며 지구는 점차 식어갔다. 장기간에 걸친 냉각 과정에서 연속적이 아니라 단속적으로■1 대량의 열을 외부로 방출하는 사건이 지구 역사상 수차례 있었다. 열의 방출 과정에서 지구 내부 구조의 변화와 판이나 플룸 등의 현저한 움직임이 동반되었다. 전 세계 조산대■2의 형성 연대와 판의 침강에 따른 부가체■3의 형성 연대 등으로부터 지구 내부 열의 단속적인 방출이 27억 년 전, 19억 년 전 그리고 7~8억 년 전에 일어났음을 알 수 있다.

　　지구 역사에서 일어난 큰 사건으로는 다음과 같은 것을 들 수 있다. 먼저 46억 년 전 미행성(planetesimal)■4의 충돌과 집적에 의해 원시 지구가 탄생하였다. 두꺼운 마그마 오션■5이 표면을 덮고 거대 운석의 충돌에 의해 달이 지구에서 분리되어 만들어졌다. 40억 년 전에는 마그마 오션이 점차 냉각되어 판 구조가 시작되고 현재의 도호 정도의 대륙 지괴가 만들어지기 시작하였다.

27억 년 전에는 강력한 지구 자장이 탄생하였다. 지구 자장의 형성 원인으로는 맨틀 안의 대류가 27억 년 전을 경계로 그 이전의 상부·하부 맨틀의 이층 대류에서 간헐적인 전체 맨틀 대류라고 부를 수 있는 일층 대류로 변화한 것을 생각할 수 있다. 최하부 맨틀로 떨어진 판의 잔해는 저온의 물질로서 외핵 표층의 온도 구조를 흐트러뜨리고 핵의 내부에도 격렬한 대류를 일으켜 그 결과 지구 다이나모■6가 생긴 것으로 보인다. 이 무렵 지구 표면 여기저기에 현재의 마다가스카르 섬 정도의 작은 대륙이 생겨났다.

19억 년 전에는 처음으로 초대륙이 형성되어 네나(Nena)라고 명명되었다. 이후 초대륙의 형성과 분열이 현재까지 반복되고 있으며, 10억 년 전의 로디니아, 5~6억 년 전의 곤드와나, 2억 년 전의 판게아의 존재가 알려져 있다. 또한 7~8억 년 전 이후에는 해양판의 침강에 동반하여 맨틀 심부로 대량의 해수가 유입되었다.

이런 초대륙의 형성과 분열의 과정을 윌슨 사이클이라고 한다. 윌슨 사이클은 지구의 표층 환경에 큰 영향을 주었다. 즉, 초대륙이 형성될 때는 중앙 해령의 활동과 판의 운동이 약해진다. 지구의 육지가 초대륙으로 집중되면 해면이 내려간다. 해면이 내려간 결과 지구 표면에는 유기물을 함유하는 대륙붕이 넓게 노출한다. 대륙붕에 퇴적된 유기물을 포함한 물질이 삭박되고 대기와 접한 부분에서 유기물이 대량으로 산화함으로써 대기 중의 산소가 소비되었다. 그 결과 산소가 부족해지는 상태가 전 지구적으로 발생하여 생물이 대량으로 멸종되었다. 더욱이 이 시기에는 중

앙 해령에서 발생한 탄산가스의 양이 줄어들었기 때문에 지구의 온실 효
과가 약해져 지표면의 온도가 내려갔다. 또한 대규모 빙하가 발달하여
광범위하게 지구를 덮으며 생물 활동에도 큰 영향을 주었다.

　반대로 초대륙이 분열할 때는 해령에서의 판 생산량이 증가하여 해면
도 상승하고 빙하가 녹아 온난한 기후로 바뀌며 생물 활동도 다시 활발
해졌다. 이렇게 지구 역사를 조사함으로써 인류를 포함하여 현재 지구
환경의 성인과 미래 변동을 예측할 수 있게 된다.

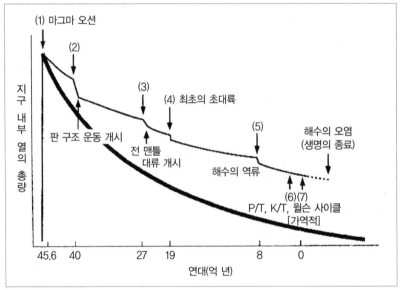

지구 내부에 경계층이 없는 경우의 냉각 곡선(굵은 선)과 내부에 경계층이 있는 경우의 냉각 곡선(가는
선)_ 지구는 단속적인 방열 운동을 반복하며 현재에 이르고 있다. 지구 역사의 큰 사건을 기호로 기재하
였다.
(1) 마그마 오션의 탄생 (2) 판 구조 운동의 개시 (3) 전 맨틀 대류의 개시 (4) 최초의 초대륙 네나의 출현
(5) 해수의 역류 개시 (6) 고생대 · 중생대의 경계 (7) 인류의 탄생

■1 급격하게 큰 변화가 일어나는 격변적인(catastrophic) 현상.

■2 지질대라고도 하며, 과거에 산맥이 만들어진 장소로서 현재의 대륙 대부분에 해당.

■3 침강하는 해양판의 일부가 해구에 면한 대륙 지각에 덧붙여지는 부분.

■4 행성을 형성하는데 기본이 되는 10^{15}kg 이하의 고체 입자 집합체.

■5 고온 때문에 지구 표면이 전부 마그마로 덮여 있는 상태.

■6 중심핵 내부 전자장의 상호 작용으로 지구 전체의 자장이 자동적으로 만들어지는 원리.

암석으로 지구 내부를 조사하다

지구의 내부는 어떤 암석으로 구성되어 있을까?

지구 내부의 구조는 지진파의 전달 방식에 의해 조사할 수 있다. 지진파의 속도에 차이가 생기는 원인으로서 지구 안의 온도와 압력 같은 외적 환경 이외에도 구성 물질인 암석과 광물 조성의 차이를 생각할 수 있다. 암석과 광물에 대한 고온, 고압 실험을 실시함으로써 지구 내부의 화학적 정보[1]를 추정할 수 있다.

지각을 구성하는 암석은 지표에 노출된 것이 많으므로 야외 지질 조사와 시추 조사를 병행하여 암석을 채집하고 분석함으로써 암석 조성을 알수 있다. 지각은 화강암질 암석으로 구성되어 있다. 화강암질 암석 가운데는 변성암으로 불리는 것이 있는데, 지하 심부에서 생성된 후 지표까지 올라간다. 따라서 채집된 지각 암석을 고온, 고압의 조건 아래에 놓음으로써 지하 심부의 정보를 얻을 수 있다. 실내 실험에서 암석 샘플을 고온, 고압의 조건 아래에 두어 지각 심부 상태를 재현하고 실험 데이터로부터 지진파 속도를 결정할 수 있다.

고압 실험에 따르면 상부 지각의 주된 구성 암석인 화강암의 지진파 속도는 약 6km/s, 하부 지각을 주로 구성하는 것으로 생각되는 현무암은 약 7km/s, 그리고 최상부 맨틀의 주된 구성 암석인 감람암은 약 8km/s 이다.

지구의 더욱 심부의 구성 물질도 마찬가지로 암석과 광물의 고온, 고압 실험에 의해 추정할 수 있다. 여러 가지 실험 결과와 관측된 지진파 속도 분포를 비교한 결과, 상부 맨틀은 주로 규소(Si)와 산소(O), 철(Fe) 그리고 마그네슘(Mg) 등으로 이루어진 규산염 광물[2]로 구성된 것으로 생각된다. 또한 상부 맨틀과 하부 맨틀의 경계층(깊이 400~700km의 천이대)에서는 이들 규산염 광물이 깊이(압력) 변화와 함께 다른 광물 조성으로 변화하고 있다고 한다.

하부 맨틀에는 마그네슘이 더 풍부한 석류석이 존재하는 것으로 추정하고 있다. 그러나 하부 맨틀의 조성에 관해서는 미지의 부분도 많아 앞으로 연구가 더 진전되기를 기대한다. 지구 심부인 외핵에 관해서는 액체의 철과 니켈(Ni)에 경(輕)원소가 혼합된 것으로, 또 내핵은 주로 고체인 철과 니켈로 구성되어 있는 것으로 생각된다.

그리고 지진 발생의 원리를 상세하게 조사하기 위하여 암석에 압력을 가하여 파괴하고, 이때의 파괴 양상과 파괴에 동반되어 발생하는 탄성파를 조사하고 있다. 암석의 이런 파괴 과정은 지하 단층에서 발생하는 지진의 축소판이라고 할 수 있다. 실험실에서 파악한 파괴 양식에 근거하여 실제로 발생하고 있는 진원 단층의 움직임을 추측함으로써 지진 예지의 기초 연구에 이용하고 있다. 또한 파괴에 동반되는 미소 지진을 이용하여 진원 단층의 위치 추정과 전진, 여진의 특징 등을 조사할 수 있다. 암석의 샘플로는 전혀 손상되지 않은 것을 사용할 뿐 아니라 지하의 단

암석 고압 실험 장치(교토 대학 방재 연구소)

구분		깊이(km)	압력(×10⁴기압)	온도(℃)	구성물질	상태
지각	상부	0~20	0	1000	화강암질	고체
	하부	20~50	1		현무암질	고체
맨틀	상부	50~700	15	3500 (±1000)	감람암질	고체
	하부	700~2900	39		철·마그네슘의 산화물·황화물	고체
핵	외핵	2900~5100	135 330	6000	철·니켈	액체
	내핵	5100~6370	390	(±1000)		고체

지구 내부의 구조와 권역별 상태

층을 가정하여 둘로 쪼개진 단편을 다시 붙여서 사용하는 경우도 있다.

이렇게 지표에서 입수할 수 있는 암석을 토대로 지구 내부와 지진의 발생 원리에 관한 다양한 정보를 얻을 수 있다.

:: 더 알아 보기_____

■1   암석이 어떤 원소로 구성되어 있는지 알 수 있다.

■2   대표적인 암석이 감람암(peridotite)이다.

지진계의 원리와 지진 관측의 역사

　지면의 진동을 정량적으로 기록하기 위한 기계를 지진계라고 부른다. 지면도 그 위의 물건도 모두 흔들리고 있는데 지진계는 어떻게 지면의 진동을 기록할 수 있을까? 움직이고 있는 현상을 기록하기 위해서는 움직이지 않는 점, 즉 부동점이 필요하다. 지진계는 이 부동점이 지진동에 대하여 공중에 정지하고 있고, 지면과 함께 진동하는 기록 장치 부분이 거꾸로 진동을 기록하는 원리로 되어 있다.

　부동점으로는 진자를 사용한다. 진자는 추를 늘어뜨린 끈의 길이를 조정함으로써 특정한 고유 주기로 흔들 수 있다. 끈 끝에 추를 매단 진자를 생각해 보자. 끈의 길이가 1m 정도라면 반대쪽 끝을 쥐고 천천히 움직이면 추는 크게 흔들린다. 그러나 그 끝을 빨리 흔들면 추는 움직이지 않는다. 손의 움직임에 대하여 추가 부동점이 된 것이다. 이렇게 고유 주기와 다른 주기로 진자를 움직이면 추는 마치 주위에 대하여 정지하고 있는 것처럼 보인다.

　지진파는 다양한 주파수대역[■1]을 갖고 있기 때문에 고유 주기와 기록의 감도[■2]를 달리하는 몇 가지 지진계가 19세기 말부터 전 세계에서 만들어졌다. 진자를 이용한 지진계는 진자의 주기보다 짧은 주기의 파를 감도 좋게 기록할 수 있는 특징이 있기 때문에 20세기 초엽부터 수초 이상의 긴 주기의 지진동을 파악하기 위하여 진자의 주기를 가능한 한 길게 만들려고 노력하였다.

지진계의 동작 방식은 기계식■3, 광학식■4 그리고 전자식■5이 순차적으로 개발되었다. 특히 20세기 후반에는 전자식 지진계가 주류를 이루었다. 또한 강력한 진동을 기록하기 위한 저감도의 강진계를 개발하여 건물에 설치함으로써 방재에 도움이 되고 있다. 더욱이 1980년대 중반부터는 넓은 주파수대역을 기록할 수 있는 고감도(고배율)의 지진계를 개발하여 현재 전 세계에 광대역 지진계 관측망을 구축하고 있다.

기록 방식은 초기에는 기록용 회전 드럼에 감긴 종이에 먹물이 묻은 바늘로 덧쓰는 방식이 주류였지만, 그 후 펜과 잉크를 이용한 방법이 채택되었다. 전자식 지진계 이용이 늘어나면서 전기 신호를 자기 테이프에 기록하게 되고, 최근에는 컴퓨터의 발달로 인하여 지진계의 신호를 수치로 기록하는 디지털 방식을 주로 이용하고 있다.

외국을 포함한 다수의 원거리 관측점의 데이터를 한꺼번에 한 지점에 모으는 것이 지진 활동의 모니터링에 중요하므로 전화 회선이나 무선을 이용한 장거리 전송■6이 1960년대부터 시작되었다. 이 텔레미터 방식도 초기의 아날로그 방식에서 디지털 방식으로 전환되었으며, 최근에는 정지 위성을 이용하여 송신하는 실시간 관측이 주류를 이루고 있다.

지진 관측에는 정밀한 시계가 필요하므로 아날로그 시대에는 전기 신호로서 타임 마크를 지진 기록에 넣었다. 최근에는 GPS 등의 위성으로부터 시계 신호를 받아들이는 장치가 많아지고 있다.

지진계_수평 진자의 두 성분 앞에 기록용 드럼이 있으며, 그 맞은편에 추가 있다. 추를 봉에 달아 진자가 연직선에 가까운 회전축 주위를 진동할 수 있게 되어 있다.

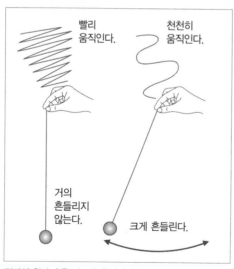

빨리
움직인다.

천천히
움직인다.

거의
흔들리지
않는다.

크게 흔들린다.

진자의 원리_손을 빠르게 움직이면 추는 거의 움직이지 않는다(부동점이 된다).

■1   0.001초부터 수백 초의 광역에 걸친 주기의 파이다.

■2   배율을 가리킨다.

■3   진자의 움직임을 기계적으로 증폭한다.

■4   감광지에 광점을 투영한다.

■5   지진동을 전기 신호로 바꾸어 처리한다.

■6   먼 곳으로 데이터를 전송하는 방식을 텔레미터(telemeter) 방식이라고 한다.

세계의 대륙 분포와 연대

    지구본을 보면 몇 개의 대륙이 태평양과 대서양, 인도양 등 해양 사이에 분포하고 있음을 알 수 있다. 현재 지구 표면적의 30%가 대륙이며, 나머지 70%가 해양으로 되어 있다. 해양판은 중앙 해령■1에서 탄생하여 해구 쪽으로 이동하며, 그곳에서 맨틀 안으로 침강한다■2. 따라서 판의 평균 수명은 1억 년 정도이며, 북서 태평양 같이 가장 오래된 경우에도 2억 년에 불과하다. 이보다 오래된 시대의 정보는 판이 침강해 들어가는 맨틀 이하의 지구 내부를 조사하여 얻어내야 한다. 반면에 대륙판은 맨틀로 침강하지 않으므로 과거 40억 년의 역사를 표층의 암석과 지각의 구조를 조사함으로써 알 수 있다.

    시생대(40억~25억 년) 및 원생대(25억~6억 년)의 조산대는 주로 대륙 내부에 분포하고 있다. 북반구에서는 시베리아, 발트, 캐나다 및 그린란드, 남반구에서는 아프리카, 인도, 오스트레일리아 서부, 남아메리카의 브라질 그리고 남극 대륙 동부에 각각 분포하고 있다. 시생대 지역은 원생대 지역에 비하여 상당히 제한된 장소에만 분포하고 있다. 시생대~원생대의 조산대는 현재는 지표면이 삭박되어 높은 산맥을 이루지 못하며, 평탄하고 안정된 지형인 소위 순상지■3와 탁상지■4를 이루고 있다. 이들 지역을 크라톤(craton) 즉 안정 지괴라고도 부른다. 크라톤은 지진 활동이 매우 적은 것으로 알려져 있다.

또한 6억 년 이후의 조산대는 그 이전 선캄브리아 시대의 조산대인 크라톤을 둘러싸듯이 분포하고 있다. 그 가운데 비교적 오래된 고생대 (6~2.5억 년)의 조산대에는 북아메리카 동안의 애팔래치아 조산대, 스칸디나비아 반도의 칼레도니아 조산대, 오스트레일리아 동부의 타스만 조산대 등이 포함된다. 또한 비교적 새로운 중생대~신생대(2.5억 년~현재)의 조산대는 환태평양 조산대와 알프스 · 히말라야 조산대의 두 개로 나누어진다. 연대가 새로워질수록 표고가 높은 산맥이 되며, 해구를 따라 지진 활동■5도 다른 지역보다 활발하다.

조산대의 형성 과정은 크게 충돌형과 태평양형의 두 유형으로 구분한다. 충돌형의 전형인 히말라야 산맥은 유라시아와 인도 두 대륙의 충돌에 의해 형성되고 있다. 충돌형에서는 대규모 지질 구조의 변화가 생기지만, 대륙 지각의 양이 현저하게 증가하지는 않는다. 태평양형의 대표는 남아메리카의 안데스 산맥으로서, 남아메리카 대륙의 서진과 태평양판의 침강에 의해 화강암질 마그마가 대량으로 표면에 분출하거나 지각 심부로 관입하며 현재도 조산대가 성장하고 있는 장소이다. 신생대 조산대 가운데 최근 1억 년 동안에 형성된 장소는 해양판의 침강에 의해 대륙 면적이 가장 많이 성장하고 있다.

누대	대	기	연대(백만 년)
현생대	신생대	제4기	
		제3기	1.6
			66
	중생대		250
	고생대		600
선캄브리아 시대	원생대		2500
	시생대		4000

지구 탄생	———	4600	
은하 형성 개시	———	8500 (?)	
우주 탄생	———	15000 (?)	

지질 연대표

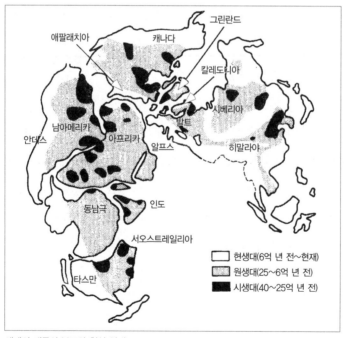

세계의 대륙의 분포와 형성 연대

■1　발산 경계. 80번 항목 참고.

■2　수렴 경계. 80번 항목 참고.

■3　선캄브리아 지역 가운데 지표 퇴적물이 없이 암반이 드러나 있으며, 방패를 엎어놓은 듯이 평탄한 지역.

4■　선캄브리아 지역 가운데 지표가 퇴적물로 덮여 있으며, 탁자와 같이 기복이 적은 평탄한 지역.

■5　40번 항목 참고.

대륙의 성장과 지진 지체 구조론

우리가 살고 있는 지구상의 육지(대륙과 섬)는 어떻게 만들어졌을까? 또한 육지의 형성과 지진의 발생은 어떤 관계에 있을까? 여기에서는 대륙의 기원과 성장 과정에 관하여 생각해 보자.

지구는 46억 년 전 태양계의 탄생과 동시에 태어난 것으로 생각되지만, 지구상의 지각을 구성하는 암석의 가장 오래된 연대는 40억 년 전후라고 한다. 이것은 이보다 오래된 암석이 지상에서는 발견되지 않았으며, 대부분의 초기 지각은 급속한 맨틀 대류에 의해 맨틀 안으로 재순환했다고 생각하기 때문이다. 더욱이 최근 오스트레일리아 등 일부 지역에서 대륙 지각의 주된 구성 물질인 화강암질 암석의 침식으로 생긴 광물■1의 연대 측정 결과는 약 44억 년 전에 작은 대륙의 핵이 존재했음을 시사하고 있다.

맨틀 안으로 급속하게 끌려 들어간 해양 지각과 달리 대륙 지각에는 부력이 작용하기 때문에 맨틀로 침강하기 어렵다. 시생대■2 초기의 대륙 지각은 침강하는 해양 지각의 일부가 녹아(부분 용융) 침강대 바로 위에 형성된 것으로 보인다. 침강하는 현무암질 해양 지각의 부분 용융에 의해 화강암질 마그마가 만들어지고, 이것이 상승하여 침강대 바로 위에 대륙의 원형인 작은 섬이 형성되었다. 그리고 침강과 마그마 공급이 계속되면서 더욱 큰 대륙이 만들어졌다.

한번 만들어진 대륙 지각은 다양한 원리에 의해 연직 방향으로 커지는 동시에 수평 방향으로도 성장해 갔다. 연직 방향으로의 성장은 주로 판의 수렴 경계와 지구대에서 일어나는 마그마의 하부 지각으로의 관입[3]에 의해 발생한다. 또한 수평 방향으로의 성장은 해양 지각이 대륙 지각 밑으로 들어가는 침강대 또는 대륙 지각끼리 충돌하는 경계에서 일어난다. 침강하는 장소가 바다 쪽으로 이동하면 대륙은 수평 방향으로 성장히게 된다. 침강대에서는 해양 지각의 단편이 대륙 연변에 달라붙어 수평 방향으로 성장한다. 이것을 부가대付加帶의 형성이라고 부른다.

대륙과 도호 또는 대륙끼리의 충돌이 일어나면 더 크고 두꺼운 대륙이 만들어진다. 더욱이 대륙끼리 충돌할 때는 한쪽 대륙의 하부 지각이 상부 지각과 분리[4]하여 맨틀 안으로 침강하는 것도 확인된다. 또한 안정된 대륙 연변의 얕은 바다에서는 퇴적물이 쌓여 새로운 지각이 형성됨으로써 수평 방향으로 성장하는 수도 있다.

이런 대륙의 성장 과정이 지구 역사상 어느 정도의 시간을 필요로 했는지는 아직 의견이 일치하지 않는다. 기본적으로는 40억 년 이후 서서히 대륙의 면적이 증가하여 현재에 이르렀다고 생각된다. 또한 대륙 지각을 구성하는 암석의 연대 측정을 통하여 19억 년 이후 수차례에 걸쳐 초대륙이 존재했으며, 이들을 구성하는 대륙군이 집합과 이산을 반복하면서 현재의 대륙 분포가 만들어졌다고 생각된다.

현재 지구상에서 지진이 발생하고 있는 장소는 지금도 대륙과 해양의

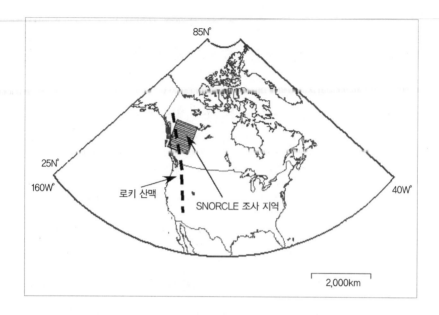

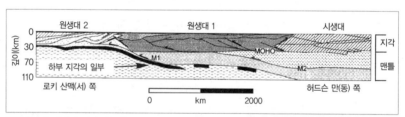

북아메리카 지각의 성장 과정을 보여 주는 단면. 동쪽(오른쪽)의 시생대 지각에 서쪽(왼쪽)의 지각이 잇
달아 충돌하며 성장하였다. 서쪽 하부 지각의 일부는 상부 지각에서 분리되어 맨틀 안으로 침강하고 있
음을 알 수 있다. MOHO는 모호면, M1, M2는 맨틀 내부의 반사면을 의미한다.

판 운동이 일어나고 있는 장소이며, 지진 활동의 분포와 지진의 메커니즘으로부터 그 장소에 작용하는 힘과 변동 현상을 알 수 있다. 또한 현재 지진 활동을 보기 어려운 선캄브리아기의 안정 대륙의 성장 과정은 반사법 같은 지진 탐사를 통하여 상세한 구조를 파악함으로써 이해할 수 있다. 이렇게 지진 활동과 지각 변동을 같이 논하는 분야를 지진 지체 구조론(seismotectonics)이라고 부른다.

:: 더 알아 보기 _____

■1   쇄설성 지르콘이라는 광물.

■2   25억 년 이전.

■3   underplating이라고 한다.

■4   delamination이라고 한다.

대륙이 이동하다 – 대륙 이동설

대서양 양쪽 해안선의 유사성은 17세기 무렵부터 주목받았지만, 그 이유를 설명하지는 못하였다. 독일의 기상학자인 베게너(A. Wegener)는 아프리카 대륙 서쪽과 남아메리카 대륙 동쪽의 해안선이 닮아 있는 것에 흥미를 갖고 있었으며, 브라질과 아프리카 간 고생물의 유사성에 관한 논문을 읽고 두 대륙은 과거에 하나의 대륙이었음을 확신하게 되었다고 한다. 딱 들어맞는 대서양 양쪽 해안선에 더하여 베게너는 과거 두 대륙이 이어져 있었음을 보여 주는 지질 구조, 동식물의 화석, 대륙 빙하의 분포 등을 근거로 초대륙 곤드와나를 복원하고 1910년 대륙 이동설을 제창하였다.

그러나 거대한 대륙이 수평 방향으로 움직인다는 생각은 당시의 사람들에게는 믿기 어려운 것이었다. 대륙 이동설을 지지하는 소수의 사람들도 거대 대륙을 분열시키고 수천 킬로미터를 이동시키는 원동력을 설명하지 못함으로써 대륙 이동설은 1930년대부터 외면을 받게 되었다.

그러나 베게너의 대륙 이동설은 1950년대 말 해저 확장설[1]에 의해 부활하였다. 이것은 해양 관측 데이터와 고지자기학[2]의 발전에 의한 것이다. 고지자기학 연구에 의해 지리적인 극과 거의 일치하는 그 당시의 지자기극을 찾아낼 수 있다. 1950년대 말 고지자기학으로 찾아낸 대륙별 극의 위치가 시대에 따라 달라지고 있는 것으로부터 대륙이 움직이고 있음을 증명하였다. 또한 해양 관측 결과로부터 해저 지형과 지자기 줄무늬[3] 등이 밝혀진 것도 이 무렵이다. 이들 데이터에 의해 대륙과 대륙 사이의 해저가 확장되고 있는 것도 알게 되었다.

지자기 줄무늬에 의해 해저가 확장되고 있음을 알게 되었지만, 해저에서 직접 얻은 증거는 없었다. 그런데 1960년대 초 미국에서 심해 굴착선이 건조되고 1968년부터 본격적인 심해 굴착[4]이 개시되었다. 심해 굴착으로 그 당시까지 불가능했던 3,000m 이상의 심해에서 해저에 구멍을 뚫고 그곳에서 코어를 채취할 수 있게 되었다. 심해 굴착 결과 해령에서 멀어질수록 해저의 연대가 오래된 것이 밝혀져 해저 확장이 증명되었다.

해저 확장에 의해 대륙 이동설은 부활했으며, 지구 표층의 변동 현상을 설명하는 판구조론[5]으로 발전하였다. 현재는 해저의 지자기 줄무늬로부터 과거 2억 년까지 대륙의 움직임과 이동 속도가 밝혀졌다. 판구조론에서 판의 운동은 지구 내부의 열을 방출하는 대류 운동의 표면 현상이라고 보고 있으며, 해저 확장에 의해 판 위에 실려 있는 대륙이 이동하게 되므로 대륙을 움직이는 특별한 힘을 필요로 하지 않는다.

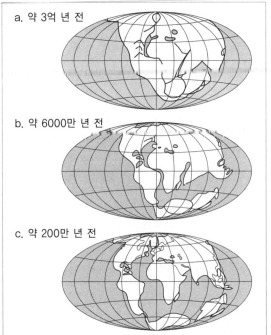

a. 약 3억 년 전

b. 약 6000만 년 전

c. 약 200만 년 전

베게너의 대륙 이동

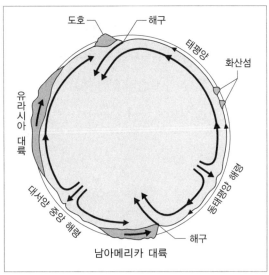

도호　해구

태평양

화산섬

유라시아 대륙

동태평양 해령

대서양 중앙 해령

남아메리카 대륙

해구

해저 확장설

■1 78번 항목 참고.

■2 과거에 만들어진 암석을 사용하여 그 당시의 지구 자장을 조사하는 학문이다.

■3 78번 항목 참고.

■4 Glomar Challenge라는 심해 굴착선에 의해 개시되었다.

■5 80번 항목 참고.

지자기 역전과 해저 확장

지구의 자장은 거의 지구 중심에 놓여 있는 막대 자석[1]과 흡사하다. 이 지구 자장이 과거에 역전(지구 중심의 막대 자석 방향이 현재의 방향과 정반대가 되는 것)되었던 것이 밝혀졌다. 지구 자장의 역전이 받아들여지게 된 것은 1960년대 이후이다. 그 전에도 현재의 지구 자장과는 반대 방향의 자장을 지닌 암석은 알려져 있었다. 그러나 암석이 자석이 되는 원인을 알지 못했기 때문에 지구 자장 전체가 뒤집혀 반대 방향을 향하는 것 자체를 믿지 못하였다.

고지자기학 연구[2]가 발전함에 따라 어느 시대의 암석은 전 세계적으로 종류를 불문하고 현재의 지구 자장과 반대 방향의 자장을 갖고 있음을 알게 되었다. 이를 통하여 과거에 지구 자장이 몇 번씩이나 역전되었던 것도 밝혀졌다. 지금까지의 연구에 의하면 지구 자장은 일정한 주기 없이 무작위로 역전되고 있는 것처럼 보이는데, 역전되는 원인에 대해서도 아직 잘 모르고 있다.

제2차 세계 대전 이후 활발하게 실시한 해저 조사와 관측[3]에 의해 중앙 해령[4]의 존재 등이 밝혀졌다. 1960년 미국의 헤스(H. Hess)는 당시까지의 지식을 통합하여 맨틀 대류▪5를 근저로 하는 해양 지각의 생성과 소멸에 관한 장대한 가설을 세웠다. 이것은 해령이 맨틀 대류의 상승부에 해당하며, 이곳에서 새로운 해양 지각이 만들어지고 대류에 의해 이동하고 해구에서 하강하여 맨틀 안으로 흡수된다는 것이다. 헤스 본인은 이 가설을 「지구 시(geopoetry)」라고 불렀다. 다음해 같은 내용의 논문이 미국의 디이츠(R. Dietz)에 의해 발표되었으며, 그는 이 가설을 「해저 확장설」이라고 불렀다.

해저 조사와 관측 결과 1960년대 초에 지자기 줄무늬가 발견되었다. 해양에서 관측된 지자기 데이터의 강약을 지도에 표시하면, 해령 양쪽에 대칭적으로 평행한 줄무늬 모양의 분포를 보인다. 이것을 지자기 줄무늬라고 부른다. 1963년 영국의 바인(F. Vein)과 매튜(A. Mathew)는 아이슬란드 남서쪽 해령 위에서 얻은 지자기 줄무늬에 대하여 자화磁化 강도의 차이가 아니라 자화 극성의 변화에 의한 것으로 결론내리고, 지구 자장의 역전과 해저 확장을 조합하여 설명하였다. 이것은 중앙 해령에서 지하 심부로부터 올라오는 마그마가 새로운 해양 지각이 될 때 해수에 의해 냉각되고 그때의 지구 자장의 방향으로 자화하며, 그 지각이 양쪽으로 멀어져 간다는, 마치 해양 지각이 테이프 레코더와 같이 과거 지구 자장의 방향을 기록하고 있다는 생각이다.

현재의 해령에서 해양 지각이 생성될 때는 현재 지구 자장의 방향과 같은 방향으로 자화하며, 이 부근에서 지자기 관측을 실시하면 플러스 데이터를 얻을 수 있다. 해령으로부터 멀어짐에 따라 해양 지각의 연대는 오래되며 지자기가 역전되어 있던 시기에 해령에서 생성된 해양 지각은 현재의 지구 자장과 반대 방향의 자화를 갖고 있기 때문에 이 부근에서는 마이너스 데이터를 관측하게 된다. 이를 지자기의 역전사와 조합하면, 해령 양쪽에 대칭적으로 평행한 줄무늬 모양의 지자기 이상을 만들어낼 수 있다. 그 후 실제로 지자기 이상의 줄무늬 패턴과 지자기 역전사가 잘 일치하는 것으로 나타나 지자기 역전과 해저 확장이 모두 확립되었다.

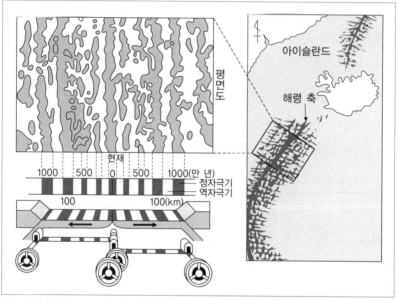

줄무늬 패턴의 지자기 이상과 그 패턴이 만들어지는 방식_ 대서양 중앙 해령의 지자기 이상에서 회색 영역은 플러스 이상, 백색 영역은 마이너스 이상을 나타낸다. 테이프 레코더와 같이 지구 자장의 방향이 기록되어 있다.

:: 더 알아 보기_____

■1 막대 자석과 같은 자석을 자기 쌍극자라고 한다.

■2 77번 항목 참고.

■3 해저의 지형, 지질, 지자기, 중력 등의 관측.

■4 해저에 늘어서 있는 대산맥.

■5 84번 항목 참고.

「열점」이란

　많은 화산이 판이 생성되는 해령이나 침강대 같은 판의 경계에 분포하고 있다. 그러나 하와이처럼 판의 경계에서 완전히 떨어져 있는 장소에도 화산이 있다. 태평양의 해저 지형을 보면 해면 위로 얼굴을 드러내지 않은 많은 해산■1이 분포하는데, 1965년 캐나다의 윌슨(T. Wilson)은 이런 화산을 열점이라고 불렀다.

　태평양의 열점으로 유명한 것이 하와이 섬이다. 하와이 섬을 기점으로 하와이 제도의 서쪽 연장선상에 해산이 늘어서 있는데, 미드웨이를 포함하여 이들 해산은 거의 직선상에 놓여 있다. 하와이 섬으로부터 서북서 방향으로 늘어서 있는 이 해산군의 길이는 3,000km이다. 더욱이 그 앞쪽으로도 동경 170° 부근에서 방향을 북쪽으로 바꾼 길이 2,500km의 엠페러 해산군이 알류샨 열도까지 이어진다. 하와이 섬에서 엠페러 해산군으로 이어지는 일련의 해산을 하와이-엠페러 해산군이라고 부른다.

　제2차 세계 대전 직후 미국의 디이츠는 도쿄의 점령군 소속 기관에서 미국과 일본의 해저 관련 데이터를 취급하며, 북태평양 해저의 지형, 지질을 정리하는 업무를 보았다. 디이츠는 북서태평양에서 많은 해산을 발견했는데, 이름을 붙일 때 도쿄에서 신세를 졌던 일본인들에게 감사하는 뜻으로 일본 천황의 이름을 사용하게 되었다. 디이츠가 발견한 해산의 대부분은 거의 직선상으로 늘어서 있으며, 이 해산군을 엠페러 해산군■2 이라고 부르게 되었다.

열점의 근원은 지구의 핵과 맨틀의 경계■3에 있으며, 맨틀 바닥으로부터 올라오는 고온부■4가 지구 표층에 부딪쳐 열점을 만들고 있는 것으로 생각된다. 하와이-엠페러 해산군의 연령은 하와이에서 서쪽으로 멀어질수록 높아지며, 이런 경향은 엠페러 해산군에도 그대로 적용되어 엠페러 해산군에서도 북쪽으로 갈수록 해산의 연령이 높아진다.

열점의 기원이 지구 심부에 있기 때문에 표층의 판에 대해서는 부동점■5이라고 생각할 수 있다. 움직이는 판에 대하여 열점은 움직이지 않기 때문에 심부로부터 올라오는 마그마는 바로 위에 새로운 화산을 만들고, 판 운동에 동반되어 열점에서 멀어지면 화산의 생성은 끝나며, 열점 위에서 잇달아 새로운 화산이 만들어진다. 따라서 열점에 의해 만들어진 해산의 열은 규칙적으로 연대가 바뀌어 간다.

열점으로 만들어지는 해산군은 판 운동의 궤적이라고 할 수 있다. 열점을 부동점으로 생각하면 열점에 의한 해산군은 판의 절대 운동을 나타내는 것이 된다. 하와이-엠페러 해산군의 동경 170° 부근 전환점의 연대가 4,200만 년 전이며, 그 무렵 태평양판의 이동 방향이 크게 바뀌었음을 알 수 있다.

남태평양, 인도양 그리고 대서양에서도 규칙적으로 연대가 바뀌는 거의 직선의 해산군이 나타나는데, 이들도 열점에 의한 것으로 생각된다. 또한 아이슬란드는 대서양 중앙 해령의 일부이지만, 큰 화산이므로 해면

위로 얼굴을 드러내고 있다. 아이슬란드는 열점에 동반된 플룸의 활동과 해령의 활동이 동시에 일어나고 있는 영역으로 생각된다.

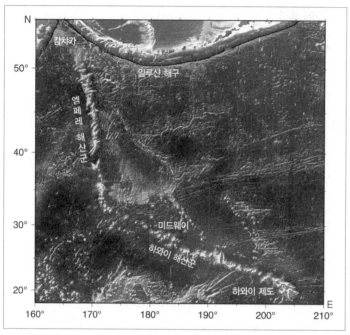

하와이-엠페러 해산군_북태평양 해저 지형의 모습

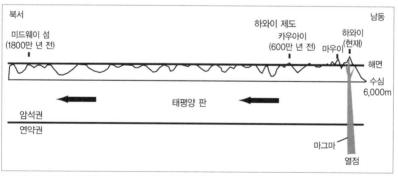

하와이 해산군의 형성 과정_열점 위로 태평양판이 움직이며 잇달아 화산성 산이 형성된다.

■1　해면에 얼굴을 드러내지 않은 화산성 산을 해산이라고 부른다.

■2　해산의 이름은 연령이나 열과 관계없이 일본 천황의 이름이 붙여졌다. 따라서 더 오래된 해산이 더 과거의 천황 이름을 갖고 있지는 않다.

■3　71번 항목 참고.

■4　상승하는 고온부를 플룸이라고 부른다. 84번 항목 참고.

■5　열점이 표층 판에 대하여 정말로 부동점인지, 또 움직인다면 어느 정도인지 지금도 논의되고 있다.

「판구조론」이란

　일본에 살고 있으면 지진이나 화산 같은 급격한 변동을 가까이서 느낄 수 있다. 우리는 대지가 불안정하며 변동하고 있음을 그리고 지구 표층의 구조가 변화해 감을 알고 있다. 지구의 표층은 다양한 변동이 오랜 세월 누적되어 현재의 구조를 만들었다. 텍토닉스(tectonics)[1]는 지구 표층과 관련된 지진과 화산 등의 활동이 어떻게 일어나는지를 설명하는 이론이다. 지구 표면은 판[2]으로 불리는 몇 개의 블록으로 나누어져 있다. 판의 경계에서는 지진과 화산 분화를 비롯한 여러 변동 현상이 일어나고 있다.

　지구 표면에는 암석권이라는 두께 100km 정도의 단단한 층이 있으며, 그 밑에는 부드러운 연약권이라는 층이 있다. 암석권의 범위는 판이라고 하며 연약권 위를 강체剛體 같이 운동하고 있다. 판의 운동에 의해 판끼리 접하는 경계에서 일어나는 지구과학적 변동을 설명하는 것이 판구조론이다. 판의 운동은 지구 내부의 열을 방출하는 대류 운동의 표면 현상으로 생각할 수 있다.

　판의 경계는 인접한 판의 상대적인 운동에 의해 판이 서로 멀어지는 발산 경계, 서로 가까워지는 수렴 경계, 서로 스쳐 지나가는 보존 경계의 세 가지로 분류된다. 해령[3]은 판이 서로 멀어지는 발산 경계이다. 판이 서로 멀어짐으로써 그 사이로 뜨거운 물질(마그마)이 상승하여 새로운 판이 형성되고 퍼져 간다. 발산 경계에서 만들어져 확장되는 판은 때로는 대륙을 싣고 이동하며, 수렴 경계인 해구[4]에서 지구 내부로 침강, 소멸하며 침강대[5]를 형성한다. 침강하지 않는 판 쪽의 침강대에는 지진과 화산 활동이 활발한 지역이 출현한다. 또한 수렴 경계로 이동해 온 판 위의 대륙끼리 충돌하면 히말라야 산맥과 같은 큰 조산대가 만들어진다. 한편, 보존 경계의 대표로는 북아메리카 대륙 서안의 샌안드레아스 단층을 들 수 있다.

이들 세 경계에서는 지진 활동을 볼 수 있다. 활동 양상은 경계에 따라 다르다. 발산 경계인 해령의 지진 활동은 규모가 작고 얕은 곳에 한정되어 있다. 수렴 경계인 침강대에서는 규모가 매그니튜드 8 정도로 크며, 얕은 지진과 깊은 지진 모두 일어난다. 보존 경계인 변환 단층에서는 많은 지진이 일어나며, 매그니튜드 7 규모의 큰 지진도 발생하나 얕은 부분에 국한되어 있다.

최근에는 GPS와 VLBI[6] 등의 우주 기술을 이용함으로써 판의 절대 운동을 실측할 수 있게 되었다.

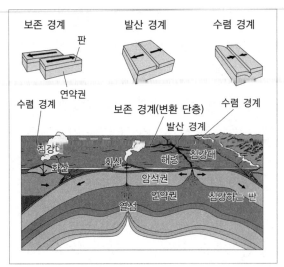

판 운동의 모식도_발산 경계, 수렴 경계, 보존 경계의 세 유형으로 구분된다.

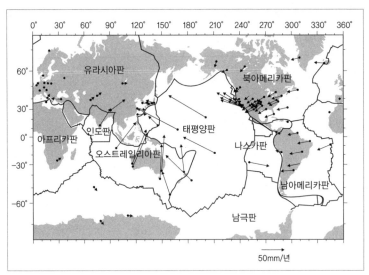

판의 분포와 이동_화살표의 방향과 길이가 판의 이동 방향과 속도를 나타낸다.

■1   구조론 또는 구조 운동론으로 번역한다.

■2   plate의 번역어.

■3   해저의 대산맥.

■4   해저의 깊은 골짜기.

■5   섭입대(subduction zone)라고도 부른다.

■6   초장 기선 전파 간섭계(very long baseline interferometer)라고 부른다.

공룡의 조상과 판구조론

　1967년 12월 뉴질랜드의 지질학자가 남극 대륙의 남극 횡단 산맥의 모레인[1]에서 흑색의 작은 돌을 발견하였다. 지질학자는 주변의 돌과는 모습이 다른 그 돌이 동물의 뼈라는 것을 알아차렸다. 이 돌이야말로 남극에서 최초로 발견된 네 다리 동물의 화석이었다. 그 후 조사에서 이 화석은 양서류인 라비린소든트(labyrinthodnt)의 턱뼈임이 판명되었다.

　남극 대륙에서 동물의 화석이 발견되었다는 뉴스를 들은 미국은 다음해인 1968년부터 2년간 네 명의 화석 전문가를 남극 횡단 산맥으로 파견하였다. 조사대는 중생대[2]에 퇴적된 지층 속에서 대량의 화석을 채취하였다. 이들은 테라프시드, 시노돈트 등 파충류 화석으로서, 그 가운데 테라프시드 파충류인 리스트로사우루스(Lystrosaurus)의 완전한 골격이 한 구 포함되어 있었다.

　리스트로사우루스는 약 80cm의 작은 개 크기로 수변에 무리를 이루며 서식하던 초식 동물이다. 몸은 육중하고 위턱에 작은 어금니 2개가 나와 있다.

　2억 2500년 전[3] 남극은 당시까지 번성하던 글로소프테리스, 강가모

프테리스 등의 식물상▪4은 사라지고 속새, 소철 등이 무성한 경관으로 바뀌었으며, 리스트로사우루스를 비롯한 소형 양서류와 파충류가 서식하고 있었다. 초식 동물뿐 아니라 일부 육식 동물도 서식하고 있었다. 리스트로사우루스를 비롯한 이들 네 발 동물의 화석은 인도, 남아메리카, 아프리카, 오스트레일리아에서도 발견되었다.

리스트로사우루스 시대 이후 화석으로 발견된 동물들은 대형화되어 결국 공룡 시대를 맞이하게 되었다. 즉 리스트로사우루스는 공룡의 조상인 것이다. 남극 대륙에서는 쥐라기 이후의 동물 화석은 발견되지 않았기 때문에 그 후 남극 대륙은 한랭화가 진행되어 생물이 서식할 수 없는 환경이 된 것으로 해석하고 있었다. 그런데 그런 생각이 틀렸다는 증거가 나타나기 시작하였다.

1980년대 후반부터 남극에서도 공룡 화석이 발견되기 시작하여 남극의 자연 환경을 다시 생각하지 않을 수 없게 되었다. 남극 최초의 공룡 화석이 1986년 아르헨티나 조사대에 의해 남극 반도 끝에 위치하는 제임스 로스 섬에서 발견되었다. 백악기 후기▪5의 지층에서 발견된 이 화석은 안킬로사우루스로 동정되었다.

두 번째는 영국 조사대에 의해 베가 섬의 백악기 전기▪6 사암층에서 발견되었고, 크기가 5m인 힙실로포돈으로 동정되었다. 힙실로포돈은 조반류▪7 공룡으로 앞다리가 짧고 뒷다리는 길게 발달했기 때문에 상당히 빨리 달릴 수 있고 식물을 먹었을 것으로 추정되었다.

세 번째는 이탈리아와 미국의 합동 조사대가 1990~1991년 남극 횡단산맥의 커크패트릭 산 부근에서 약 20m 크기로 추정되는 대형 공룡의 화석을 발견하였다. 그 후에도 종종 공룡 화석을 발견했다는 뉴스가 보도되었다. 지금은 얼음 대륙으로 대형 생명체가 존재할 수 없는 남극이지만, 공룡이 돌아다니던 시대가 있었던 것이다.

해안선의 모습과 양쪽의 지질 구조, 식물 분포가 닮은 것에서 제창된 대륙 이동설은 해저 확장설을 거쳐 판구조론으로 발전했으나 반대자도 있었다. 초대륙 곤드와나의 존재를 확고부동하게 만든 것이 남극에서의 화석 발견이었다. 물론 석탄으로 변한 곤드와나 식물군은 발견되고 있었지만, 식물은 종자가 바람과 해류를 타고도 운반될 수 있다. 그런데 수변에 서식한다고 하더라도 수천 킬로미터의 바다를 헤엄칠 수는 없는 리스트로사우루스의 화석이 남극에서 발견되었다는 것은, 과거에 남극 대륙이 인도, 아프리카 등과 이어져 있었다는 결정적인 증거가 되므로 초대륙 곤드와나가 연구자에게 인정받아 판구조론 발전의 초석이 된 것이다.

리스트로사우루스의 복원 모형

■1 빙하에 의해 운반된 토사가 모여 만든 구릉 모양의 암괴 지형.

■2 트라이아스기, 쥐라기, 백악기를 포함하는 지질 시대.

■3 트라이아스기 후기.

■4 인도 중부의 곤드족이 사는 지역에서 최초로 발견되었고, 초대륙 이름의 기원이 되었기 때문에 곤드와나 식물군이라고도 부른다.

■5 9600만~6500만 년 전.

■6 1억 3500만~9600만 년 전.

■7 새와 같이 두 개의 뒷다리로 보행하는 공룡.

판구조론으로 본 일본 열도

일본 열도 부근은 세 개의 판이 만나는 3중 회합점(triple junction)이며, 한 개의 판이 근처에서 더 접하고 있는 지구상에서도 특이한 장소이다. 따라서 지진 활동도 활발하여 전 세계에서 일어나는 지진의 10%가 일본 열도 부근에서 발생하고 있다.

판구조론이 제창되었던 1970년대 무렵 지구는 7개의 판[1]으로 덮여 있다고 설명하였다. 그러나 조사가 진척되고 데이터가 수집되자 각 판은 세분화되었고, 몇 개의 마이크로판[2]도 제안되어 현재는 십 수개의 판으로 덮여 있다고 생각할 수 있다. 제창되었을 무렵의 모습을 그대로 유지하고 있는 것은 남극판뿐이다. 남극판은 중심의 남극 대륙이 두꺼운 얼음으로 덮여 있고 주변 해역에는 해빙이 발달하므로 조사가 잘 진척되지 않았다.

일본 열도 부근은 처음 태평양판과 유라시아판의 경계라고 설명하였다. 그 후 필리핀판이 제창되어 일본 열도의 태평양 쪽에서는 이즈-오가사와라 열도를 경계로 서쪽은 필리핀판, 동쪽은 태평양판이 각각 유라시아판의 밑, 즉 일본 열도 밑으로 침강하는 것으로 수정하였다. 이 시점에서 일본 열도는 세 개의 판이 함께 맞닿는 지역이었다.

　그 후 포사 마그나■3라고 부르는 이토이 강–시즈오카 구조선을 판 경계로 생각하고, 홋카이도부터 동북 일본까지는 북아메리카판에 속한다는 주장이 나오게 되었다. 그러나 지구본을 보더라도 북아메리카판이 가늘고 길게 일본 열도까지 뻗어 있다고 생각하는 것은 무리인 것 같다. 기하학적으로는 가능할지 몰라도 단단한 판이 바늘처럼 일본 열도까지 파고들 수 있을까? 따라서 오호츠크 해를 중심으로 마이크로 판이 제창되었다. 홋카이도와 동북 일본이 북아메리카판인지 마이크로 판인지는 별개로 치더라도, 일본 열도 일대가 이토이 강–시즈오카 구조선, 더 나아가 이즈–오가사와라 열도를 경계로 하여 네 개의 판이 맞닿는 지역이라는 견해에 이론을 다는 연구자는 거의 없는 듯하다.

　태평양판의 침강에 의해 동북 일본의 태평양 쪽에 일본 해구가 형성되고 거대 지진이 발생하고 있다. 서남 일본에서도 필리핀판의 침강에 의해 사가미 해곡■4, 쓰루가 해곡, 난카이 해곡이 늘어서 있으며, 간토 지진, 도카이 지진, 난카이 지진 등 역시 거대 지진이 발생하고 있다. 양쪽 모두 전형적인 해구형 지진이다.

　또한 유라시아판과 동북 일본을 포함하는 판의 경계인 동해에는 20세기에만 5회의 매그니튜드 7 규모의 지진이 발생하였다. 이들 대지진이 일렬로 늘어선 모습에서 많은 사람들이 동북 일본은 유라시아판과는 별개의 판에 속한다고 확신하게 되었다.

　일본 열도 전체는 두 개의 판의 침강에 의해 태평양 쪽으로부터 힘을 받아 응력이 축적되고 활단층이 움직여 내륙형 지진이 발생하게 된다. 이토이 강–시즈오카 구조선 상에서는 거대 지진의 발생도 예측되고 있다[5].

그 가운데서도 미나미간토 바로 밑은 특이한 구조로 되어 있다. 남서쪽에서 북동쪽으로 필리핀판이 침강하며 게다가 동쪽으로부터 태평양판이 그 밑으로 침강하고 있다. 일본의 수도권 바로 밑은 세 개의 판이 중첩되어 있는 특이한 장소인 것이다.

필리핀판은 이즈 반도를 기준으로 서쪽에서는 남쪽에서 북쪽을 향하여 유라시아판 밑으로 침강하며, 규슈의 동쪽에서는 남동쪽에서 북서쪽

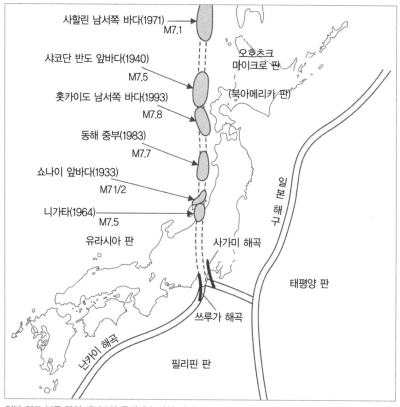

일본 열도 부근 판의 개념도와 동해에 늘어선 대지진

으로 침강하여 휴가나다 지진이라고 부르는 대지진을 일으키고 있다.

:: 더 알아 보기 _____

■1   유라시아, 태평양, 북아메리카, 남아메리카, 아프리카, 오스트레일리아, 남극.

■2   처음 제창된 판에 비하여 면적이 수분의 일 이하인 작은 판.

■3   일본 열도 전체를 일본호(弧)라고 부른다. 일본호를 분단하는 큰 균열이므로
      이렇게 부른다.

■4   해구만큼 깊게 발달하지 않은 해저의 가늘고 긴 요지.

■5   한 가지 예는 포사 마그나의 중앙에 위치하는 마츠모토 시 부근을 거의 남북
      으로 달리는 고후쿠지 단층으로서, 앞으로 수십 년 안에 매그니튜드 8 규모의 지
      진이 발생할 가능성이 높다는 지적이 있다.

판구조론은 미완성 이론

판구조론은 지구과학 학문사에서 20세기 최대의 성과라고 일컬어지는 이론으로서, 두 가지 특징을 갖고 있다.

첫 번째는 대륙이 지구 표면에서 수평 방향으로 이동한다는 사실을 밝혔다는 점이다. 지면이 상하 방향으로 움직인다는 것은 문호 괴테도 알고 있었다. 괴테는 알프스 여행 중에 물고기 화석을 보고 표고가 높은 그 땅이 과거에는 해저였던 것을 알아차리고 땅이 상승했다고 생각하였다. 그러나 그 땅이 지구 표면을 수평 방향으로 수천 킬로미터나 움직인다는 착상은 20세기에 등장한 것이다.

판구조론의 두 번째 특징은 다른 학설과 달리 많은 사람들이 오랜 시간에 걸쳐 지구를 관측해 온 결과 얻어낸 성과라는 것이다. 만유인력의 뉴턴, 상대론의 아인슈타인, 양자론의 플랑크와 같이 한 사람의 위대한 천재에 의해 과학사의 큰 비약이 이루어진 것과는 크게 다르다.

우선 배로 다니며 측정할 수 있는 관측 기기가 개발되어 그것을 배에 탑재하고 긴 항해를 반복한 결과 지자기 줄무늬를 발견하였다.

일본의 태평양 쪽에서 일어나는 지진의 주압응력■1이 일본 열도에 대하여 직각인 것은 1940년대 전후부터 알고 있었다. 일본 열도 내 20~30 지점■2에 지진계를 배치하고 주야로 관측을 계속하여 지진이 일어나면 관측 결과를 모아 해석함으로써 주응력 방향을 알게 된 것이었다. 조사가 진척되어 태평양판이 일본 열도에 부딪치고 그 힘으로 지진이 발생하는 것이 밝혀졌다. 지진학이 판구조론에 공헌한 것도 이렇게 많은 사람들이 노력한 결과이다.

판구조론이 막 제창된 1970년대에는 아직 이 이론을 믿지 않는 연구자가 많았다. 그러나 오늘날 판구조론은 지구 표면 부근■3에서 일어나는 여러 현상을 통일적으로 설명할 수 있는 유일한 모델이다.

도호와 해구가 왜 형성되었는지 히말라야 산맥이 어떻게 만들어졌는지 등 지구의 대지형을 설명할 수 있다. 지진과 화산의 분포도 설명할 수 있다. 이렇게 판구조론은 지형학, 측지학, 지진학, 화산학 등 광범위한 분야의 현상을 지구 내 하나의 시스템으로 설명할 수 있는 점이 당시까지의 모델과 크게 다르다.

이런 판구조론이지만 해결하지 않으면 안 되는 것도 있다. 판은 해령 부근에서 솟아올라 해구 부근에서 침강한다. 판마다 반드시 솟아오르는 곳이 있어야 한다. 그러나 도카이 지진과 난카이 지진을 일으키는 것으로 알려진 필리핀판은 솟아오르는 곳이 어디인지 명료하지 않다. 또한 남극판■4의 경계는 대부분 해령■5이며, 전체의 10%에도 미치지 않는 경계가 침강하는 곳■6이거나 스쳐지나가는 유형이다. 대부분 판이 솟아오르는 곳이므로 그 경계는 바깥쪽으로 계속 확대되어 100만 년 동안에 50만km²■7의 비율로 면적이 계속 증가하고 있다. 왜 남극판은 확대되고 있는지 어느 판이 남극판이 확대된 만큼 침강하고 있는지 해결이 필요하다. 그리고 무엇보다도 발산 경계가 이동하는 메커니즘을 모르고 있다.

포사 마그나 동쪽의 일본 열도는 북아메리카판에 속하는지 마이크로판에 속하는지 마이크로판이라면 어떤 모습인지 등도 아직 결론이 나지 않았다. 판구조론이 지구 표면 부근의 최적 모델인 것은 분명하지만, 자세히 들여다보면 해결해야 할 과제도 여전히 많다. 판구조론은 여전히 미완성 이론인 것이다.

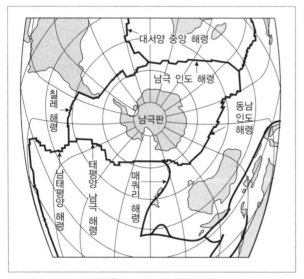

남극판과 주변의 판_남극판은 90% 이상이 발산 경계인 해령으로 둘러싸여 있다.

_____

■1　지진을 일으키는 힘.

■2　현재 일본 열도에는 기상청을 비롯하여 방재 과학 기술 연구소와 대학 등에
　　의해 수천 대의 지진계가 배치되어 있다.

■3　지표면에서 지하 700km 정도까지의 깊이.

■4　제창된 이래 아직까지 세분화되지 않은 유일한 판.

■5　발산 경계.

■6　수렴 경계.

■7　프랑스 본토와 거의 같은 면적.

「맨틀 플룸」이란

지구 표면으로부터 약 700~2900km 깊이의 맨틀 아래쪽을 하부 맨틀이라고 한다. 맨틀의 대부분을 차지하는 하부 맨틀은 상부 맨틀에 비하여 매우 균질한 물질이 존재하는 영역으로 생각된다. 그러나 최근 지진 관측의 진전으로 지구 내부의 지진파 속도 분포[1]를 높은 정확도로 파악하게 되자 하부 맨틀의 구조가 수평 방향으로 불균질한 것이 밝혀졌다. 맨틀 하부에서 표층까지 열의 수송은 맨틀 대류[2]에 의해 이루어진다고 생각되었는데, 대류의 증거가 지진파 속도 분포에서 나타난 것이다.

하부 맨틀의 지진파 속도 분포에서 지진파 속도가 평균보다 느린 거대한 영역이 남태평양과 아프리카 대륙 밑에서 발견되었다. 하부 맨틀은 화학적으로는 균질이므로 지진파 속도의 차이는 온도 차이에 원인이 있는 것으로 생각된다. 온도가 높아지면 물질이 부드러워지므로 지진파 속도는 느려지고, 거꾸로 온도가 낮으면 지진파 속도는 빨라진다. 따라서 남태평양과 아프리카 대륙의 밑에는 하부 맨틀에 거대한 고온 영역이 존재하는 것이 된다.

맨틀을 만드는 물질은 온도가 높으면 밀도가 작고 가벼워져 고온 부분은 부력에 의해 상승하기 시작한다. 대류 운동에서 볼 수 있는 원통 모양의 상승 부분은 원기둥 모양으로 피어오르는 연기와 닮아 있기 때문에 플룸이라고 부른다. 지진파 속도 분포로부터 밝혀진 남태평양과 아프리카 대륙 밑의 고온 영역은 코어-맨틀 경계■3에서 상승하는 거대한 플룸(슈퍼 플룸)의 존재를 파악한 것으로 생각할 수 있다. 남태평양의 슈퍼 플룸이 상승하고 있다고 생각되는 영역에도 많은 열점이 존재하고 있으며, 이들도 거대한 상승류의 존재를 시사하고 있다.

지진파 속도 분포에 근거하여 플룸의 분포와 심도를 보면 400km 깊이와 2,900km 깊이에서 발생하는 두 종류가 있는 것 같다. 상부 맨틀에 도달한 플룸은 분기하며, 더욱 상승하여 판 밑에 도달하면 갈라진 틈을 따라 판 안으로 상승한다. 이 가운데 몇 개는 지구 표면까지 닿게 되는데 이것이 바로 열점이다. 플룸의 구조는 기본적으로는 3단계로 되어 있으며, 각각 1차 플룸(깊이 2,900~700km), 2차 플룸(깊이 700~100km), 3차 플룸(깊이 100~0km)으로 부른다.

한편, 아시아 대륙 밑에는 지진파 속도가 평균보다 빠른 영역이 존재하는데, 침강한 해양판이 다수 모여 있는 것으로 생각된다. 일본 열도 밑으로 침강한 태평양판의 잔해는 표면으로부터 깊이 670km 정도에 모여 있다. 아시아 대륙 밑은 거대한 하강류 영역에 해당하며, 차가운 플룸(cold plume)이라고 부른다.

판구조론은 지구 내부의 열熱대류에 근거하여 지구 표층 판의 수평 운동에 착안한 학설이다. 그러나 지구 표면을 덮고 있는 판의 두께는 기껏해야 100km 정도이다. 지구 반경 6,370km에 비하면 판은 얇은 피부와 마찬가지이다.

지구 내부의 지진파 속도 분포로부터 맨틀 대류의 증거가 밝혀지고 있다. 최근 지구 내부의 대부분을 차지하는 맨틀 안에서의 거대한 상승류와 하강류인 수직 운동이 지구 변동의 주체라고 생각하고, 그곳에서의 변동이 지구 전체에 파생된다는 학설이 제창되었다. 이 학설을 플룸 텍토닉스 또는 플룸 구조론이라고 부르는데, 여기에는 판구조론과 중심핵의 텍토닉스에 관한 개념도 포함되어 있다.

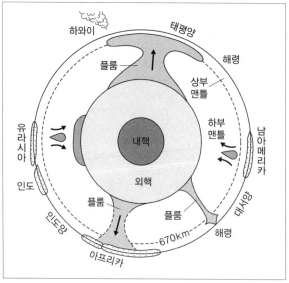

플룸 텍토닉스_남태평양과 아프리카에 거대한 뜨거운 플룸(hot plume)이 있다. 침강한 해양판은 상부 맨틀 바닥에 체류하다가 핵 쪽으로 내려간다.

■1 27번 항목 참고.

■2 맨틀은 고체이나 장기적으로 보면 유체와 같이 행동하며, 지구 내부의 열 방
    출 때문에 서서히 대류하고 있다는 생각. 영국의 홈즈(A. Holmes)가 베게너의
    대륙 이동설의 원동력으로 제창하였다.

■3 핵(외핵)과 맨틀의 경계.

지진과 화산의 궁금증 **100**가지

5장

/

방재 정보

지진과 화산 분화에 대비하다

/

거주 지역의 지진 환경을 알다

지진은 예지가 되든 되지 않든 일어날 때가 되면 일어나므로 지진 대책은 필요하다. 그러나 개인적으로 보면 큰 지진을 만나는 것은 평생에 한 번 있을까 말까이다. 따라서 열심히 대책을 세워도 그것이 반드시 도움이 된다는 보장은 없다. 효율적으로 지진 대책을 실시하기 위해서는 어떻게 하면 좋을까?

우선 자기 행동 권역의 지진 환경을 아는 것이 필요하다. 자신이 거주하는 지역에서는 어떤 지진이 발생할 것 같은지, 또 거기에 동반되어 어떤 피해가 예상되는지 확인해 두는 것이 중요하다.

예상되는 지진에 대해서는 우선 역사적으로 자신의 지역에서 어떤 지진이 발생했는지를 아는 것부터 시작한다. 참고 도서■1와 문부과학성 지진 조사 연구 추진 본부의 홈페이지에는 각 지역의 역사 지진이 게재되어 있다. 또한 최근의 연구 성과를 토대로 발생 확률까지 보여 주는 정보도 지진 조사 연구 추진 본부에서 발표하고 있다. 내륙의 활단층과 해구형 지진을 대상으로 앞으로 30년간 발생할 확률을 발표하고 있다.

이런 정보들을 알 수 있는 가장 빠른 방법은 지역 관공서의 방재 부서에 문의해 보는 것이다. 또한 시정촌과 도도부현의 홈페이지에서 지역 방재 계획[2]을 살펴보기 바란다. 시정촌 또는 도도부현의 지역 방재 계획의 지진 대책편이 있으면 그쪽이 좋겠지만, 지진 대책편이 없어도 지역 방재 계획의 총칙에도 지역에서 예상되는 지진에 관한 내용이 실려 있다.

이어서 지진으로 인한 예상 피해를 알고 싶을 때는 지진 피해 예상 조사[3]를 살펴볼 것을 권한다. 이것은 모든 지자체가 실시하고 있지는 않다. 시정촌에 없다면 도도부현에서 실시할 수도 있으며, 도카이 지진, 도난카이 지진, 난카이 지진에 대해서는 정부가 직접 조사하고 있으므로 그쪽 정보를 검색해 보는 것이 좋을 것이다.

시정촌과 도도부현은 암벽 붕괴, 쓰나미, 홍수 같은 자연 재해에 관한 리스크 정보도 공개하고 있으므로 이런 정보를 알아 두는 것도 중요하다.

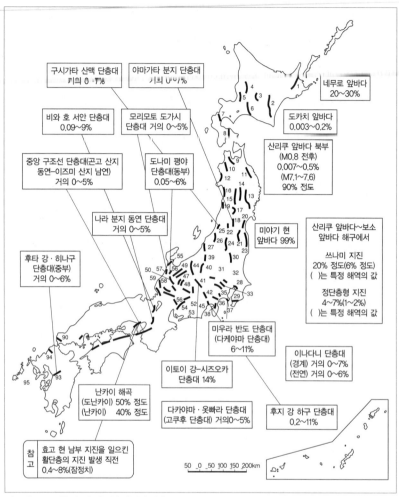

구시가타 산맥 단층대
ㄱ의 0〜7%

야마가타 분지 단층대
거의 0〜0%

네무로 앞바다
20〜30%

비와 호 서안 단층대
0.09〜9%

모리모토 도가시
단층대 거의 0〜5%

도카치 앞바다
0.003〜0.2%

중앙 구조선 단층대(곤고 산지
동연-이즈미 산지 남연)
거의 0〜5%

도나미 평야
단층대(동부)
0.05〜6%

산리쿠 앞바다 북부
(M0.8 전후)
0.007〜0.5%
(M7.1〜7.6)
90% 전도

나라 분지 동연 단층대
거의 0〜5%

미야기 현
앞바다 99%

산리쿠 앞바다〜보소
앞바다 해구에서

쓰나미 지진
20% 정도(6% 정도)
( )는 특정 해역의 값

정단층형 지진
4〜7%(1〜2%)
( )는 특정 해역의 값

후타 강 · 히나구
단층대(중부)
거의 0〜6%

미우라 반도 단층대
(다케야마 단층대)
6〜11%

이나다니 단층대
(경계) 거의 0〜7%
(전연) 거의 0〜6%

이토이 강-시즈오카
단층대 14%

후지 강 하구 단층대
0.2〜11%

난카이 해곡
(도난카이) 50% 정도
(난카이) 40% 정도

다카야마 · 옷빠라 단층대
(고쿠후 단층대) 거의0〜5%

참
고

효고 현 남부 지진을 일으킨
활단층의 지진 발생 직전
0.4〜8%(잠정치)

50 0 50 100 150 200km

일본의 주요 단층대 및 해구형 지진의 이후 30년 이내에 대지진이 발생할 확률

■1   대지진은 많은 책에 나와 있지만 특히 「일본 지진 피해 총람」에 상세하게 소
개되어 있다.

■2   도도부현과 시정촌은 재해 대책 기본법에 의해 지역 방재 계획을 세우도록
의무화되어 있다. 일반적으로는 지진편, 풍수해편 등으로 나누어져 있으며, 별도
로 자료편도 만들어져 있다. 자료편에는 피난 장소와 협정 등 구체적인 데이터가
게재되어 있다.

■3   87번 항목 참고. 거주 지역의 예상되는 지진에 대하여 쓰나미, 진도, 액상화,
암벽 붕괴, 건물 피해, 화재, 인적 피해 등을 예측하는 조사.

지진에서 가장 무서운 것은

옛날부터 「지진, 번개, 화재, 아버지」처럼 무서운 것의 필두로 꼽히는 지진이지만, 지진의 무서움이란 어떤 것일까? 많은 사람들이 화재로 인한 소사라고 생각하는 것 같은데, 효고 현 남부 지진에서 화재로 인한 소사자는 전체의 10% 정도이며, 사망자의 80% 이상은 건물 붕괴로 인한 압사와 질식사로 인한 것이었다.

지진 화재가 무섭다고 생각하게 된 것은 비교적 최근의 일로서 1855년 안세이 에도 지진■1과 1923년의 간토 대지진 재해 등에서 대규모 화재가 발생하여 희생자가 많았기 때문이다. 일본의 가옥은 목조 건물, 즉 극단적으로 말하면 목재와 종이로 만들어져 있다. 따라서 지진 발생 시 화재가 동시에 여러 군데에서 일어나면 대도시는 순식간에 불바다가 되어 버리는 상황이었다.

그러나 현재는 과거에 대한 반성으로 지진 화재에 대한 대책을 세우고 있다. 1968년 도카치 앞바다 지진■2에서는 지진으로 인한 50건의 화재 가운데 석유 난로가 쓰러지면서 발생한 화재가 20건 있었다. 이 일이 있은 후로 석유 난로에는 내진 소화 장치가 의무 사항이 되었으며, 그 덕택에 1993년 구시로 앞바다 지진■3에서는 석유 난로로 인한 발화가 큰 폭으로 감소하였다. 또한 최근에는 큰 지진을 감지했을 때나 가스가 다량으로 유출되었을 때 도시 가스와 프로판 가스를 자동으로 차단하는 마이콘미터라는 장치가 보급되고 있다. 이런 장치와 장비의 보급에 힘입어 지진 발생 시 화기 기구로 인한 발화는 크게 줄어들었다.

효고 현 남부 지진에서 건물 화재는 전부 261건 발생하였다. 그 가운데 고베 시에서 발생한 화재 175건 중 원인이 판명된 81건을 보면 12%■4는 연소 기구■5가 원인이었으며, 75%■6는 전기 설비■7와 전원 코드의 발화가 원인이었다. 더욱이 지진 발생 당일의 발화뿐 아니라 지진 발생일로부터 일주일이 지난 뒤에도 곳곳에서 화재가 일어났다는 사실이 보고되고 있다. 이것은 정전 복구로 인하여 히터에 닿아 있던 커튼이나 누출된 가스에 인화되었기 때문이다■8.

한편, 화재가 연소해 가는 속도는 효고 현 남부 지진에서는 인간의 보행 속도보다 상당히 느려 시속 20~30m 정도였다. 1976년 발생하여 1,800채의 건물이 탄 「사카다酒田 대화재」의 연소 속도는 시속 100~140m이었는데, 그래도 보행 속도보다는 느려 이 화재에서 사망자는 1명에 그쳤다.

지진으로 화재가 발생해도 피난이 적절하게 이루어진다면 사망자 발생은 최소한으로 줄일 수 있음을 알 수 있다. 단 강풍의 경우에는 불이 번지고 화재 선풍旋風■9이 발생할 가능성이 있다. 피난로가 막히거나 열상을 입는 것도 지진과 동시에 발생하는 화재의 무서움이라고 할 수 있다. 지진 화재의 무서움은 화재가 동시 다발하기 때문에 소방 능력이 따라가지 못한다는 것에 있다. 그런 점에서 주민 각자에 의한 초기 진화와 지역

공동체의 협력에 의한 진화가 중요하다.

또한 일본의 지진 재해와 관련하여 붕괴된 가옥에 사람이 깔려 있는 상황에서 불이 번져 구출을 단념할 수밖에 없었다는 비극적인 이야기가 많이 전해지고 있다. 효고 현 남부 지진에서도 예외는 아니었다. 건물 잔해 더미에 하반신이 끼여 빠져나올 수 없던 사람에게 친구가 꺼내 주려고 다가가는데, 옆집에서 불이 번져 왔다. 그는 자기를 구출하려는 친구에게 마지막 용기를 발휘해 도망치라고 말했고, 친구가 보는 앞에서 숨을 거두고 말았다. 이런 비극을 되풀이하지 않기 위해서라도 건물의 내진화, 초기 진화 능력의 강화 등 노력이 필요하다.

사망 원인	수(명)	비율(%)
건물 붕괴	3,040	83.3
질식(흉부 · 흉복부 · 체간부 등의 압박)	1,967	53.9
압사(흉부 · 두부 · 전신의 압좌 손상)	452	12.4
외상성 쇼크(화상 · 타박 · 출혈 등)	82	2.2
두부 손상(외상성 지주막하출혈 · 두개골 골절 등)	124	3.4
내장 손상(흉부 또는 흉복부 손상)	55	1.5
경부 손상	63	1.7
타박 · 좌멸상	300	8.2
건물 붕괴 이외	466	12.8
소사 · 전신 화상(일산화탄소 중독을 포함)	444	12.2
장기 부전 등	15	0.4
쇠약 · 동사	7	0.2
기타	142	3.9
합계	3,651	

효고 현 남부 지진으로 발생한 사망자의 사망 원인

■1   안세이 2년 에도에서 발생한 매그니튜드 6.9의 직하형 지진. 불에 탄 가옥은 14,000채이며, 4,000명의 사망자를 낳았다.

■2   아오모리 현 동쪽 앞바다에서 발생한 매그니튜드 7.9의 판 경계형 지진. 전소된 건물은 673채이며, 52명의 사망자를 낳았다. 산리쿠 해안에는 3∼5m의 쓰나미가 덮쳐 침수 피해도 발생하였다.

■3   구시로 앞바다에서 발생한 매그니튜드 7.8의 태평양판 내부의 지진. 사망자와 건물 피해가 발생하였다.

■4   10건.

■5   가스 난로와 석유 난로.

■6   61건.

■7   전기 난로, 열대어 히터, 백열 조명등 등.

■8   통전 화재 때문에 그 후 피난 시 전원 차단기를 내리고 피난하도록 전력 회사가 홍보하는 계기가 되었다.

■9   화재 때문에 생기는 상승 기류가 원인이 되어 발생하는 회오리 바람. 간토 대지진 재해 시 피난처에서 발생한 화재 선풍 때문에 38,000명의 소사자가 생긴 것은 유명하다.

87

지진 피해를 사전에 예상할 수 있을까

도도부현과 주요 시정촌에서는 예상되는 지진에 대하여 미리 지진동을 예측하고 지진 피해를 예상하는 조사를 실시하고 있다. 지진동 예측도[1]의 작성과 지진 피해 예상 조사[2]가 이에 해당한다.

이 지도의 작성과 조사의 목적은 어느 지역에서 발생 가능성이 있는 지진에 대하여 미리 그 개요를 파악하여 지진 대책을 추진하는 데 있다. 다리와 도로, 건물 등 구조물의 피해를 미연에 방지하는 대책을 실시하고, 실제로 발생했을 경우의 응급 대책[3]을 검토하며, 예상되는 피해에 따라 식량과 방재 자재를 비축한다.

일본은 전국 모든 곳에 지진에 의한 피해를 입을 가능성이 있다. 행정 당국은 그 지역에 예상되는 최대 지진을 고려한다. 참고가 되는 것은 과거의 지진 피해 기록과 지구과학적 조사 결과이다. 판 경계와 지역과의 관계, 활단층의 유무와 활동 이력, 그리고 이들을 종합적으로 정리한 문부과학성 지진 조사 연구 추진 본부의 지진 장기 평가 결과 등이다.

다음으로는 어느 정도 흔들릴지를 예측한다. 지진의 진동은 진원 단층의 크기와 어스패러티[4], 지진파가 전달되는 경로의 특성, 지진 기반[5]

의 심도와 형상, 지표 부근의 지반의 지형 등 다양한 요인에 의해 증폭되거나 주기가 변한다. 바로 이런 변화를 예측 계산하는 것이다.

진동의 크기를 추정한 후에 구조물에 대한 피해를 예측한다. 건물이라면 목조인지 철근 콘크리트조인지, 건축 연도는 언제인지, 주택, 점포, 사무소는 몇 채인지 등을 조사해 둔다. 그리고 지금까지의 지진 재해 경험을 토대로 건물의 건축 연대에 따른 피해율과 같은 통계 데이터가 있으므로 이 통계 데이터를 사용하여 피해를 예측한다.

그러나 이 피해 예측은 어디까지 추정의 범위를 벗어나지 못한다는 점에 주의할 필요가 있다. 효고 현 남부 지진에서 건물 붕괴 시 많은 모래가 날려 질식사의 한 가지 원인이 되었다고 전해지는 흙기와 지붕은 태풍 재해를 막기 위하여 지붕을 무겁게 만든 서일본에서 많이 볼 수 있는 공법이다. 또한 2003년 도카치 앞바다 지진에서 전파된 가옥이 약 100채 정도로 적었던 것은 지붕이 가볍고 창이 작으며 기초가 긴 북쪽 지역 특유의 공법의 효과가 있었다고 한다. 이렇게 건물은 상당히 지역성을 갖고 있다. 따라서 지역성을 고려하면서 건물 피해 예측을 보정하게 되는데, 오차가 상당히 있을 것으로 생각된다.

피해 예상 조사는 그 밖에 화재, 쓰나미, 암벽 붕괴, 철도, 라이프 라인 등을 고려하며 진행되는데, 각각 지금까지의 재해를 경험식이나 여러 조건 속에서 계산한다. 그 가운데서도 인적 피해 예상은 오차가 크다. 경험식의 매개 변수를 늘리면 과거 지진 경험까지 포함되어 최근의 방재 능력을 무시해 버리는 꼴이 되며, 최근의 지진만 대상으로 하면 매개 변수가 작아 예측의 정확도가 나빠진다. 지진 발생 시간과 날씨 등의 조건에 따라서도 인적 피해는 크게 달라질 가능성이 있다. 구조물의 피해에 관해서도 예상 숫자의 절반에서 갑절 정도로 받아들이는 것이 좋을 듯하다.

최근의 피해 예상 조사에서는 피해 수량뿐 아니라 응급 대책이 어떻게 진행되고 있는지에 대한 시나리오를 상정하여 재해 발생 직후의 문제점을 찾아내어 조사하는 지자체도 있다.

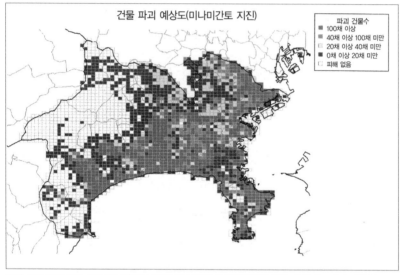

지진 피해 예상 조사 사례_미나미간토 지진(매그니튜드 8)이 발생했을 경우 예상되는 파괴 건물 분포도

:: 더 알아 보기_____

■1　진원을 고려하여 지역별 지진동을 예상한 것. 요코하마 시가 '지진 맵(map)' 이라는 명칭으로 지진동 예측 지도를 만들어 발표하자 내진 진단을 받은 비율이 상승했다고 한다.

■2　그 지역에서 발생할 수 있는 지진을 대상으로 진원과 규모(매그니튜드)를 설정하여 진도와 피해를 예측하는 조사.

■3　지진 발생 후 피해자 구출, 의료 구호, 피난소 운영 등의 대책.

■4　진원 단층 가운데 많이 어긋나면서 큰 진동을 일으키는 지진파 발생 장소. 13번 항목 참고.

■5　지하 심부의 단단한 암반. 지진파의 전파 예측에 중요한 데이터. 일반적으로 평야는 수십 미터부터 수백 미터의 연약한 퇴적층 같은 지반 밑에 단단한 암반이 있다. 단단한 암반을 중식 식당의 프라이팬이라고 하고 프라이팬에 두부가 가득 차 있는 상태를 생각한다면, 프라이팬의 바닥 모양에 따라 두부가 크게 흔들리는 장소가 변한다. 프라이팬의 바닥 모양과 바닥까지 차 있는 두부 종류를 잘 조사해 두는 것도 중요하다.

지진이 발생했을 때의
정보 수집 및 전달 방법은

대지진이 일어났을 때 사람들이 가장 알고 싶어하는 정보는 무엇일까? 2002년에 실시된 가나가와 현의 설문 조사■1에 따르면 가족, 친척 등의 안부에 관한 정보가 1위를 차지하였다. 이 항목에서는 지진이 발생했을 때 알아두면 편리한 정보를 소개한다.

가족, 친척과 연락을 취하기 위해서는 먼저 전화를 떠올리겠지만, 일반적으로 대지진 발생 시 전화는 사용하지 못한다고 생각하는 것이 좋다. 피해 지역으로 전화 회선 능력을 초과하는 전화가 쇄도하기 때문이다. NTT는 중요한 전화 회선을 확보하기 위하여 규제를 실시하므로 회선 폭주輻輳■2 영향과 맞물려 일반 전화는 연결되기 어렵다. 이런 경우 공중전화는 재해 시 우선 전화로서 일반 회선보다 우선적으로 회선이 확보되므로 집 전화로 연결되지 않을 때는 공중전화를 사용하는 것이 유리하다.

다음으로 재해 전언 다이얼 「171」의 활용이다. 이것은 진도 6 이상의 지진 발생 시 또는 재해로 인하여 안부 확인을 위한 통화가 늘어난 경우에 NTT가 설정한 전언을 등록할 수 있는 서비스로서, 피해자가 무사한지 또는 피난 장소인 초등학교로 피난했는지 등을 친척과 지인에게 알려

주는데 매우 유효하다. 재해 시 「171」로 걸어 음성에 따라 조작하면 전언을 등록 또는 들을 수 있다.

또한 NTT 도코모에서도 재해 시 전언 다이얼 「171」의 메일 버전인 i 모드 서비스 ▪3를 이용하여 자신의 안부 정보를 등록할 수 있는 「i 모드 재해용 전언판 서비스」라는 시스템을 제공하고 있다. 등록된 안부 정보는 i 모드 서비스 또는 인터넷으로 확인할 수 있다. 같은 서비스를 시정촌과 NPO 등의 홈페이지에서 실시하고 있는 경우도 있으므로 확인해 보기 바란다.

식료품과 음료수를 언제 어디에서 어떻게 받을 수 있는지에 관한 배급 정보는 기본적으로 시정촌으로부터 피난소 운영자에게 전달된다. 그러나 지진 발생 직후에는 정보의 혼란과 도로 피해 등으로 지진 발생 당일 및 다음날부터의 배급은 불가능하다고 생각하는 것이 좋다. 따라서 식료품을 여분으로 조금 사두거나 평소부터 대비해 놓는 것이 필요하다.

유감 지진이 발생하면 약 2분 뒤에 기상청이 진도 3약 이상의 지역과 지진 발생 시각을 「진도 속보」로 발표한다. 이어서 「진원에 관한 정보」에 의해 진원과 매그니튜드가 발표된다. 이 때 쓰나미의 가능성도 추가되며, 경우에 따라서는 「쓰나미 예보」가 발표된다. 그리고 계속하여 「진원·진도에 관한 정보」에 의해 시정촌별로 진도 정보가 발표된다. 이들 정보는 지진 발생 직후부터 텔레비전과 라디오로 방송된다. 외출할 때는 휴대용 라디오를 항상 지닐 것을 권한다.

또한 기상청은 2003년 3월부터 「추정 진도 분포도」를 지진 발생 약 1시간 뒤를 목표로 텔레비전 등을 통하여 발표하게 되어 있다. 진도 속보 등으로 발표하는 진도는 기본적으로 관측 지점의 정보이지만, 지역별 진동을 약 1km 방안 규모로 추정하여 분포도로 표현한 것이므로 참고가 되는 정보이다.

더욱이 최신 기술에 의해 진원 가까이에서 관측한 최초의 긴동을 토대로 지진의 규모와 진도를 예측하고, 지진파가 도달하기 전에 알려주는 「긴급 지진 속보■4」가 2003년 2월부터 일부 민가과 행정 당구이 협력으로 시험 운영을 시작하였다.

지진 발생 직후에는 피해 정보가 지자체의 관공서에도 좀처럼 모이지 않으므로 주민이 개요를 파악하는 것은 매우 어렵다. 텔레비전과 라디오 등의 보도 정보를 시정촌이 방재 행정 무선■5으로 전달하므로 이들 정보에 주의할 필요가 있다. 또한 진보 분포로부터 대략의 피해 범위를 추정할 수 있다. 피해는 진도 5강 이상 지역에 집중되므로 진도 분포가 5강 이상인 지역이 피해지가 될 것으로 예상할 수 있기 때문이다. 매그니튜드 7 규모 지진의 경우에는 피해가 반경 20~30km 정도, 즉 지자체의 범위로는 하나의 현 정도에서 그치지만, 매그니튜드 8 규모가 되면 피해 범위가 몇 개의 현에 걸친다. 쓰나미가 발생한 경우에는 광범위한 지역에서 피해가 발생할 것으로 생각할 필요가 있다.

■1 2002년 7월 행정 모니터링 요원 400명을 대상으로 지진 발생 시 알고 싶은
    정보를 질문한 결과(응답은 5개까지) 1위 가족 및 친척의 안부 정보 71.1%, 2위
    식량과 음료수 등의 배급 정보 61.1%, 3위 지진의 규모, 진원 정보 55.0%, 4위
    지진 피해 상황 48.8%, 5위 여진 상황 47.1%였다.

■2 대규모 재해 발생 시 안부 확인 및 위로 전화를 피해 지역으로 걸기 때문에
    특정 교환기에 전화가 집중하여 교통 체증과 같은 현상이 일어나는데, 이를 폭주
    라고 한다. 폭주 상태가 이어지면 교환기가 작동을 멈출 가능성이 있다. NTT는
    이런 상황이 벌어지지 않도록 접속량을 규제하지만, 공중전화와 같은 재해 시 우
    선 전화는 통화가 확보된다.

■3 NTT 도코모의 휴대 전화로 사용할 수 있는 인터넷 서비스.

■4 이후 1년간의 시험 운영을 거친 후에 실용화될 것으로 기대하고 있다. 주목할
    만한 정보이다. (역자주: 긴급 지진 속보는 2007년 10월 1일부터 본격적으로 운
    용이 시작되었으며, 2010년 10월 3일까지 총 16회 발표되었다)

■5 시정촌의 관공서에서 주민에게 재해 정보를 전달하기 위하여 방재 행정 무
    선, 홍보 차량, 지역 커뮤니티 FM 등 각종 매체를 사용하고 있다.

피난 명령은 누가 내릴까

태풍, 지진 등 자연 재해뿐 아니라 가스 누출이나 불발탄 발견과 같은 사고가 일어나도 피해 발생 및 확대를 방지하기 위하여 피난이 필요하다. 피난은 주민 스스로 판단하여 실시하는 자율 피난과 공적 기관이 법률을 근거로 실시하는 피난 권고[1], 피난 지시, 경계 구역 설정 등이 있다. 가장 많이 사용하고 있는 피난 명령이라는 말은 법적으로는 맞지 않는다.

재해 대책 기본법[2]에 따르면 피난 권고와 피난 지시에 대한 권한은 평상시부터 행정 책임자로 주민과 접하고 있는 시정촌장에게 있다. 또한 경찰관에게도 피난 조치를 실시할 권한이 있으나 장관과 현 지사에게는 권한이 없다.

지진 재해 발생 시 피난에는 여러 종류가 있다. 지진이 해저에서 일어나면 쓰나미[3]가 발생할 수 있다. 쓰나미로부터의 피난은 일단 높은 곳으로 도망하는 것이다. 지진이 근처 해역에서 발생하면 늦어도 십여 분안에는 쓰나미가 해안에 도달할 수 있으므로 진동을 느꼈다면 곧바로 도망해야 한다. 가나가와 현 사가미 만 해안의 지자체는 쓰나미 피난처와 쓰나미 피난 빌딩을 지정하고 있는 경우도 있다. 해안에 살고 있는 사람은 반드시 확인해 두는 것이 필요하다[4].

자기가 살고 있는 마을에 지정되어 있는 광역 피난처가 매우 멀다고 느끼는 사람이 있지 않을까? 실은 광역 피난처는 대규모 화재의 연소로 발생하는 복사열로부터 사람들을 보호할 목적으로 지정한 공원과 학교 운동장 등 공터를 의미한다. 화재 복사열로부터 몸을 지키려면 대규모의 공터가 필요하다. 기존의 시가지에 충분한 공터가 없는 경우가 많기 때문에 어느 정도 떨어져 있는 것이다.

재해 시 피난소는 일단 비바람을 피하고 침식을 제공하는 장소를 가리킨다. 지진, 쓰나미, 화산 분화, 화재 등으로 인하여 집이 완전히 부서지거나 불타 살 곳이 없는 또는 계속되는 여진으로 불안하여 집에서 지낼 수 없거나, 뒷산이 무너질 것 같아 집을 떠나야만 하는 등의 경우에 시정촌장이 개설하여 피해자에 대한 구호를 실시한다.

많은 학교가 피난소로 지정되어 있다. 시정촌이 피난소를 개설했을 때는 비상 식량, 음료수, 모포, 방재 자재, 무선 등을 준비한다. 그러나 사전 준비는 시정촌에 따라 대처 상황은 상당한 차이가 있는 것이 현실이다. 자신이 살고 있는 지역에서 자치회와 자율적인 방재 조직은 어떻게 되어 있는지 또한 재해를 입었을 때는 어디로 피난하며, 피난소의 준비는 어떻게 되어 있는지를 확인해 두는 것도 중요하다.

피난소를 개설하고 피해자에게 급식, 의료 구호 활동, 생활 필수 물자의 배급에 필요한 경비는 기본적으로 시정촌의 책임으로 되어 있지만, 재해가 대규모가 되면 재해 구조법을 적용하여 현 지사가 책임자가 되고 도도부현도 지출을 맡게 된다. 구체적으로는 시정촌이 실행하고 그 경비를 현에 청구하는 방식이다.

피난소에서 오랫동안 피난 생활을 하는 것은 바람직하지 않다. 위생 문제, 프라이버시 보호 그리고 학교 교육 쇄신 능의 문제가 있기 때문에 피난소 생활은 될 수 있는 대로 단기간에 끝내는 것이 필요하다. 돌아가야 할 집이 피해를 입어 자력으로 재건이 불가능한 사람에 대해서는 가설 주택을 지어 제공한다. 이런 경비도 기본적으로는 재해 구조법에 의해

효고 현 남부 지진 시 발생한 화재

피난처를 나타내는 픽토그램(pictogram)

공적 지원금으로 충당된다. 자신의 집을 지진에 강한 집으로 만들어 두는 것이 중요하다.

:: 더 알아 보기_____

■1   시정촌장은 재해가 발생하거나 발생할 우려가 있는 경우에 인명과 몸을 재해로부터 지키기 위하여 필요하다면 거주자와 체류자에게 피난을 위한 권고를 지시할 권한을 갖고 있다. 그리고 경계 구역을 설정하여 출입을 제한 또는 금지하고, 해당 지역에서 퇴거를 명령할 수 있다. 법적으로는 경계 구역 설정을 따르지 않는 사람에게는 벌칙이 부과된다.

■2   1961년 교부된 재해 대책의 기본이 되는 법률. 방재의 체제와 책임 소재 등을 명확히 하고 있다. 주민의 책무에 관해서도 동법 제7조에 '스스로 재해 대비를 위한 수단을 강구함과 동시에 자발적으로 방재 활동에 참가하는 등 방재에 기여하도록 노력해야 한다.'라고 규정되어 있다.

■3   31번, 98번 항목 참고.

■4   시정촌의 방재 주관 부서나 홈페이지에서 확인.

지진 발생 후 사흘은 지역에서 대응

지진 재해가 발생하면 행정 기관이 곧바로 우리를 도와줄까? 물과 식료품은 어떻게 제공하는지, 가족의 안부는 어떻게 알 수 있는지, 그리고 피난 장소의 확보는 어떻게 진행되는지가 사고를 당한 사람들의 주된 관심사이다.

진도 6강이나 진도 7 등의 지진이 덮치면 행정 기관의 건물과 시설도 파괴되며, 그곳에서 일하는 직원도 일반 주민과 마찬가지로 피해를 입을 가능성이 있다. 더욱이 근무 시간외에 지진이 발생하면 직원 본인과 가족의 피해, 주거지의 파괴, 교통 기관의 두절로 인하여 직원이 근무처에 모이는 것이 어려워진다. 효고 현 남부 지진에서는 소방 직원과 경찰 직원의 출근율이 지진 발생으로부터 4~5시간 후에는 90%에 달했지만, 일반 직원의 경우 지진 발생 후 거의 6시간이 지난 정오에 45%, 17시에 60% 정도밖에 모이지 않은 실정이었다[1]. 이 정도라면 지진 피해자를 구조 또는 지원하기 위한 인원도 부족하다.

더욱이 피해 상황에 따라서는 철도를 사용할 수 없을 뿐 아니라 도로도 피해와 교통 체증으로 사용할 수 없게 되므로 교통이 마비되어 구조 인원과 물자의 보급도 지장을 받게 된다. 지진 피해 발생으로부터 처음 사흘 정도는 공안 위원회가 긴급 교통로[2]를 지정하기 때문에 주요 간선 노로는 긴급 차량 이외에는 통행을 제한한다. 따라서 생필품의 부족이 예상되며, 피난소에서도 처음에는 급식을 충분하게 제공하기 어려울 수 있다.

대지진 발생 후 행정이 가장 우선적으로 실시해야 하는 대책은 무엇일까? 그것은 붕괴 건물에 갇힌 피해자의 구출, 구조 그리고 의료 구호 활동이다. 가족의 경우에도 가장 우선적으로 지켜야 하는 것이 가족의 목숨이듯이 행정도 재해 대책에서 가장 중요한 것은 주민의 생명을 확보하는 것이다. 따라서 이를 위한 대책이 행정의 최우선 순위가 된다.

효고 현 남부 지진이 발생한 1월 17일부터 5일간 고베 시 소방국이 구출한 시민의 수와 생존한 상태로 구출된 사람의 수를 그래프로 나타냈다. 그래프를 보면 지진 발생 이틀째, 사흘째에는 생존자가 급감하여 생존율이 급격하게 떨어지고 있음을 알 수 있다. 생존 구명률은 72시간 만에 격감하는 것이다. 행정 당국은 구출을 기다리고 있는 이런 사람들의 구조를 우선적으로 실시할 필요가 있다.

행정과 다른 기관으로부터 구조와 지원을 기대할 수 없는 처음 사흘 동안은 적어도 주민 스스로가 자력으로 살아남을 각오를 해야 한다. 이를 위하여 지역에서 서로 돕는 공조 체제가 필요하다.

지역 커뮤니티[3]의 강점은 무엇일까? 행정에는 없는 힘, 그것은 지역 사람들의 얼굴을 알고, 뒷골목을 알며 그리고 약점을 알고 있는 것이다. 허리가 구부러진 할머니, 노환으로 누워 있는 할아버지, 눈이 나쁜 언니, 휠체어를 타는 형이 어디에 살고 있는지, 누가 곤란을 겪고 있는지, 어디에 우물이 있는지, 위험한 암벽이 있는지 등 지역 커뮤니티가 아니면 알 수 없는 지역 정보가 있다. 식료품과 물 제공, 피난소로의 대피, 그리고 간호도 지역에서 서로 도우며 해결해야 하다. 이를 위해서도 평소부터 준비를 철저히 하고 행정 당국과 지역이 잘 연계되어 있어야 한다. 재해가 발생하고 나서는 와주지 못하겠지만, 평소라면 시정촌의 방재 담당 부서나 지역 소방서의 상담은 물론 경우에 따라서는 지원도 받을 수 있을 것이다.

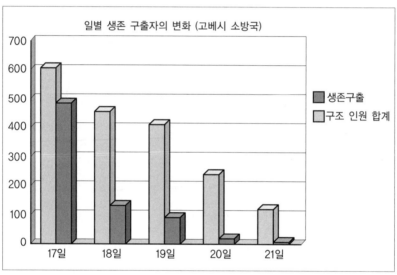

효고 현 남부 지진 시 고베 소방국이 구출한 사람 가운데 생존 상태로 구출한 수는 사흘째 30%를 밑도는 실정이었다.

:: 더 알아 보기_____

■1   다카라츠카 시의 사례.

■2   공안 위원회가 지진 후의 상황에 따라 규제를 실시하는 간선 도로.

■3   자치회나 자율 방재 조직.

지진 대비를 위한 구체적인 방법

대지진 발생이 걱정되는 상황이라면 어떻게 준비해야 할까? 효고 현 남부 지진이나 과거의 지진 재해의 교훈으로부터 개인과 가족이 준비해야 할 대책을 구체적으로 정리하였다.

지진 대책으로는 우선 재해를 입지 않기 위한 준비가 중요하다. 효고 현 남부 지진에서는 사망자의 80% 이상이 건물 붕괴로 인한 압사와 질식사라고 한다. 특히 취침 중에는 무방비 상태이므로 도망치기 어렵고, 더욱이 정전으로 인한 어둠 속에서는 행동이 제약을 받아 부상을 당할 가능성이 커진다. 주택의 내진화와 가구 고정은 중요한 대책이다. 특히 침실에는 옷장처럼 넘어지기 쉬운 물건을 고정하거나 선반에서 떨어지는 물건이 없도록 하는 것이 중요하다. 지진 체험 장치나 방재 센터에서 진도 5와 6을 한번은 체험해 보기 바란다.

지진 시에는 화재가 매우 많이 발생하고 일단 불이 붙으면 쉽게 꺼지지 않는다. 초기 진화에는 소화기, 소화용 양동이, 욕조에 남겨 놓은 물이 유효하다. 초기 진화로 끌 수 있는 화재는 개인이 끌 필요가 있다. 욕조에 남겨 놓은 물은 단수 시 수세식 변기에도 사용할 수 있다.

단수 시 화장실은 어떻게 하면 좋을까? 물이 없는 경우에는 변기에 조금 큰 비닐 봉지를 씌워 용변을 보고, 사용이 끝나면 봉지를 묶어 일반 쓰레기로 폐기한다. 최근에는 하수관 뚜껑을 벗기고 변기를 달아 용변을 보는 기구와 가설 화장실 등을 지자체에서 준비하고 있기도 하다.

구급법 강습을 반드시 받기 바란다. 지진으로 다쳐 인공 호흡이 필요하거나 또는 심박이 정지된 경우에 도와줄 수 있는 사람은 가까이에 있는 가족과 이웃이다. 지진이 발생했을 때는 구급차가 곧바로 와주지 못한다. 구할 수 있는 목숨은 자신들의 손으로 구하자.

비축하는 것만이 방재는 아니다. 상상력을 더욱 발휘하여 준비하기 바란다. 재해 발생 후의 상황을 생각하면 산산조각이 난 유리와 자기 때문에 손과 발을 베일 수 있다. 손전등과 슬리퍼, 장갑을 잠자고 있는 곳에서 손이 닿는 범위에 두자. 집안이 엉망진창으로 어지럽혀질 수 있으므로 방재 주머니는 현관이나 자동차 안과 같이 꺼내기 쉬운 곳에 수납해 두자. 또한 일부러 방재 주머니를 사는 것은 경제적이지 못하며, 식료품도 평소 먹고 있는 것으로 충분하다. 단수 시 식사는 물을 사용할 수 없으므로 식기에 랩을 씌워 사용하는 것은 이미 상식이 되었다.

정전일 때 양초가 없다면 집에 있는 식용유를 유리컵에 넣고 티슈를 심으로 만들면 램프가 된다. 이 램프는 쓰러져도 불이 꺼져 버리기 때문에 안전하다. 음료수[1]는 다 사용한 페트병을 씻어 수돗물을 주둥이까지 가득 넣고 어두운 곳에 보관하기 바란다. 이렇게 하면 약 1개월은 보존할 수 있다. 이 경우 염소가 들어 있는 수돗물이기 때문에 보존이 가능한 것이며, 정수기를 사용한 음료수는 보존에 적합하지 않으므로 주의가 필요하다. 어른은 생리적으로 매일 평균 3리터의 수분을 필요로 한다. 식료와 음료수로서 보충하는 최소한의 양이다. 이상적으로는 사흘 분량을 준비해 두기 바라지만, 최소한 하루 분량만이라도 준비해 두자.

지진 재해 후 의료 구호반이 구호소로 파견된다. 당뇨병과 고혈압 등 지병을 지닌 사람이 상비약을 분실하는 경우 의료 구호반의 도움을 다 받지 못할 수도 있다. 상비약의 종류에 관한 메모를 만들어 방재 주머니에 넣어 두기 바란다. 안경도 분실하면 생활에 지장을 가져오므로 전에 쓰던 안경을 방재 주머니에 넣어 두면 좋다.

지역 또는 자율 방재 조직에서 실시하는 방재 훈련은 반드시 참가하도록 하자. 방재 기자재의 사용법과 구조 방법의 습득은 비상 시 반드시 도움이 된다. 방재 대책과 관련된 사항은 가족과 지역이 공유하며, 재해 후의 대응을 결정하고 피난소나 지역의 위험한 장소, 연락 방법을 가족 모두가 확인해 두자. 특히 NTT의 「171」 재해용 전언 다이얼 ■2은 알아둘 만한 가치가 있다.

이들 대책은 지진으로 인한 재해에만 유효한 것이 아니라 태풍과 집중 호우, 화산 분화 등 다른 자연 재해에도 적용할 수 있으므로 가족 모두 또는 지역 전체가 확인해 두면 좋을 것이다.

■1 성인 한 사람에게 하루 3리터의 수분이 생리적으로 필요하다. 이 양은 음료
  수로서 필요한 양이 아니라 식료 가운데 들어 있는 분량도 포함된다.

■2 NTT가 대규모 재해 시 개설하는 전언 다이얼 서비스로서, 171을 누르고 안
  내에 따라 전언을 녹음하거나 재생할 수 있다. 집을 떠나 피난소로 대피했을 때
  의 연락으로 유효하다.

도카이 지진과 관련된
정보 및 방재 행동

쓰루가 만을 진원으로 발생 가능성이 있는 도카이 지진은 유일하게 직전 예지가 가능하다는 전제 하에 법률[1]이 갖추어져 있는 지진이다. 기상청은 24시간 체제로 감시 관측을 실시하고 있으며, 전조 현상을 파악하면 관련 정보를 발표하게끔 되어 있다. 단 반드시 예지된다고 보장할 수는 없으며, 돌연 발생할 수도 있으므로 언제 지진이 발생하더라도 대응할 수 있도록 준비해 두는 것이 필요하다.

그러면 전조 현상이 관측된 경우에는 어떤 정보가 발표되며, 행정은 어떻게 움직이고 일반인들은 어떻게 행동하면 좋을까?

도카이 지진과 관련된 정보는 세 가지로서, 위험도가 낮은 쪽부터 도카이 지진 관측 정보, 도카이 지진 주의 정보, 도카이 지진 예지 정보로 이루어져 있다.

도카이 지진 관측 정보는 명백한 이상 데이터가 발견되었다고는 해도 곧바로 도카이 지진의 전조 현상이라고 판단할 수 없을 때 발표된다. 이 시점에서 국가와 지자체는 정보 수집과 연락망을 가동하는 체제를 갖추지만, 특단의 방재 대책을 실시하지는 않는다. 주민도 평소대로의 생활을 유지하되 텔레비전과 라디오의 정보에 주의할 필요가 있다.

도카이 지진 주의 정보가 발표되면 실질적인 방재 대책이 개시되므로 그 내용을 사전에 확신히 확인해 두는 것이 필요하다. 이 정보는 관측된 현상이 전조 현상일 가능성이 높은 경우에 발표된다. 국가와 지자체, 방재 관계 기관은 위험도가 더 높은 단계인 도카이 지진 예지 정보가 발표되었을 경우에 발생할 각종 사회적 규제와 혼란, 더 나아가 지진 발생에 대비하기 위한 방재 준비 행동을 실시한다. 예를 들면, 도카이 지진 주의 정보 단계에서는 교통 규제가 실시되지 않기 때문에 아동과 학생을 보호자에게 인도하여 안전을 확보하고, 내진성이 낮은 병원과 복지 시설에 입원 또는 입소한 사람들의 안전을 확보하며, 구조 또는 구급 등 광역 응원 부대의 파견을 준비한다.

주민은 텔레비전과 라디오, 지자체의 방재 행정 무선에서 제공하는 정보에 주의하는 것이 중요하다. 평소부터 가족 간에 주의 정보가 나올 경우 어떻게 행동할 것인지 미리 상의해 두고, 정해진 대응 행동을 다시금 확인하는 것이 필요하다. 살고 있는 장소가 쓰나미나 암벽 붕괴 같은 위험 구역에 들어 있는 경우에는 사전에 피난 준비를 해야 한다. 이 시점에서는 아직 사회적 규제가 시작되지 않았으므로, 즉 교통이나 생활필수품 판매 등은 기본적으로 유지되고 있으므로 차분하게 그리고 서둘러 각자 준비 행동을 하는 것이 필요하다. 단 관측 데이터의 추이에 따라서는 도카이 지진의 우려가 없어질 수도 있지만, 준비 행동을 쓸데없다고 생각하지 말고 지진 발생에 대비하자.

도카이 지진 발생이 확실한 것 같다고 판단되면 도카이 지진 예지 정보가 발표된다. 거의 동시에 경계 선언■2도 발령된다. 국가와 지자체에는 지진 재해 경계 본부가 설치되고, 위험 지역 주민의 피난, 대책 강화 지역의 교통 규제, 철도의 회송 운전, 백화점의 영업 중지 등의 대책이 실시된다. 지진이 발생할 때까지는 사회적 혼란을 억제하면서 지진을 맞이한 태세를 갖춘다. 주민은 텔레비전과 라디오, 지자체의 방재 행정 무선에서 제공하는 정보를 토대로 더욱 주의하면서 지자체의 방재 계획에 따라 행동하는 것이 필요하다.

이 시점에서는 지진이 언제 발생할지 모르는 매우 불안한 상태가 이어지는데, 한 가지 방안으로 텔레비전과 라디오를 켜놓기 바란다. 텔레비전과 라디오는 진원에 가까운 시즈오카 현에서 중계하고 있을 것으로 생각되는데, 지진파는 전파 속도보다 느리므로 TV 화면에서 지진 발생이 중계될 때 자기가 있는 지점까지 지진파가 도달하려면 몇 초 또는 몇 십 초의 차이가 발생한다. 따라서 그 차이 동안에 책상 밑으로 들어가고, 불을 끄고, 안전한 장소로 몸을 이동하는 등의 최종적인 안전 행동을 실시할 수 있다. 최소한 무엇을 하면 좋을지를 반드시 생각해두기 바란다. 단 진원에 가까운 지점에서는 이런 방법을 사용할 수 없다. 지진 예지 정보가 발표되면 화기류 사용을 자제하고 가구 고정을 점검하며, 창에 테이프를 붙이는 등 실내의 안전성을 높여주기 바란다. 자동차를 이용한 외출은 절대로 안 된다. 흔들렸다면 곧바로 안전 행동을 취하도록 유념하기 바란다.

■1 대규모 지진 대책 특별 조치법. 본래는 대규모 지진으로부터 국민의 생명, 신체 및 재산을 보호하기 위하여 지진 방재 대책 강화 지역을 지정하고 지진 방재 체제를 정비하며, 지진 방재 응급 대책 및 지역 방재에 관한 특별 조치를 규정하는 등의 목적으로 1978년 정비된 법률이다. 이 법률은 직전 예지가 가능한 지진을 대상으로 하기 때문에 현 시점에서는 도카이 지진만이 대상이 되고 있다. 12번 및 93번 항목 참고.

■2 도카이 지진의 발생이 우려될 때 수상이 발령하는 선언. 선언이 발령되기까지 일련의 움직임은 다음과 같다. 전조로 생각되는 관측 데이터가 나타난다. 지진 방재 대책 강화 지역 판정회가 판정을 내린다. 그 결과가 기상청장을 통하여 지진 예지 정보로서 수상에게 보고된다. 지진 방재 응급 대책을 실시할 필요가 있다고 수상이 인정하면 내각 회의를 거쳐 경계 선언을 발령한다.

도카이 지진, 도난카이 · 난카이 지진의 지역 지정과 대책

도카이 지진과 난카이 지진에 대한 대책이 실제로는 어떻게 이루어지고 있을까?

지자체는 지금까지 발생한 지진과 최근의 지진학 지식을 토대로 발생 가능성이 높은 지진을 상정하고 지역의 방재 능력을 높이려고 노력하고 있다. 이를 위하여 몇 가지 법률이 만들어져 있다. 지진 방재 대책 특별 조치법[1]에 의해 전국의 지자체가 지진 대책 사업을 계획적으로 실시하며, 또 지역 실정에 맞게 계획을 세우고 있다.

한편, 국가가 법률로 정하고 우선적으로 지진 방재 대책 사업을 실시하려고 구상했던 지진도 있다. 바로 도카이 지진과 도난카이 · 난카이 지진이다. 근거가 되는 법률은 도카이 지진의 경우 대규모 지진 대책 특별 조치법[2]이며, 도난카이 · 난카이 지진은 도난카이 · 난카이 지진과 관련된 지진 대책 추진에 관한 특별 조치법[3]이다.

두 법률에 따르면 지진으로 인하여 진도 6약 이상 또는 파고 3m 이상의 쓰나미라는 기준을 넘어 현저한 피해가 발생할 우려가 있는 지역을 각각 도난카이 지진에서는 지진 방재 대책 강화 지역, 도난카이 · 난카이 지진에서는 지진 방재 대책 추진 지역이라고 부르며, 지자체별로 지진 대책을 위한 계획을 입안하게끔 되어 있다.

도카이 지진의 지진 방재 대책 강화 지역은 1979년에 지정된 이후 오랫동안 변경되지 않았지만, 2002년 4월에 개정되어 당시까지 6개 현 167개 시정촌이었던 것이 8개 현 263개 시정촌으로 확대되었다. 도난카이 · 난카이 지진의 지진 방재 대책 추진 지역은 2003년 12월에 21개 도부현 652개 시정촌으로 매우 광범위하게 지정되었다.

도카이 지진과 도난카이 · 난카이 지진의 대책은 큰 차이가 있다. 도카이 지진은 예지가 전제로서, 관측 데이터의 변화에 따라 도카이 지진 관측 정보, 도카이 지진 주의 정보, 도카이 지진 예지 정보라는 세 종류의 지진 정보가 발령된다. 그리고 각각의 정보에 맞추어 지진 방재 대책 강화 지역 내의 시정촌 및 도도부현이 각각의 지진 방재 대책 강화 계획을 입안하고 있다.

한편, 도난카이 · 난카이 지진의 지진 방재 대책 추진 지역으로 지정된 시정촌 및 도도부현은 사전에 예지 정보가 발표되지 않지만, 지진 방재 대책 추진 계획을 입안하고 방재 대책을 중심으로 지진에 강한 마을 만들기를 실천하고 있다. 특히 쓰나미의 경우는 대규모 쓰나미가 예상되므로 쓰나미 경보가 발표될 때 정확하고 신속하게 피난할 수 있도록 계획을 세워 대비하고 있다.

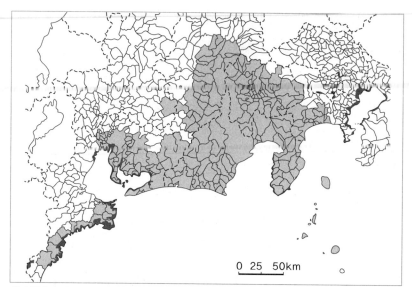

색이 칠해져 있는 지역은 도카이 지진과 관련된 지진 방재 대책 강화 지역으로 8개 도현과 263개 시정촌이 지정되어 있다. 진도 6약 이상 또는 쓰나미의 파고 3m 이상 등 현저한 피해 발생이 우려되는 지역이다.

■1 1995년 1월 한신 · 아와지 대지진 재해 발생을 계기로 지역 방재 시설의 긴급 정비와 국가의 조사 연구 체제 강화를 핵심으로 제정된 법률.

■2 1978년 도카이 지진 발생설이 사회 문제가 된 가운데, 직전 예지가 실시되는 경우에 대비하여 미리 방재 체제를 정비해 두고, 경계 선언 발령을 신호로 국가 와 지방 공공 기관이 연계하여 지진을 맞이할 체제를 갖출 것을 세계 최초로 규 정하여 시행된 법률. 92번 항목 참고.

■3 2001년 도난카이 지진, 난카이 지진이 이후 30년 이내에 발생할 가능성이 50%, 40%라고 발표되자 방재 대책을 추진할 필요성에서 2003년 7월에 시행된 법률.

행정에 의한 지진 대책의 역할 분담

지진 대책에서 국가, 도도부현, 시정촌은 어떻게 역할을 분담하고 있을까?

재해가 일어났을 때 각 행정 기관의 역할 분담은 재해 대책 기본법■1에 의해 규정되어 있다. 이 법률에 따르면 국가는 국토와 국민의 생명, 재산을 재해로부터 보호할 사명을 갖고 있으며, 방재에 만전을 다하기 위하여 재해 예방, 재해 응급 대책 및 재해 복구의 기본으로 삼을 만한 계획(방재 기본 계획■2)을 책정하고, 지방 공공 단체와 공공 기관이 실시할 방재 대책을 조정하게 되어 있다. 또한 방재 기본 계획을 책정하고 방재의 기본 방침을 심의할 기구로 중앙 방재 회의■3를 설치하고 있다. 중앙 방재 회의의 하부 조직으로 도카이 지진 대책, 도난카이 · 난카이 지진 대책, 수도 직하 지진 대책, 재해 교훈 승계 등 전문 조사 위원회를 설치하여 방재 업무에 대처하고 있다.

총무성總務省 소방청은 각 지자체의 소방 행정과 방재 행정을 지도하며, 여러 가지 지원을 적극적으로 실시하고 있다. 또한 재해가 일어났을 때는 피해를 입지 않은 지역의 지자체 소방 부서로부터 긴급 소방 구조대 ■ 4의 피해지 파견을 지시하거나 조정하는 역할을 맡고 있다.

문부과학성에는 지진 조사 연구 추진 본부 ■ 5가 설치되어 지진과 관련된 조사 관측 계획을 입안하고 지진 활동을 평가한다.

국토교통성은 도시 정책, 주택 정책, 도시 기반 정비를 통하여 지진에 강한 마을 만들기를 실시하고 있다. 특히 국토교통성에 소속되어 있는 기상청과 국토지리원은 지진과 지각 변동을 관측, 감시한다. 국도와 항만 같이 재해 발생 시 중요한 수송로가 되는 교통 관련 시설의 응급 복구를 실시함으로써 피해지에 대한 구원 활동을 지원하고 있다.

그 밖의 행정 부처도 방재 업무 계획 ■ 6을 입안하고, 방재 대책을 실시하고 있다. 일본의 방재 대책의 특징은 방재 기본 계획에서 내세운 목표를 향하여 각 행정 부처가 독자적으로 정책을 입안하고 실행하는 점에 있다. 따라서 때로는 부처 간에 방재 대책에 대한 생각과 세부적인 정책에 차이가 발생하기도 한다. 중국에서는 지진의 경우 국가 지진국이라는 정부 기관이 지진 관측, 지진 예지, 내진 규정 설정 등 예지부터 지진 발생 후의 응급 대책 계획까지 모든 업무를 전담하고 있다. 일본이 여러 부처에서 업무를 분담하고 있는 것과는 크게 다르다.

주민과 직접 접하는 시정촌에서도 국가와 마찬가지로 재해 대책 기본법에 의해 시정촌장을 회장으로 하여 관계 기관장이 참가하는 방재 회의가 설치되어 있다. 이 회의에서 방재 대책의 기본 방침과 지역 방재 계획을 검토하는 동시에 계획적으로 방재 사업을 추진하게 되어 있다. 또한 재해 발생 시 시정촌장을 본부장으로 하는 재해 대책 본부가 설치된다. 지역의 소방, 경찰, 의료 기관, 도로 관리자 등이 연계하여 피해자의 구출 및 구조, 의료 구호, 피난 대책, 생활필수품의 조달과 분배, 도로 복구 등 응급 대책이 실시된다. 특히 대규모의 화재와 쓰나미, 토사 재해 등의 위험이 예상되는 경우에는 주민의 생명을 지키기 위하여 피난 권고, 피난 지시, 경계 구역 설정 등을 실시한다.

도도부현의 방재 대책은 시정촌에 비하여 광역 지자체로서의 역할이 주어지고 있다. 예를 들면 자위대의 파견 요청이나 지원 조정 등은 현이 역할로 되어 있다. 복수의 시정촌에서 지원 부대의 파견 요청이 있는 경우에는 제한된 부대 수를 얼마나 효율적으로 파견할 수 있을지를 조정한다. 또한 대규모 재해의 경우에는 재해 구조법■7 적용을 결정하여 도도부현이 피해자 구원을 실시한다.

또한 라이프 라인 사업자, 철도 회사 등 공공 기관으로 불리는 민간 회사도 평소 지역 방재 훈련에 참가함으로써 방재 능력 강화에 기여하고 있다.

이렇게 국가, 도도부현, 시정촌 그리고 공공 기관이 평소에는 방재 능력 강화를 위한 예방 대책에, 재해 발생 시에는 피해자 구원을 위한 응급 대책에 보조를 맞추며 대처하고 있다. 그러나 행정 조직과 그곳에서 일하는 직원도 지진 피해를 입을 가능성이 있으므로 초기 단계에서는 구조를 기대하지 말고, '스스로의 몸은 스스로 지킨다, 마을은 모두 함께 지킨다'는 마음가짐이 중요하다.

■1　1959년 이세 만 태풍(사망 및 실종자 5,098명)을 계기로 종합적이며 계획적인 방재 행정 체제 정비를 위하여 제정되었다.

■2　중앙 방재 회의가 작성하는 방재에 관한 기본적인 계획. 지자체가 작성하는 지역 방재 계획 작성에 기준이 될 만한 사항도 기재되어 있다.

■3　수상을 의장으로 하고 방재 담당 장관과 기타 부처의 모든 장관, 공공 기관장, 전문가를 위원으로 구성된 국가 방재에 관한 회의.

■4　대규모 재해 시 부족한 소방 구조, 구급, 소화 등의 부대를 전국의 소방 본부에서 파견한 것으로 한신 · 아와지 대지진 재해 이후 창설되었다.

■5　지진에 관한 조사 연구의 책임 체제를 분명히 하고, 이것을 일원적으로 추진하기 위하여 문부과학성에 설치된 정부의 특별 기관.

■6　행정 부처는 물론 도로 공단, JR, 전력 회사 같은 공공 기관이 방재 기본 계획에 근거하여 해당 업무와 관련하여 작성한 방재 계획.

■7　재해에 즈음하여 도도부현 지사가 일본 적십자사와 기타 단체 그리고 국민의 협력 하에 긴급하게 필요한 구조를 실시하여 피해자를 보호하고 사회 질서를 보전할 목적으로 제정되었다.

흔들리는 순간에 살아남기

  지진이 일어나 한창 흔들리는 중이라면 우리들은 어떻게 해야 할까? 집과 학교 교실에 있을 때, 상점가에서 물건을 사고 있을 때, 전철을 타고 있을 때, 여행하고 있을 때 등 지진을 겪는 상황은 다양하다. 평소 어떤 때에 지진을 겪을지 그 확률을 근거로 지진에서 살아남는 방법을 생각해 두는 것이 개인이 할 수 있는 지진 대책의 기본이다.

  가정에서는 가구가 쓰러지는 것을 막고 선반에서 떨어지는 물건이 없도록 하는 등 평소부터 주의를 해 두어야 한다. 지진으로 인한 진동을 느꼈다면 탁자 밑으로 숨게 되는데, 반드시 옥외로 피난할 필요는 없다. 옥외로 나갈 때는 기와 등의 낙하물에 주의해야 한다. 단독 주택의 2층에 있을 때는 황급하게 1층으로 내려갈 필요는 없다. 오히려 1층 쪽이 더 많이 부서진다. 공동 주택의 경우에는 현관의 문을 열어 출입구를 확보하는 것이 중요하다. 또한 불을 끄는 것을 첫 번째 행동으로 하지 말기 바란다. 화상을 입을 가능성이 있는데다 요즘의 도시 가스와 프로판 가스는 감진 장치■1에 의해 자동적으로 차단된다.

  상점가와 번화가 등 건물로 둘러싸여 있는 경우에는 낙하물과 붕괴하는 건물 혹은 시설물에 주의하기 바란다. 길 한복판에 멈추어 서지 말고 내진성이 있을 만한 건물 안으로 들어가야 한다. 그런 경우에도 위에서 떨어지는 물건이니 유리 등에 주의하며, 가방 등으로 머리를 보호하면서 이동해야 안전하다. 벽돌담, 돌담, 자동판매기 등 넘어지면 위험한 것에는 접근을 피해야 한다.

지하도에 있는 경우에는 지진에 강한 구조물이므로 결코 당황할 필요가 없다. 정전으로 패닉 상태에 빠진 군중에 휩쓸리면 위험하다. 사람들이 출입구로 몰려들 때 함께 쇄도하지 않도록 주의한다. 만일 화재가 발생해도 분명히 몇 분의 여유는 있을 것이다. 차분하게 진동이 수그러든 뒤에 안전을 확인하며 대피하자.

자동차를 타고 있으면 큰 지진은 타이어의 펑크와 같이 느껴진다. 무엇인가 이상하다고 느꼈다면 길 옆으로 차를 붙이고 주위를 확인하자. 피난이 필요하다고 생각되면 열쇠를 꽂은 채로 자동차 검사 증명서■2를 갖고 피난하기 바란다. 그러나 해안 도로■3나 산길■4 등 그 장소에 있는 것이 위험한 경우라면 임기응변으로 대응하는 것도 살아남는 데 도움이 된다. 고속도로에서는 1km마다, 터널에서는 400m마다 비상구가 있으므로 그곳에서 대피하기 바란다.

건물 안에 있는 경우에는 어떤 건물에 있는가에 따라 대응이 달라진다. 만일 1981년 이전에 건설된 것으로서 내진 진단, 내진 보강을 실시하지 않은 건물이라면 파괴될 가능성이 있다. 그러나 보통은 언제 지은 건물인지 알 수 없기 때문에 벽과 기둥이 많은 장소로 곧 이동한다. 이동이 불가능하다면 자신의 몸을 지킬 공간을 확보할 수 있는 장소에서 몸을 낮추고 머리를 보호하기 바란다. 건물 안에서 엘리베이터를 사용하면 안된다. 타고 있다면 모든 층의 스위치를 누르고 멈춘 층에서 내려야 한다. 일본의 건물은 외국의 내진 기준보다 높으므로 위험이 적지만, 남유럽, 중근동, 오세아니아 등 지진이 많은 곳을 여행하고 있는 경우라면 체매지 말고 곧장 건물 밖으로 나가자. 유감스럽게도 내진 기준이 일본보다 낮으므로 피해를 입을 가능성이 높다고 말하지 않을 수 없다

소풍이나 해수욕 등으로 야외에 나와 있는 경우에 바다라면 쓰나미, 계곡이라면 토석류, 산기슭이라면 암벽 붕괴와 산사태 가능성을 의심하라. 이런 현상들이 발생하면 도망할 시간이 없으므로 큰 진동을 느꼈다면 영향권 밖의 장소로 피난해야 한다. 해변이라면 육지 쪽의 높은 지대로, 계곡이라면 하천 제방 위로, 산기슭이라면 암벽에서 가능한 한 떨어진 곳으로 피하기 바란다.

패닉 현상이란 살아날 수 있는 수단은 있으나 그 수가 제한되어 있는 경우, 서두르면 자기는 어떻게든 살아날 수 있다고 판단했을 때 군중이 쇄도함으로써 발생하는 것이라고 한다. 패닉에 휩쓸리지 않고 또한 패닉을 일으키지 않는 방법은 각 개인이 침착하게 피난하는 것이다. 유념하기 바란다. 그리고 때때로 자기가 있는 장소에서 어떻게 안전을 확보할 수 있을지 생각하기 바란다. 그런 평소의 훈련이 살아남기의 첫걸음이 된다.

■1   도시 가스와 프로판 가스는 큰 진동을 느끼면 자동적으로 공급을 중단하게
      되어 있다. 요즘에는 석유 난로도 진동을 느끼면 자동적으로 불을 끄는 장치가
      붙어 있다.

■2   자기 차라는 것을 나중에 확인하기 위하여 필요하다.

■3   해안 부근에서 지진을 느꼈다면 쓰나미의 내습이 있다는 전제 하에 도망치기
      바란다.

■4   암벽 붕괴가 발생할 수 있다.

96

화산 정보의 종류와 대책

화산 재해를 확실하게 막는 방법은 신속하고 적확하게 대피하는 것이다. 또한 대피할 때 화산쇄설류[■1] 같은 현상은 인간의 행동 속도보다 훨씬 빠르다는 것을 염두에 두어야 한다. 분화하고 나서 대피해도 괜찮다고 생각하고 있다면 피해를 면할 수 없다.

예를 들어 화산쇄설류는 인간이 달리는 속도보다 몇 배나 빠른 속도로 덮쳐 온다. 따라서 분화 전에 어떻게 그 영향권 밖으로 대피할 수 있는지가 중요하다. 경우에 따라서는 대피호 같은 시설이 갖추어져 있는 화산도 있으므로 영향권 밖으로 대피할 수 없는 경우에는 이런 시설로 뛰어들었다가 분화 활동이 약해지면 이동하는 것이 좋다. 또한 유독한 화산가스가 발생한 경우에는 곧바로 영향권 밖으로 대피하지 않으면 죽음으로 직결되므로 화산 정보에 주의해야 한다. 용암류는 일반적으로 걷는 속도보다 느리므로 충분히 대피할 시간이 있다. 따라서 인명 피해는 피할 수 있으나 가옥은 전부 파괴된다.

한편, 화산재[■2]는 화산쇄설류나 용암류 같은 화산 현상에 비하여 단번에 두껍게 퇴적되지 않으므로 긴급함은 떨어지지만, 상황에 따라서는 대규모 재해로 발전할 가능성이 있다. 화산재가 도로에 5mm 쌓였을 때 비가 내리면 통행이 불가능해지며, 계류에 10cm 쌓이면 토석류[3] 발생의 위험성이 높아지고, 30cm를 넘으면 화산재 무게로 목조 가옥은 붕괴할 수도 있다[4]. 이런 점을 고려하면 분화 재해의 직접적인 영향을 생각할 필요가 없는 지역에서도 화산재로 인한 재해는 염두에 둘 필요가 있다.

화산 재해로부터 자기 몸의 안전을 지키기 위해서는 우선 기상청이 긴급 정도에 따라 발표하는 세 가지 화산 정보를 알아두면 좋다.

긴급 화산 정보는 분화 가능성이 임박했거나 분화한 경우에 발표한다. 또한 이미 긴급 화산 정보를 발표했으나 새로운 상황 변화 때문에 긴급하게 화산 정보를 알릴 필요가 있는 경우에도 발표한다.

임시 화산 정보는 화산 활동의 추이에 따라 긴급 화산 정보 발표로 이어질 가능성이 있는 경우에 주의를 환기할 목적으로 발표한다. 구체적인 사례로는 분화 가능성이 있는 경우, 분화한 경우 그리고 이미 긴급 화산 정보나 임시 화산 정보를 발표한 단계에서 활동 상황의 변화를 알릴 목적으로 발표한다.

화산 관측 정보는 이상의 정보를 보충하거나 두 가지 정보 수준에 도달하지 않은 경우에 발표한다.

이들 화산 정보 가운데 긴급 화산 정보와 임시 화산 정보 발표 시에는 화산이 있는 지역의 시정촌장으로부터 피난 권고와 피난 지시가 발령될 수도 있으므로 텔레비전과 라디오 정보나 지역 시정촌의 방재 행정 무선으로 제공되는 화산 정보에 주의하며 적절하게 행동할 필요가 있다. 화산이 있는 지역의 주민들은 이때 당황하지 말고 마음의 준비와 방재 준비를 해 두자. 될 수 있으면 화산 해저드 맵[5]을 참고로 자신이 어디로 피난하면 좋을지 확인해 두자.

또한 등산이나 관광으로 화산을 찾을 때는 항상 그곳에 화산이 있음을 잊지 말고, 지역 지자체나 기상청에서 발표하는 최신 정보에 주의하자. 경우에 따라서는 유독한 화산 가스를 분출하고 있는 화산도 있으므로 표시 또는 표식에 주의하는 것도 필요하다.

화산 정보의 종류	내용
긴급 화산 정보	화산 현상으로 인한 재해로부터 사람의 생명과 신체를 보호하기 위하여 필요하다고 인정한 경우에 발표한다.
임시 화산 정보	화산 현상으로 인한 재해에 대하여 방재 목적 상 주의를 환기하기 위하여 필요하다고 인정한 경우에 발표한다.
화산 관측 정보	긴급 화산 정보 또는 임시 화산 정보의 보완, 기타 화산 활동 상태의 변화 등을 주지할 필요가 있다고 인정한 경우에 발표한다.

화산 정보의 종류

■1   46번 항목 참고.

■2   화산재 자체도 천식이나 호흡기 질환을 앓고 있는 사람에게는 영향이 크다.
      그러나 건강한 사람에게 약간의 화산재는 영향이 작은 것으로 생각된다.

■3   후지 산 해저드 맵 검토 위원회의 중간 보고(2001년 6월 12일)에서 떨어져
      쌓인 화산재의 두께가 10cm를 넘으면 토석류가 발생할 가능성이 있다고 한다.

■4   후지 산 해저드 맵 검토 위원회의 중간 보고에서 떨어져 쌓인 화산재의 두께
      가 45～60cm라면 가옥 전파 30%의 피해를 예상하고 있다. 그러나 강우가 발생
      하면 화산재의 밀도는 1.5배가 되므로 두께 30～45cm에서 가옥 전파 30%로
      보고 있다.

■5   99번 항목 참고.

97

쓰나미 · 해일 해저드 맵

도카이 지진과 도난카이 · 난카이 지진을 비롯하여 일본 해구 주변에서는 대규모 쓰나미를 동반하는 지진 발생이 우려되고 있다. 또한 최근에는 해일로 인한 재해도 증가하고 있다. 연안에 사는 사람은 지진이나 태풍 때문에 발생하는 쓰나미[■1]와 해일이 얼마큼의 높이로 덮쳐 올지 그리고 그때의 침수 구역은 어느 정도인지 알고 있을까?

지금까지 쓰나미와 해일에 대한 일본의 대책은 방조제 정비 같은 하드웨어 중심이었다. 그러나 앞으로의 방재 대책은 시간과 돈이 드는 하드웨어 대책뿐 아니라 방재 정보를 제공함으로써 주민과 지자체의 방재 대응 능력을 강화해 가야 한다. 이런 방재 정보로서 유력한 것이 쓰나미 · 해일 해저드 맵이다. 해저드 맵은 연안의 시정촌과 도도부현이 작성하며, 침수 예상 구역, 피난 장소, 피난 경로 등을 표시한 지도이다. 2004년 3월 내각부, 농림수산성, 국토교통성이 공동으로 「쓰나미 · 해일 해저드 맵 매뉴얼」을 작성하여 관련 지자체에 주지시켰다. 정부 자료[■2]에 따르면 쓰나미와 해일의 해저드 맵이 필요한 지구임에도 불구하고 작성되어 있지 않은 지구의 수와 비율이 쓰나미의 경우는 1,200 지구로 62%, 해일은 1,500 지구로 88%에 이르고 있다. 많은 연안에서 해저드 맵의 작성이 앞으로의 과제라고 할 수 있다.

해저드 맵의 작성은 우선 침수 예상 지구를 검토하는 것으로부터 시작한다. 어떤 상황이 일어날지 조건을 설정한다. 쓰나미의 경우라면 지진의 매그니튜드와 진원역을, 해일의 경우는 태풍의 규모와 경로를 설정한다. 그리고 공통적으로 조위와 하천 조건, 호안 등의 시설 조건을 설정한다. 그 후 침수 예측을 실시한다. 방파제와 방조제의 효과, 침수 지역의 건물에 의한 저감 효과 등 상세한 기술적 검토를 하는 수치 시뮬레이션 같은 방법부터 일정 침수량과 침수역을 설정하여 결정하는 방법, 과거의 침수 이력을 토대로 결정하는 방법 등이 있으며, 작성하는 쪽의 상황에 맞추어 적절하게 선택하게 된다.

다음으로는 해저드 맵에 기재할 내용을 검토한다. 주민 피난용으로는 피난 장소와 피난 경로, 피난 빌딩을 설정한 경우 해당 지점을 비롯하여 쓰나미와 해일 정보 등 알아두어야 할 내용을 기재한다. 행정 대책용으로는 방재 창고 같은 방재 거점과 소방서, 경찰서 등의 공공 시설, 방재 무선 설치 장소 등을 기재한다.

해저드 맵이 작성되면 그것으로 끝나는 것이 아니라 주민에게 주지시키는 것이 필요하다. 또한 주지시킬 뿐 아니라 구체적으로 주민이 어떻게 피난하면 좋을지, 얼마나 무서운지, 언제까지 피난하면 좋을지 등을 학습시킬 필요가 있다. 최근에는 주민 참가를 통하여 해저드 맵을 작성하고, 피난 경로를 실제로 걸어보는 등의 워크숍을 실시하여 주민이 피부로 느낄 수 있도록 유도하는 사례도 있다. 더 나아가 해저드 맵의 정보를 사용하여 보다 신속하고 적확한 피난을 위하여 피난 유도 표식과 정보 게시판을 적절한 장소에 설치하는 것도 중요하다.

연안에 사는 사람은 지역 지자체에 해저드 맵이 작성되어 있는지 확인하고, 그 내용을 알아두는 것이 필요하나. 작성되어 있지 않다면 과거에 발생했던 쓰나미의 높이와 침수역 등을 조사하여 스스로 검토해 보거나, 관공서의 방재 담당자나 전문가의 협력하여 앞에서 소개한 워크숍을 기획해 보는 것도 자신이 살고 있는 지역의 쓰나미와 해일의 위험성을 알고 재해에 대비하는 데 중요하다.

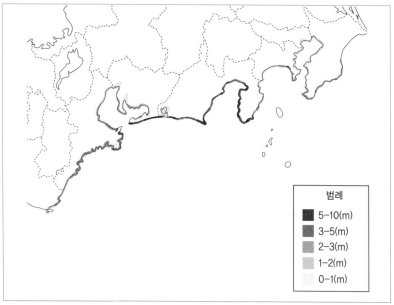

도카이 지진으로 발생이 예상되는 해안별 쓰나미의 파고

■1   98번 항목 참고.

■2   중기적 전망에 입각한 새로운 해안 보전 추진 보고서(2002년 2월 13일).

뛰면 쓰나미로부터 도망칠 수 있을까

해변에 쓰나미가 밀어닥쳤을 때 도망칠 수 있을까?

일반적으로 쓰나미가 밀어닥치는 속도는 인간이 뛰는 속도보다 빠르기 때문에 해안에 있었을 때 지진을 느꼈다면 곧바로 근처의 높은 곳으로 도망하는 등 곧바로 해변에서 멀리 떨어지기 바란다.

바다 밑에서 대지진이 발생하여 해저에서 상하 방향의 지각 변동[1]이 일어나면 쓰나미가 만들어진다. 쓰나미가 만들어진 영역을 파원역波源域이라고 부른다. 파원역은 진원역과 거의 같아 대지진이라면 면적이 1,000km²를 넘는 일도 종종 있다[2]. 쓰나미가 전달되는 속도[3]는 수심에 따라 달라지나 초당 수십 미터에서 200m 정도로 시속으로는 200~800km이며, 천천히 전달되는 파일지라도 소형 비행기나 고속 전철 수준, 빠른 경우는 점보 제트기와 같은 빠르기이다.

쓰나미의 주기는 수 분에서 수십 분이며, 해수면은 천천히 수차례 높아졌다 낮아졌다를 반복한다. 이 파가 해안으로 수차례 밀려오기 때문에 쓰나미의 습격은 수 시간에 걸쳐 반복된다.

먼 바다에서 쓰나미의 파고는 수 미터 정도이며, 파장은 수십 킬로미터를 넘을 수도 있으므로 배 위에서는 알아차리지 못한다. 그러나 육지에 접근함에 따라 파고가 높아져 리아스식 해안과 같이 지형이 V자형이라면 만 안에서는 20~30m에 달하기도 한다. 쓰나미는 처음 도달하는 수차례의 파가 규모가 크지만, 반드시 제1파가 최대는 아니므로 제1파가 도착한 뒤에도 몇 시간은 주의가 필요하다.

쓰나미가 해안에 도달하는 시간은 파원역(진원)에서 해안까지의 거리에 달려 있으므로 지진마다 다르다. 단 진원이 육지에서 멀리 바다 쪽으로 떨어진 지점에 있다고 해도 단층이 해안 가까이까지 뻗어 있는 지진이라면 지진 발생 후 수 분 이내에 쓰나미가 몰려올 가능성도 있다. 해안에서 지진을 느꼈다면 가령 흔들림이 크지 않아도 쓰나미의 습격이 있을지도 모른다는 주의가 필요하다.

동북 일본의 태평양 쪽 산리쿠 앞바다 지진에서는 지진이 발생하고 나서 10~30분이 지난 후에 쓰나미가 도달하는 경우가 많다. 반면에 동해 연안■4이나 서일본, 남일본에서는 지진 발생 수 분 후에 쓰나미가 밀어 닥친다. 훨씬 멀리서 발생한 지진으로 인한 쓰나미가 지진이 발생하고 나서 십 수 시간 또는 하루 가까이 지난 후에 도달한 적도 있다. 대표적인 예가 1960년 칠레 지진■5으로 인하여 지구 반대편의 칠레 앞바다에서 발생한 쓰나미로서, 16,000km의 바닷길을 기쳐 22시간만에 전파되어 일본 열도에 큰 피해를 가져왔다.

과거 쓰나미의 습격을 받은 지역에는 쓰나미 피해를 전하거나 희생자를 추도하기 위한 기념비가 남겨져 있다. 기념비 가운데는 해변에서 멀리 떨어져 있는 것도 있는데, 이런 역사를 조사함으로써 과거 쓰나미의 내습 양상을 알 수 있다.

1993년 홋카이도 남서 앞바다 지진의 쓰나미로 인하여 부서진 오징어잡이 어선

예보 종류		해설	발표되는 쓰나미의 파고
쓰나미 경보	대쓰나미	높은 곳은 3m 이상의 쓰나미가 예상 되므로 엄중하게 경계해 주십시오.	3m, 4m, 6m, 8m, 10m 이상
	쓰나미	높은 곳은 2m 정도의 쓰나미가 예상 되므로 경계해 주십시오.	1m, 2m
쓰나미 주의보	쓰나미 주의	높은 곳은 0.5m 정도의 쓰나미가 예 상되므로 주의해 주십시오.	0.5m

쓰나미 예보의 종류

일본 열도에서 외양에 면한 태평양 연안과 동해 연안은 큰 쓰나미가 덮치는 지역이다. 그러나 1854년 안세이 난카이 지진[6]에서는 파고가 3m에 이르는 쓰나미가 내해에 위치하는 오사카 만까지 밀려왔다. 쓰나미는 많은 하천을 따라 거슬러 올라가 정박하고 있던 배를 상류로 밀어붙이면서 다리를 부수고 저지대를 침수시키는 피해를 일으켰다.

해안에서 멀리 떨어진 지역[7]이라도 방심할 수 없다. 2003년 도카치 앞바다 지진에서는 최대 4m에 달하는 쓰나미가 발생하였다. 연안역에서는 침수 정도의 피해로 끝났지만, 강을 거슬러 올라간 쓰나미로 인하여 훨씬 상류에서 낚시하던 두 사람이 실종되었다.

쓰나미 발생 가능성이 있으면 기상청은 지진 발생 후 수 분 이내에 쓰나미 경보와 쓰나미 주의보를 발령하므로 주의할 필요가 있다.

:: 더 알아 보기 _____

[1]   토지의 신축, 융기, 침강 등 암반의 변형.

[2]   예를 들어 폭 10km, 길이 100km의 단층.

[3]   수심을 d, 쓰나미의 속도를 V라고 하면 $V = \sqrt{g \cdot d}$ (g=9.8m·s²)

[4]   1983년 동해 중부 지진(매그니튜드 7.7)에서는 지진 발생 후 8분이 지나 10m를 넘는 쓰나미가 내습하여 소풍을 나온 어린이 등 100명이 목숨을 잃었다.

[5]   28번 항목 참고.

[6]   1854년 발생한 매그니튜드 8.4의 지진.

[7]   현재는 해안선에서 수백 미터나 떨어져 있어 쓰나미가 덮쳤으리라고는 전혀 생각되지 않는 가마쿠라 대불은 본래 본당 안에 있었다. 1498년 쓰나미로 인하여 본당은 떠내려가고 주춧돌만 남아 야외에 자리한 불상이 되었다.

화산 방재 대책과 화산 해저드 맵

활화산이 있는 지역에서는 분화에 대비하여 어떤 방재 대책을 추진하고 있을까?

화산 방재 대책을 추진하기 위해서는 그 산이 활화산인지 아닌지, 어느 정도 분화 능력이 있는지를 파악하는 것이 중요하다. 화산 분화 예지 연락회[1]는 일본의 모든 화산을 대상으로 지금까지의 연구 결과와 분화 이력을 토대로 기준[2]을 정하고, 금후에도 분화 가능성이 있는 화산을 활동도에 따라 3등급으로 나누어 108개의 활화산을 지정하고 있다. 활화산이 위치하고 있는 도도부현과 시정촌은 이를 참고로 화산 대책을 미리 검토하고, 분화 시 원활한 정보 전달과 피난 대책이 가능하도록 계획을 세우고 있다.

또한 기상청은 현재 분화하고 있는 우수 산과 이즈오오 섬, 아소 산 등의 활동도를 평가하여 발표하고 있다. 이를 토대로 대규모 분화를 할 가능성이 있는지 또는 분연을 뿜어내고는 있으나 활동 상태는 높지 않은 것 등을 알 수 있다. 따라서 이런 정보를 참고로 지자체와 주민 개인이 함께 화산 분화에 대비할 수 있다.

더 나아가 그 화산이 어떤 분화 양식을 보이는지 또는 분화의 영향을 받는 범위는 어느 정도인지를 예측하는 것도 화산 방재 대책을 추진하는 데 중요하다. 분화 양식, 화산쇄설류[3]나 용암류의 유무와 도달 범위, 화산재의 퇴적량 등을 사전에 예측할 수 있다면 긴급한 상황에 쓸 수 있는 최소한의 방재 대책이 가능해진다.

　이런 정보들을 기재한 것이 화산 해저드 맵이다. 명칭은 지자체에 따라 다를 수도 있지만, 내용적으로는 화산의 형성, 예상되는 분화 양식, 분화의 영향 범위, 방재 정보 등이 기재되어 있다. 2000년 우수 산과 미야케 섬의 분화 시 적절하게 피난 대책이 실시된 것도 화산 해저드 맵이 사전에 작성되어 있었기 때문이라고 한다.

　화산 해저드 맵은 화산이 있는 지자체와 국가가 만들고 있으며, 여러 시정촌에 걸쳐 있는 큰 화산에 대해서는 시정촌이 협의회를 설치하여 만드는 경우도 있다. 또한 일본의 상징인 후지 산에 대해서는 2002년부터 국가와 시즈오카 현, 야마나시 현, 가나가와 현, 도쿄 도가 후지 산 방재 대책 협의회를 설치하였다. 이 협의회에서 후지 산 해저드 맵을 작성하고 방재 대책을 검토하여 2004년 보고서가 발표되었다. 또한 가나가와 현 하코네 마을은 2004년 하코네 산 해저드 맵을 작성하였다. 이 지도는 유사 이래 인간이 분화 활동을 본 적이 없는 화산을 대상으로 작성한 해저드 맵의 선구라고 할 수 있다.

　현재 20~30개의 화산에 대해서는 해저드 맵이 만들어져 있다. 자기가 살고 있는 지역의 화산 해저드 맵이 만들어져 있다면, 반드시 입수하여 화산 방재에 관하여 생각해보기 바란다.

활화산의 활동도 레벨

레벨 5 : 매우 대규모의 분화 활동

레벨 4 : 중~대규모의 분화 활동

레벨 3 : 소~중규모의 분화 활동

레벨 2 : 약간 활발한 화산 활동

레벨 1 : 조용한 화산 활동

레벨 0 : 장기간 화산 활동의 징후가 없음

기상청은 화산이 활동도와 방재 대책의 필요성을 0~5의 6단계 수치로 발표하고 있다. 2004년 3월 현재 아사마 산, 이즈오오 섬, 아소 산, 운젠다케, 사쿠라지마 등 5개 화산에 대한 화산 활동도 레벨이 발표되고 있다

화산 활동도에 의한 등급

A등급 : 100년 활동도 지수 또는 1만 년
　　　　활동도 지수가 특히 높은 화산

B등급 : 100년 활동도 지수 또는 1만 년
　　　　활동도 지수가 높은 화산

C등급 : 두 활동도 지수가 모두 낮은 화산
　　　　(A, B등급 이외의 화산)

화산 활동도에 의한 분류_ 과거 100년간의 관측 데이터와 과거 1만 년 동안의 분화 이력에 의해 3개의 등급으로 구분하고 있다.

우수 산의 해저드 맵

:: 더 알아 보기_____

■1　화산 관측·연구 성과 및 정보의 교환, 화산 현상에 관한 종합적인 판단 등을
목적으로 1974년 기상청장의 자문 기구로 설치되었다. 매년 3회 정례적으로 개
최되며 필요에 따라 임시로 열리기도 한다. 위원은 학자와 관계 기관의 전문가로
구성되어 있다.

■2　화산 분화 예지 연락회에 의한 정의. 대략 과거 1만 년 이내에 분화한 화산
및 현재 활발한 분기 활동을 보이는 화산.

■3　46번 항목 참고.

면진, 제진, 내진의 차이는

일본인이 진도 6강■1 이상의 지진을 만나는 것은 평생에 한번 있을까 말까한 드문 현상이다. 그러나 진도 6강 이상의 지진이 닥쳤을 경우 살고 있는 가옥에 피해가 발생할 가능성은 매우 높으므로 지진에 강한 건물 만들기는 중요한 지진 대책이다. 지진에 강한 건물의 대표적인 공법으로 면진免震, 제진除震, 내진耐震을 들 수 있다.

면진의 전형적인 공법은 기초와 건물 본체를 적층積層 고무로 묶는다. 기초 지반이 흔들려도 건물 본체는 관성의 법칙에 의해 그대로 정지 상태를 유지하려고 하므로 건물 안에서는 약간의 진동밖에 느끼지 않는다. 작은 진동일지라도 그 상태대로라면 건물은 계속 흔들리기 때문에 유압 댐퍼(damper)를 넣어 에너지를 흡수함으로써 건물의 진동을 억제한다. 대략 수분의 일에서 십분의 일 정도로 지진동의 세기가 경감된다.

면진 공법은 공법의 특성상 횡적 진동에는 효과가 있지만, 종적 진동에는 효과가 없다. 그러나 일반적으로 건축물에 대한 피해는 대부분 횡적 진동으로 인한 것이며, 실제 지진 기록을 보더라도 종적 진동은 횡적 진동의 삼분의 일에서 수 분의 일 정도밖에 안되므로 면진 공법이 종적 진동에 효과가 없더라도 실용적인 측면에서는 유효하다고 할 수 있다.

제진 공법은 주로 두 종류인데, 실제 지진파를 관측하고 동력과 특수한 기계를 사용하여 진동을 없애는 방향으로 힘을 걸어줌으로써 지진동을 제어하는 방법과 동력은 사용하지 않고 기둥과 벽 안에 건물의 진동을 흡수하는 댐퍼를 넣어 진동을 제어하는 방법이 있다. 면진과 달리 건물 자체는 어느 정도 흔들리지만 붕괴와 파손을 막는 공법이다.

일반적으로 건축물이 지진에 대하여 저항력이 있고, 흔들려도 파손되지 않을 만큼의 세기를 갖고 있다면 "이 건물은 내진성이 있다"고 말한다. 내진 공법에는 강剛구조와 유柔구조의 두 가지 견해가 있다. 강구조는 주로 중·저층 건물이 지진동을 받더라도 부서지지 않고 견고하게 버티는 구조이다. 반면에 유구조는 고층 건축물의 구조에 이용된다. 바람에 흔들리는 버드나무처럼 건물이 흔들림으로써 지진동의 에너지를 분산시켜 내진성을 확보한다.

건축 기준법에 의해 1981년 새로운 내진 기준을 정함으로써 일본 건물의 내진성이 높아졌다. 효고 현 남부 지진에서 이 효과가 뚜렷하게 나타나 1982년 이후에 건축된 건물의 피해는 그 이전의 건물에 비하여 분명히 적었다.

여러분이 집을 구입할 때 신축 건물이 아니라면 1982년 이후에 건축되었는지 여부가 이런 공법들을 이용하여 건축되었는지를 알 수 있는 한 가지 기준이 된다. 또한 새로운 면진과 제진 공법이 사용되고 있다면 더욱 안심할 수 있을 것이다. 그러나 한 가지 유념해야 할 것은 면진 공법 등이 적용되었다고 해도 건물이 전혀 흔들리지 않는 것은 아니므로 가구를 고정시키고 소화기를 준비하는 등의 가정에서의 방재 대책은 충분히 실시하기 바란다.

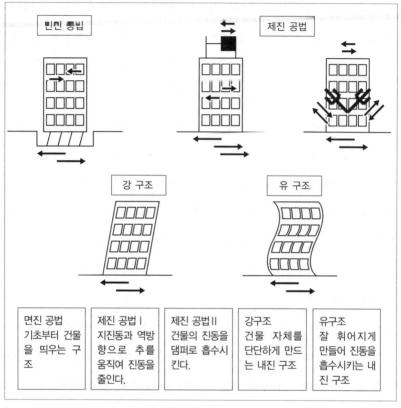

| 면진 공법
기초부터 건물을 띄우는 구조 | 제진 공법 I
지진동과 역방향으로 추를 움직여 진동을 줄인다. | 제진 공법 II
건물의 진동을 댐퍼로 흡수시킨다. | 강구조
건물 자체를 단단하게 만드는 내진 구조 | 유구조
잘 휘어지게 만들어 진동을 흡수시키는 내진 구조 |

지진에 강한 건물을 만드는 건축 공법의 종류

■1   참고 자료를 참조할 것.

일본 열도에서는 대지진과 화산 분화가 반복되며 발생하고 있다. 그리고 때로는 이것이 큰 재해를 가져온다.

지진이 반복되며 일어나는데도 불구하고 많은 사람들이 지진으로 인한 재해에 대처할 때 허둥대고 당황해 한다. 이전의 경험을 살리지 못하고 있는 것도 적지 않다. 이것은 대지진이 반복된다고는 해도 같은 지역에서는 평생에 한번 일어날까 말까한 현상이므로 다른 지역에서의 경험이 자기의 경험과 지혜로서 뿌리내리는 일이 적기 때문이다.

지진 발생은 주민에게 어려움만 주는 즉 부정적인 측면밖에 없는 것처럼 느껴지지만, 일본의 아름다운 지형의 형성에는 활단층이 커다란 역할을 하고 있다. 또한 활단층에서 흘러나오는 지하수는 명수로도 이용되고 있다. 지진으로 인한 지형의 변화는 오랜 세월의 결과이므로 실감하지 못한다. 한편, 화산 분화는 사정이 조금 다르다. 화산은 일본의 아름다운 자연을 만들고 온천을 용출시키는 등의 혜택을 주고 있다. 화산은 분화 재해라는 부정적인 측면이 있는 반면 긍정적인 측면도 있다. 분화가 반복되는 화산 지역의 주민은 평생에 두 번 또는 세 번 분화를 경험하면서 분화에 대한 대응을 몸에 익혀 재해 대책을 전승해 간다.

물론 일본인 전체가 대지진의 경험을 공유하고 있는 부분도 있다. 일본에 내진 가옥이 발달하고 있는 것이 좋은 예이다. 지진이 발생하면 우선 불부터 끈다는 지식 또한 대지진의 교훈이다.

그러나 대지진의 발생 간격이 길면 한신·아와지 대지진 재해가 발생한 간사이 지방처럼 "간사이에는 대지진이 일어나지 않는다." 라는 낭설이 고착되어 버린다. 이것이 지진이 일어나지 않는다는 근거 없는 안심을 초래하는 것이다. 이런 방심이 주민 뿐 아니라 주민을 지켜야 할 행정 당국에까지 퍼져 있었다는 것을 대지진 후 효고 현과 고베 시 관계자의 발언을 통하여 알 수 있다. 풍수해는 매년 되풀이되므로 대책도 세우기 쉽지만, 얼마간 하천 범람이 일어나지 않으면 대책을 등한히 한다. 하물며 평생에 한번 있을까 말까한 화산 재해 또는 몇 세대에 한번 조우하는 지진 재해 등 발생 간격이 장기간에 걸친 자연 재해에 대한 대처는 매우 어렵다.

　일본 정부는 재해의 경험을 살리려고 중앙 방재 회의를 설치하여 지진과 화산 분화의 재해에 대처하고 있다. 단 일본에는 자연 재해에 대처할 수 있는 전문가가 육성되고 있지 않다. 물론 각 분야의 연구자가 그 나름의 발언을 하고 있지만, 그것은 어디까지나 그 연구자의 전문 분야에서의 시점이며, 자연과학, 사회과학 등을 포함한 종합적인 시점에서 대처할 수 있는 연구자는 유감스럽게도 전무하다.

　행정에서도 회의 구성원은 다방면에서 모이지만 전문가라고 부를 만한 사람은 적고, 일본 특유의 종적 행정의 벽도 높아 일이 발생하면 반드시 어딘가에서 허점이 드러난다. 자주 언급되듯이 자연 재해와 인재에 관하여 일본에는 「위기 관리 전문가」가 자라지 않는 것이다.

그러나 대지진도 화산 분화도 반드시 일어난다. 그때 어떻게 대처할지는 모두가 평소부터 생각해 두어야 한다. 본서는 그럴 때 도움이 되기를 바라는 마음에서 집필되었다.

집필자의 한 사람인 스기하라 씨는 가나가와 현에서 오랫동안 자연 재해 업무에 종사하였다. 자연 재해에 대처할 수 있는 전문가가 없다고 썼으나 행정 면에서는 전문가에 가까운 사람이다. 재해 발생 시 스기하라 씨 같은 사람이 많은 권한을 갖고 일을 맡을 수 있는 시스템이 만들어진다면 행정 면에서 "위기 관리 전문가가 육성되었다."고 말할 수 있는 시대가 될 것으로 생각한다. 그런 희소가치를 지닌 스기하라 씨에게 방재 부분의 집필을 부탁하였다.

대지진과 화산 분화에 대처하고자 한다면 그 성질을 알아야 한다. 손자병법에서 언급했듯이 적을 알지 못하면 작전도 세울 수 없다. 지진 다발 지대이며 화산 지대인 것은 일본 열도의 숙명이다. 지진 현상과 화산 분화 현상은 지구가 살아 있다는 증거이자 지구의 숨결이다.

지진과 화산 연구는 이 숨결을 파악하는 것으로부터 시작된다. 육상 뿐 아니라 바다로도 관측 기기를 갖고 들어가 관측을 계속하는 것이 지구의 숨결을 파악하는 일이다. 획득한 데이터를 이용하여 컴퓨터로 해석하고 새로운 모델을 만들며, 모델을 검증하기 위해서도 데이터를 계속 모으는 것이 자연 과학의 중요한 수법이다. 그런데 최근 데이터를 모으려는 노력도 없이, 컴퓨터 앞에 앉아 어딘가에서 누군가가 획득한 데이터를 해석하는 것을 연구라고 생각하며 또 그런 것을 바라는 연구자가 급증하고 있다. 연구자를 평가하는 사회도 그런 분위기가 강해지고 있다.

지구의 숨결을 파악하는 일(관측)이 힘은 많이 들고 공은 적다는 것을 부정할 수는 없다. 그러나 그렇게 함으로써 지구의 고동을 들으며 넓은 시야에서 복잡한 자연 현상을 해명할 수 있는 것이다. 본서의 지진 현상과 화산 현상의 집필자는 전원 북극에서 남극까지 또는 대륙에서 해양까지 전 세계를 종횡무진 돌아다니며 「지구의 숨결」을 관측하는 연구자이다. 독자들은 문장의 행간에서 지구의 숨결이 느껴지는 즐거움을 읽어낼 수 있을 것이다.

마지막으로 본서를 집필하면서 많은 분들이 사진 제공 등의 협력을 아끼지 않았다. 진심으로 감사를 드린다. 또한 본서의 집필에는 도쿄 서적에 근무하는 가와라 씨의 권유가 큰 몫을 했음을 밝힌다. 가와라 씨가 집필자 일동을 잘 이끌어주어 마침내 출판에 이르게 되었다. 머리 숙여 감사를 드린다.

2004년 7월

가미누마 가츠타다

계급	인간	실내 상황	실외 상황
0	사람은 진동을 느끼지 못함.		
1	실내에 있는 사람의 일부가 약간의 진동을 느낌.		
2	실내에 있는 많은 사람이 진동을 느낌. 자고 있는 사람의 일부가 눈을 뜸.	전등처럼 매달려 있는 물건이 조금 흔들림.	
3	실내에 있는 사람 대부분이 진동을 느낌. 공포감을 느끼는 사람도 있음.	선반의 식기류가 소리를 낼 수 있음.	전선이 조금 흔들림.
4	상당한 공포감이 있으며, 일부 사람은 몸의 안전을 꾀하려 함. 자고 있는 사람 대부분이 눈을 뜸.	매달린 물건은 크게 흔들리며, 선반의 식기류가 소리를 냄. 잘 놓이지 못한 물건은 쓰러질 수 있음.	전선이 크게 흔들림. 걷고 있는 사람도 진동을 느낌. 자동차를 운전하면서 진동을 느끼는 사람이 있음.
5·약	대부분의 사람이 몸의 안전을 꾀하려 함. 일부 사람은 행동에 지장을 느낌.	매달린 물건은 심하게 흔들리며, 선반의 식기류, 책장의 책이 떨어질 수 있음. 잘 놓이지 못한 물건의 상당수가 쓰러지고 가구가 움직일 수 있음.	유리창이 부서져 떨어질 수 있음. 전봇대가 흔들리는 것을 알 수 있음. 보강하지 않은 벽돌담이 무너질 수 있음. 도로에 피해가 생길 수 있음.
5·강	큰 공포를 느낌. 많은 사람이 행동에 지장을 느낌.	선반의 식기류, 책장의 책 상당수가 떨어짐. 텔레비전이 받침대에서 떨어질 수 있음. 옷장 등 무거운 가구가 쓰러질 수 있음. 변형으로 문이 열리지 않을 수 있음. 일부 문은 떨어짐.	보강하지 않은 벽돌담 상당수가 무너짐. 자동판매기가 쓰러질 수 있음. 많은 묘석이 쓰러짐. 자동차 운전이 곤란해져 정지한 차가 많음.

계급	인간	실내 상황	실외 상황
6·약	서 있는 것이 곤란해짐.	고정하지 않은 무거운 가구 상당수가 이동하거나 전도됨. 열리지 않는 문이 많음.	상당한 건물에서 벽의 타일과 유리창이 파손, 낙하함.
6·강	서 있지 못하고 기지 않으면 움직일 수 없음.	고정하지 않은 무거운 가구 대부분이 움직이거나 쓰러짐. 문이 떨어져나갈 수 있음.	많은 건물에서 벽의 타일과 유리창이 파손, 낙하함. 보강하지 않은 벽돌담은 대부분 무너짐.
7	진동에 휩쓸려 자기 의지대로 행동하지 못함.	대부분의 가구가 크게 움직이며 날아가는 것도 있음.	대부분의 건물에서 벽의 타일과 유리창이 파손, 낙하함. 보강한 벽돌담도 파손될 수 있음.

계급	목조 건물	철근 콘크리트 건물
5·약	내진성이 낮은 주택은 벽과 기둥이 파손될 수 있음.	내진성이 낮은 건물은 벽에 균열이 생길 수 있음.
5·강	내진성이 낮은 주택은 벽과 기둥이 상당히 파손되거나 기울어질 수 있음.	내진성이 낮은 건물은 벽, 보, 기둥에 큰 균열이 생길 수 있음. 내진성이 높은 건물도 벽에 균열이 생길 수 있음.
6·약	내진성이 낮은 주택은 무너질 수 있음. 내진성이 높은 주택은 벽과 기둥이 파손될 수 있음.	내진성이 낮은 건물은 벽과 기둥이 파괴될 수 있음. 내진성이 높은 건물도 벽, 보, 기둥에 큰 균열이 생길 수 있음.
6·강	내진성이 낮은 주택은 무너지는 것이 많음. 내진성이 높은 주택은 벽과 기둥이 상당히 파손될 수 있음.	내진성이 낮은 건물은 무너질 수 있음. 내진성이 높은 건물도 벽과 기둥이 파괴될 수 있음.
7	내진성이 높은 주택도 기울어지거나 크게 파괴될 수 있음.	내진성이 높은 건물도 기울어지거나 크게 파괴될 수 있음.

가미누마 가츠타다(神沼克伊)

　1937년생. 도쿄대학 대학원 지구물리학 전공(이학박사)
　국립극지연구소 명예교수
　저서: 『지진학자의 개인적 지진 대책』(三五館), 『지진 교실』(古今書院),
　『남극과 북극의 궁금증 100가지』(東京書籍)

이토 기요시(伊藤潔)

　1945년생. 나고야대학 대학원 지구과학 전공(이학 박사)
　교토대학 방재연구소 교수
　저서: 『남극의 과학』(古今書院), 『방재 사전』(築地書店)

미야마치 히로키(宮町宏樹)

　1958년생. 홋카이도대학 대학원 지구물리학 전공(이학 박사)
　가고시마대학 지구환경과학과 교수

스기하라 히데카즈(杉原英和)

　1958년생. 히로사키대학 지구과학과
　가나가와 현 방재국 방재소방과 주간
　저서: 『지진 예지와 사회』(古今書院)

노기 요시후미(野木義史)

　1961년생. 고베대학 대학원 지구물리학 전공(이학박사)
　국립극지연구소 조교수

가나오 마사키(金尾政紀)

　1964년생. 교토대학 대학원 지구물리학 전공(이학박사)
　국립극지연구소 조교수